NCS 기반

전기기기 제작실습

강응석 저

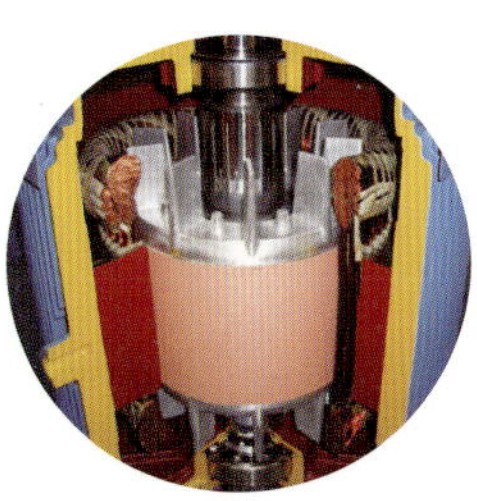
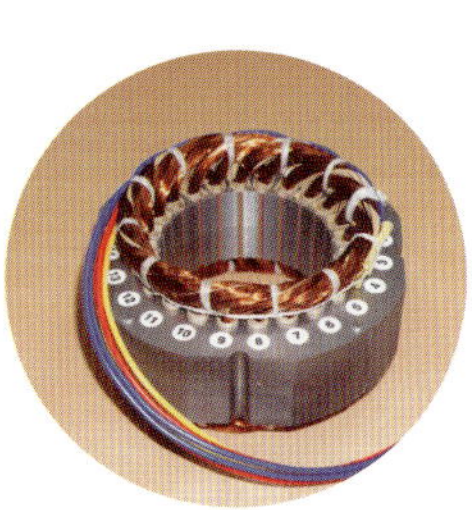

도서출판 Ohm사

머 리 말

전기기기는 전기에너지와 기계에너지로 상호 변환되는 에너지변환 장치이다. 현대 산업사회는 인류가 지금 껏 발명한 기계 중에서 가장 효율적이고 중요한 것 중 하나인 발전기와 전동기에 크게 의존하고 있다. 모든 산업에 필요한 동력을 공급하고 우리생활에 꼭 필요한 역할을 수행하며 밀접하게 자리잡고 있다. 그 만큼 없어서는 안 될 중요한 부분이며, 대표적인 에너지 변환기로서 현대 산업사회의 중추적인 역할을 하고 있다. 이 분야에 대한 중요성은 점점 증가하고 있는 반면, 전동기에 대한 지식을 가진 기술자가 없다는 것이다.

전기기기에 대하여 살펴보면 크게 둘로 나눌 수 있다. 첫번째는 회전기와 두번째는 고정기이다. 회전기에는 발전기와 전동기가 있으며, 고정기에는 변압기가 있다. 전기기기를 개발하는데 있어 필요한 기술은 크게 설계기술, 재료기술, 제작기술로 구분할 수 있다.

우리나라의 경우 설계기술은 선진국과 거의 비슷한 기술력을 보유하고 있지만 제작기술의 경우는 매우 부족하다. 현재 우리나라는 재료기술과 제작기술에 맞추어 설계를 하고 있으며 그 만큼 전기기기 제작기술은 상당히 중요하다. 따라서 우리나라의 교육이 산업현장에서의 요구를 제대로 반영하지 못하고 있다는 비난은 오래전부터 제기되어 왔다. 산업계는 이를 고질적인 문제로 지적해 왔으며, 교육당국도 교육기관과 기업수요 사이의 불일치를 해소하고자 많은 정책을 추진해 왔다. 근래에는 "스펙초월 능력중심사회 구현"의 슬로건을 내세운 후 NCS(National Competency Standards:국가직무능력표준)의 개발과 활용이 본격화되면서 공기업을 필두로 능력중심 채용이 확산되기 시작하였다. 이러한 채용시장의 흐름은 개인관점에서 불필요한 스펙 쌓기 보다는 직무에 적합한 능력을 개발하는 것이 중요하다는 것을 상기시키고, 조직관점에서는 업무 성과에 직결되는 구성원의 직무능력개발이 필요하다는 것을 강조하는 것이라 하겠다. 우리 모두가 원하는 사회는 능력 사회이다. 능력 사회가 되려면, 능력이 정확히 평가되어야 하고, 객관적으로 인정되어야 한다. 산업계가 요구하는 직무능력을 누

구나 알 수 있게 제시하고, 기업은 이 기준에 따라 근로자를 채용하고 임금을 지급한다면, 교육기관은 당연히 이 기준에 맞게 교육을 실시할 것이고, 학생은 직무능력 기준을 충족하기 위해 최대의 노력을 기울일 것이다. NCS는 하나의 직무를 수행하는데 필요한 능력을 산업 수준에서 표준화한 것이다. NCS에는 직무능력과 더불어 수행성과의 기준이 명확히 규정되어 있다. 따라서 NCS의 내용대로 교육을 받았다면 해당 직무를 기준에 맞게 수행할 수 있어야 한다.

본 책에서는 NCS 적용한 전기기기제작에 필요한 전반적인 기본 이론과 제작방법을 자세히 설명하였다. 실습에 있어서는 비전공자나 처음 접하는 엔지니어들을 위해 실습에 앞서 관련이론, 작업순서, 실습 순으로 되어있다.

본 저자는 대학 강단에서 전기관련 전공실습과 기술연수 및 대기업의 전기직종 현장 직무교육을 다년간 강의한 경험을 토대로 본 책을 집필하게 되었으며, 전기공학 관련학과 전공 이론 및 실습교재로 활용할 수 있도록 구성하였다.

본 책은 새롭게 개발된 NCS를 적용한 전기기기제작 실습교재로 개발하였으며, 독자 여러분의 따뜻한 조언을 반영하여 더 알찬 책으로 바꾸어 나가겠다.

이 책을 만드는데 많은 배려와 격려를 해주신 여러분들께 지면을 빌려 감사드립니다.

2017년 3월

저자 **강 응 석**

CONTENTS

제1장 전동기 기초

전동기란 전기에너지를 기계에너지로 바꾸는 기계이며, 모터(MOTOR)라고도 한다. 거의 대부분이 회전운동의 동력을 만들지만, 직선운동의 형식으로 하는 것도 있다. 전동기는 전원의 종류에 따라 직류전동기와 교류전동기로 구분되며, 교류전동기는 1상 교류용과 3상 교류용으로 구분된다. 1상은 약 0.75kW 이하의 소형기기에 사용되며, 3상 교류용은 0.75kW~1만 kW를 넘는 대형기기까지 사용되고 있다.

직류와 교류용이 있지만, 원리상으로 보면 동일한 것으로 자기장 속에 도체를 자기장과 직각으 로 놓고 여기에 전류를 통하면 자기장에도 직각 방향으로 전자력이 발생한다는 전자유도현상을 응용한 것이다. 전자력은 전류의 세기, 자기장의 세기 및 도체 길이의 곱에 비례한다.

1. 플래밍의 법칙(Fleming's law)

플레밍의 법칙은 전류와 자기장(자속)의 관계를 설명하는데 유용한 법칙이며, 그림 1-1과 같이 세 손가락을 90[°]로 펼치면 힘의 방향을 알기 쉽다.

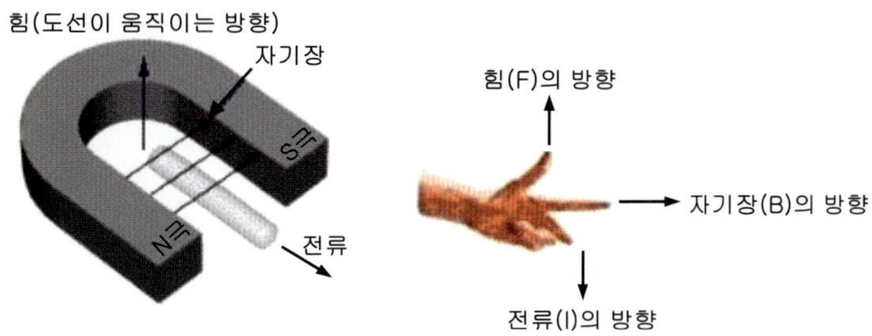

(a) 플래밍의 왼손(좌수)법칙

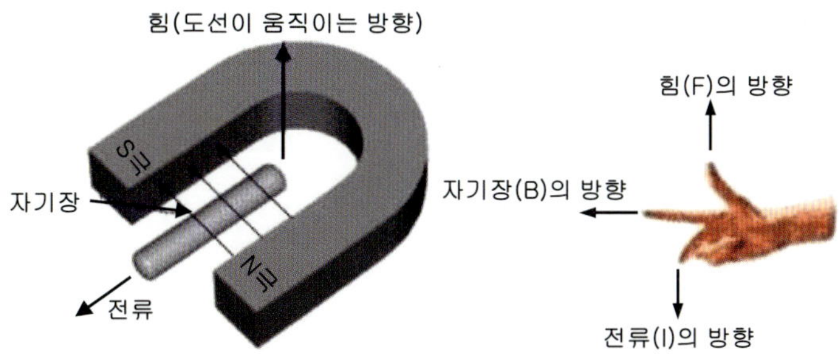

(b) 플래밍의 오른손(바른손)법칙

그림 1-1 플래밍의 법칙

그림 1-1 (a)는 왼손(좌수)법칙으로 자기장 속에 있는 도체에 전류가 흐를 때 전류가 받는 힘의 방향을 나타낸다. 이 때 둘째 손가락(검지)이 자기장의 방향, 셋째 손가락(중지)이 전류의 방향을 나타낸다. 첫째 손가락(엄지)은 도선이 받는 힘의 방향을 나타낸다. 이 힘의 방향으로 전동기가 회전한다.

(b)는 오른손(바른손)법칙으로 자기장 속에 도체(금속 막대 등)를 놓고, 어떤 방향으로 움직일 때 첫째 손가락은 도체를 움직이는 방향, 둘째 손가락은 자기장(전기력선)의 방향, 셋째 손가락은 전류의 방향을 나타낸다. 이것이 발전기의 원리이다. 도체(코일)를 자기장 안에서 움직일 때 전류가 흐르는 방향을 나타낸다. 이렇게 전기와 자기장은 밀접한 관계가 있으므로 발전기와 전동기를 비롯하여 여러 곳에 사용된다.

2. 렌츠의 법칙(Lenz's law)

유도기전력의 방향은 코일 면을 통과하는 자속의 변화를 방해하는 방향으로 나타난다. 즉, 유도전류에 의한 자기장은 자속의 변화를 방해하는 방향이 된다. 이것을 **렌츠의 법칙(Lenz's law)**이라고 한다.

그림 1-2 (a)와 같이 외부의 자석 N극이 가까워질 때(척력작용)는 자석과 코일 사이의 힘은 코일 위쪽에 N극이 형성되어 자석을 밀어낸다. 코일의 극은 위쪽이 N극, 아래쪽은 S극이 된다. 그러므로 유도전류의 방향은 A→Ⓖ→B가 된다.

그림 1-2 (b)는 외부의 자석 N극이 멀어질 때(인력작용)는 자석과 코일 사이의 힘은 코일 위쪽에 S극이 형성되어 자석을 잡아당긴다. 코일의 극은 위쪽이 S극, 아래쪽은 N극이 된다. 그러므로 유도전류의 방향은 B→Ⓖ→A가 된다. 즉, 유도기전력은 자속의 변화를 방해하는 방향으로 발생한다.

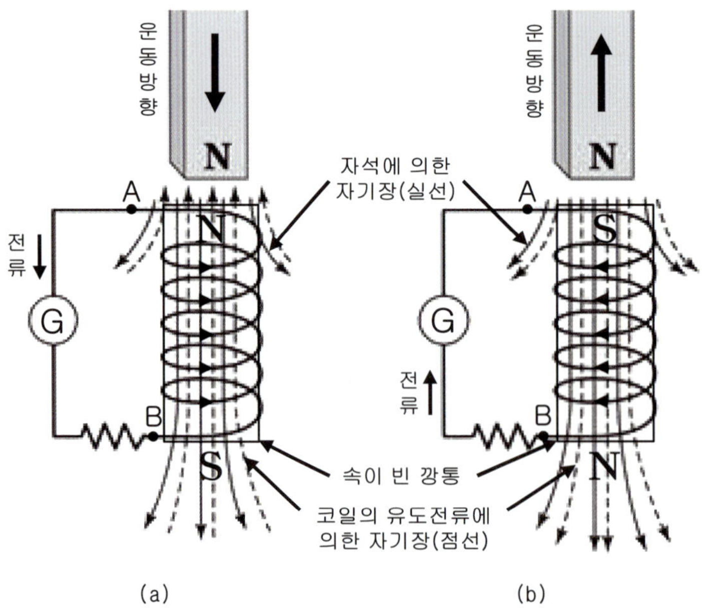

그림 1-2 렌츠의 법칙

자속를 시간적으로 변화시키면 폐회로에 전류를 흐르게 하는 유도기전력을 일으킨다고 말할 수 있다. 이것을 식으로 표현하면 다음과 같다.

$$e = -\frac{d\Phi}{dt} \tag{1-1}$$

여기서 식의 -(負)의 부호는 이 기전력에 의해서 흐르는 전류가 일으키는 자속이 원자속에 합쳐질 때 기전력의 크기를 감소시키도록 기전력의 방향이 정해진다는 것을 표기한다.

제 2 장

단상 유도전동기

유도전동기는 여러 가지 전동기 중에서 가장 많이 쓰이고 있는 전동기이다. 단상 유도전동기는 2차 권선이 농형 유도전동기와 같은 농형이고, 1차 권선은 단상권선이다. 따라서 1차 권선에 단상교류가 흐르면 권선의 축방향으로 크기가 변화하는 교번자계가 생길 뿐 기동토크는 발생하지 않아 기동할 수 없다.

단상 유도전동기는 스스로 회전하지 못하나 외력에 의해서 회전자를 회전시키면 그 방향으로 토크가 발생하고, 전동기는 회전을 계속하게 된다. 따라서 자력으로 기동할 수 없으므로 별도의 기동권선이 필요하다. 즉, 운전권선과 기동권선이 있다.

단상 교류는 쉽게 구할 수 있는 전원 이므로 가정용, 소공업용이나 농촌 등의 작은 동력이 쓰이는 곳으로 0.75[kW]이하의 단상 유도전동기를 사용한다.

1. 유도전동기의 종류

유도전동기는 교류 전동기 중에서 용도가 가장 많으며, 다음과 같이 분류한다.

① 겉모양(외피)에 따라 분류 : 개방형, 밀폐형

1) 개방형(Open type motor) : 전동기와 그 전동기가 구동하는 기기가 어떠한 형태의 단일 외피에 의해서도 폐쇄되지 않은 것.

2) 폐쇄형(Enclosed type motor) : 전동기와 그 전동기가 구동하는 기기가 어떠한 형태의 단일 외피에 의해서 폐쇄된 것.

② 통풍 방법에 따라 분류 : 방진형, 방적형, 방수형, 수중형, 방폭형

③ 사용 절연 재료에 따라 분류 : A종, E종, B종

④ 상수에 따라 분류 : 단상 유도전동기, 3상 유도전동기

⑤ 회전자 구조에 따라 분류 : 농형 유도전동기, 권선형 유도전동기

⑥ 기동장치 형식에 따라 분류(단상인 경우) : 분상 기동형, 콘덴서 기동형, 셰이딩 코일형, 영구 콘덴서 기동형 등등

2. 단상 유도전동기의 종류

2.1 분상 기동형 전동기

분상 기동형은 고정자(Stator), 회전자(Rotor), 엔드플레이트 또는 브래킷(End plate or bracket), 원심력 스위치(Centrifugal switch)의 4가지 주요 부품으로 되어있다.

그림 2-1 (a)와 같이 1차 권선이 고정자 철심에 감은 운전권선 M(주권선 : Main winding)과 기동권선 A(보조권선 : Auxiliary winding)는 전기적으로 $\pi/2$[rad]의 위상차를 권선되어 있으며, 회전자는 농형으로 되어있다. 전기적으로 $\pi/2$[rad]의 위상차를 갖고 있더라도 전기적인 위상차가 없이는 기동토크를 얻을 수 없다. 따라서 운전권선 M과 기동권선 A에 흐르는 전류의 위상차를 갖게 하는 것이 중요하다.

분상 기동형 전동기에서는 운전권선과 기동권선에 전류의 위상차를 갖기 위해서는 운전권선은 굵은 코일을 사용하여 리액턴스를 크게 하고, 기동권선은 가는 코일을 사용하여 권선저항을 크게 하고, 리액턴스를 작게하여 기동하는 순간 두 권선에 흐르는 전류는 (b)와 같이 위상차를 가지게 된다. 즉, 운전권선과 기동권선의 리액턴스 차이로 운전권선보다 기동권선이 20~30[°] 앞선전류가 흘러 회전자계가 발생하여 토크가 발생하게 된다.

이와 같은 권선에 단상전압 V를 공급하면 리액턴스가 큰 운전권선 M에는 단자전압 V보다 상당히 뒤진 위상의 전류 Im이 흐르지만, 기동권선 A의 회로는 리액턴스가 작고 저항이 크므로 전류 Ia와 V의 위상차는 적다. (c)는 분상 기동형 전동기의 전형적인 토크-속도 특성이다.

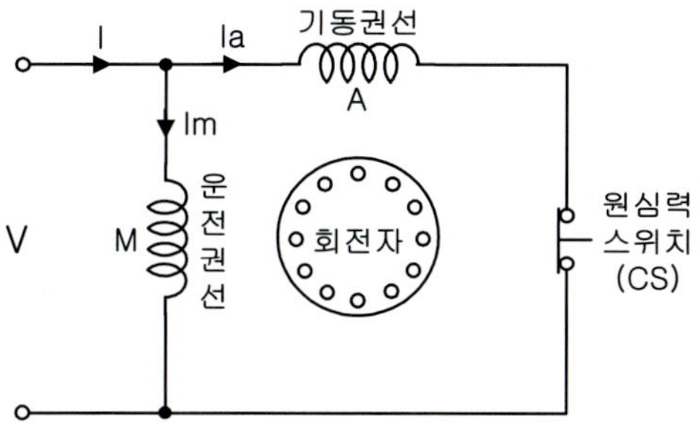

(a) 접속도

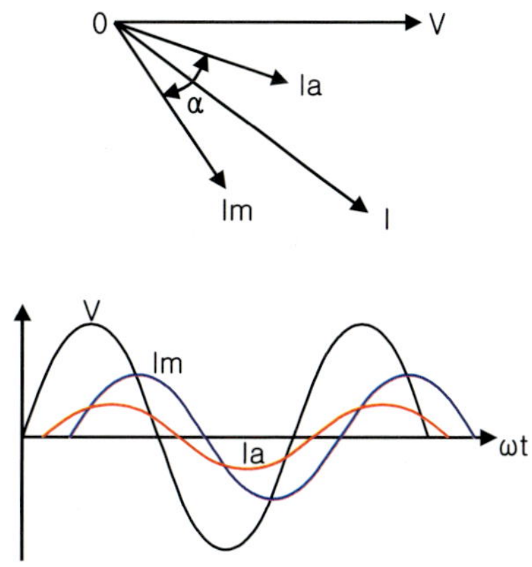

(b) 벡터도 및 파형

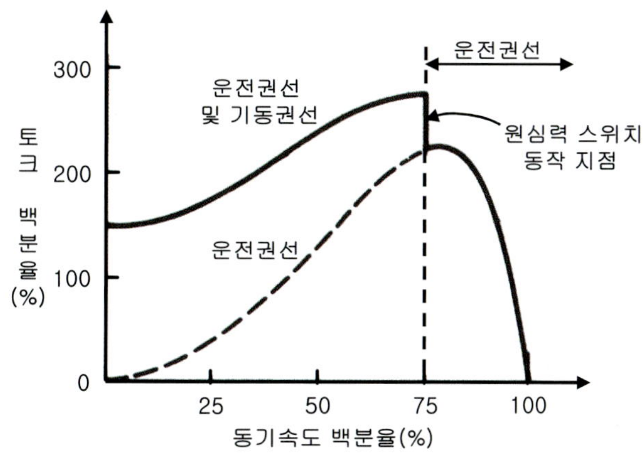

(c) 토크-속도 특성

그림 2-1 분상 기동형 전동기

원심력 스위치는 기동권선과 직렬로 연결되어 있으며, 기동 초기에는 원심력 스위치가 on상태로 있다가 회전자의 속도가 증가하여 동기속도의 75[%]정도에 이르면 원심력 스위치가 off되어 기동권선 회로가 개방되고, 전동기는 운전권선에 의하여 계속 회전하게 된다. 기동전류에 비해 기동토크가 적어 대개 200[W]이하에 사용된다.

가격이 싸나, 기동 토크가 작고 원심력 스위치 때문에 부피가 크며 큰 기동전류 때문에 소형 분수마력 전동기(팬, 송풍기, 냉장고, 펌프, 세탁기 등)에 많이 사용되고 있다.

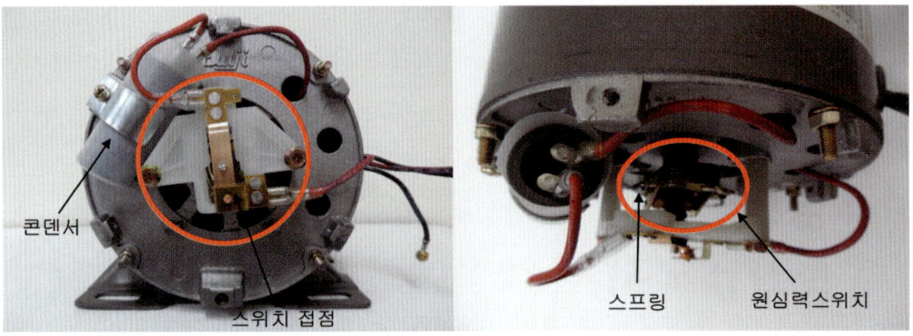

그림 2-2 **원심력 스위치 구조 및 설치 사진**

분상 기동형 전동기에 전원이 가해진 경우, 운전권선 및 기동권선 모두는 보통 전부하 전류의 5~7배가 흐른다. 즉, 권선의 과열됨을 방지하기 위해서 기동시간은 짧아야 한다. 높은 기동전류는 농형 회전자내에 부분적으로 높은 전류를 만들게 되므로, 전동기 전체가 기동 시 빠르게 가열된다. 분상 기동형 전동기의 보조권선 내에 있는 지름이 작은 코일은 민감하므로 4~6초 내에 전원으로부터 단로시키지 않는다면 타버릴 것이다.

2.1.1 전기기기제작 기초이론

1) 절연

① 전기기기의 절연을 내열특성에 따라서 분류한 것을 **절연계급**이라고 하는데, 이것에 따라 그 기기의 사용온도 한계가 정해진다.

② 전동기의 절연 목적은 감전 및 화재 사고, 다른 장비와의 전 · 자기적 간섭 방지, 전동기의 오동작 방지 및 고장 방지 등이 있다.

③ 전동기의 절연 유형을 살펴보면 그림 2-3과 같다.

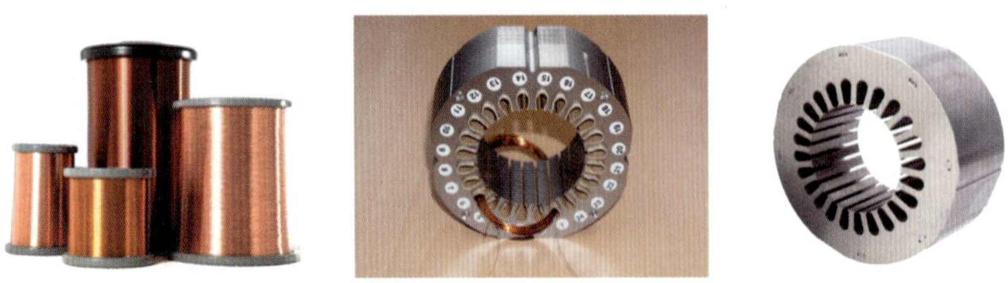

(a) 코일 절연 (b) 권선 설연 (c) Lamination Core 절연

(d) Lead Wire 절연　　(e) 2차 절연(바니쉬 함침)

그림 2-3 전동기의 절연 유형

④ 권선 절연물의 종류 및 특징

절연물이란 전류가 절연 물질을 통과하지 못하도록 막는 것으로 일종의 부도체를 말한다. 이러한 특성을 갖고 고온에서도 절연을 유지하도록 특수하게 제작된 종이를 **절연지**라고 한다. 유도기의 내열 특성에 따라 절연계급이 분류되며 이것을 기준으로 하여 최대 사용온도가 결정된다.

절연지는 동선이 감기는 슬롯 부분에서 철심과 동선의 접촉을 막기 위한 **슬롯 절연지**로 사용된다. 또한, 슬롯에 코일을 감았을 경우 코일이 밖으로 튀어나오는 것을 방지하기 위한 **쐐기 절연지(화이바지)**로도 사용된다.

❶ 절연지

종류	실물 사진	특징
NOMAX	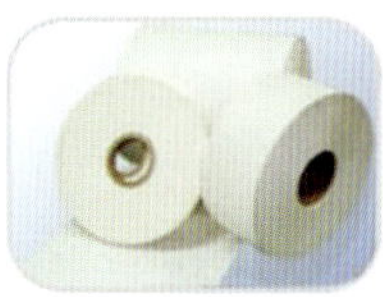	폴리아미드(Aromatic Polyamide)는 노맥스의 재질로 기계적, 전기적 특성을 갖는 제품으로 모터, 변압기 등 중전기기 및 일반 가전기기의 슬롯 및 층간, 상간 절연용으로 쓰이는 절연물로 사용되는 UL인증 절연물중 가장 높은 열적 내구성을 갖고 있다.
NTN		폴리에스테르 필름 양면에 Nomex aramid paper를 접합시킨 제품으로 슬롯 및 층간, 상간절연용으로 쓰이는 절연물이다.
DMD		폴리에스터 필름 양면에 100[%] 폴리에스테르 부직포를 접착시킨 저렴한 가격의 절연물로서 중형이하 전동기의 슬롯 및 상간절연용으로 사용되고 있다.

❷ 복합 절연지

종류	실물 사진	특징
마일라지		절연지와 폴리에스테르 필름을 접착시킨 절연물로서 폴리에스테르 필름에 비하여 저렴한 가격외에도 바니쉬 함침성과 유연성에서 우수하다.
화이바		우수한 전기절연성과 강한 기계적 특성과 탄력성(유연성), 다양한 모양으로 가공이 용이하고 내마모성, 내구성에 강하다.

❸ 절연튜브

종류	실물 사진	특징
그라스 튜브		전기적인 절연에는 양호하나 고열에 바니쉬가 파괴되고 편직된 유리사는 600[℃]에 녹으므로 작은 전기 절연에는 무관합니다. ※ 유리사 특성상 껄끄러운 면이 있음
엠파이어 튜브		우수한 전기절연성과 강한 기계적 특성과 탄력성(유연성), 다양한 모양으로 가공이 용이하고 내마모성, 내구성에 강하다.

❹ 절연실(호밍사)

종류	실물 사진	특징
절연실		변압기나 전동기 등 코일 결속에 사용한다.

⑤ 권선 절연물 선정

권선 절연물은 전동기의 권선법에 따라 달라지며, 전동기의 권선은 주로 집중권과 분포권으로 나누어진다.

집중권은 하나의 고정자 치마다 권선하는 구조로 치, 슬롯이 적고 슬롯 형상이 사출물 제작에 용이한 구조로 되어 있어 절연지보다는 INSULATOR를 주로 사용한다.

분포권은 치, 슬롯 개수가 많고 여러 개의 슬롯에 걸쳐 권선하는 방식으로 슬롯 형상이 사출물 제작에 불리한 형상을 가지고 있어 얇고 제작이 쉬운 절연지를 사용한다. 보통 분포권에 사용되는 절연물은 고정자 철심의 각 슬롯에 삽입하는 슬롯 절연지, 슬롯의 입구 사이에 삽입하는 쐐기, 엔드턴 부분에 삽입하는 상간 절연지, 권선과 권선 사이에 삽입하는 층간 절연지 등이 있다.

슬롯 절연지는 고정자 철심과 코일간의 절연을 목적으로, **쐐기**(화이바지)는 각 슬롯내의 코일이 밖으로 빠지지 않도록 하며, **상간 절연지**는 엔드턴에서 서로 겹치는 상들 간의 절연을 목적으로 한다. 그리고 **층간 절연지**는 동일 슬롯내 같은 상간 또는 다른 상간의 권선 절연을 위해 각각 사용된다. 그 외에 **절연실**은 엔드턴의 권선 결속용으로 사용된다.

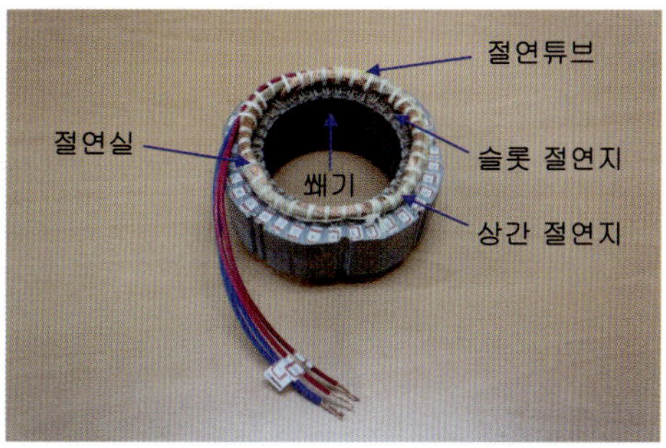

그림 2-4 **분포권 권선 절연물 예**

2) 권선

① 도체

전기를 통하기 쉬운 재료. 즉, 전류가 잘 흐르는 물체를 **도체**라 한다.

② 코일

전기, 전자기에 권선하여 자기에너지의 변환을 통한 전기적 에너지와 기계적 에너지의 상호 교환을 목적으로 사용되는 전자 · 전기기기의 핵심부품이다. 재질은 동, 알루미늄 및 특수 합금으로 구성되며, 주로 동을 많이 사용한다. 형상은 원형과 평각동선 2종이 있으며 일반적으로 원형을 사용하고, 대형기기에는 평각동선이 많이 사용된다.

코일은 전동기 제작 사양에 따라 온도특성, 전류의 크기에 따라 사용되는 코일이 다르므로 설계 사양서를 확인 후 선정하여야 한다.

표 2.1~2는 코일의 내열 온도에 따른 종류와 용도 및 직경에 대한 표이다.

표 2.1 코일 내열 온도에 따른 분류 및 종류

내열구분	내열온도[℃]	코일 종류
A	105	PVF
E	120	UEW
B	130	NY-UEW
F	155	PEW, NY-PEW, UEW, NY-UEW
H	180	NY-EIW, EIW, NY-PEW, NY-UEW, PEW
N	200	AI-EIW, EIW, SB AI-EIW
C	220이상	AIW, EI-AIW

표 2.2 코일 종류에 따른 구성, 용도 및 직경

코일 종류	절연체 구성	용도	직경[mm]
PVF	Polyvinyl Formal	범용 전동기 및 발전기	0.05~3.2
UEW	Polyurethane	전자기기, 통신기기, 소형변압기	0.05~1.5
PEW	Polyester	소형발전기, 소형전동기, 변압기	0.08~2.5
NY-PEW	Nylon over-coated Polyester	범용 전동기, 변압기	0.30~1.2
EIW	Polyester Imide	내열성 전동기, 고속회전기, 건식변압기	0.08~2.5

③ 권선

전기기기에서의 권선은 코일을 이용하여 나선형으로 감겨져 있는 것을 말하며, 대부분 코일의 직경은 0.025~3.2[mm]의 동선을 사용한다.

실습 1 24슬롯 단상 4극 분상 전동기 고정자 권선

목 표

1) 분상 기동형 전동기의 동작원리를 설명할 수 있다.
2) 단상 4극 분상 기동형 전동기의 권선 배치도 및 결선도에 따라 전동기를 제작할 수 있다.
3) 단상 4극 분상 기동형 전동기의 결선 및 운전을 할 수 있다.
4) 전동기 고장 검출 및 수리를 할 수 있다.

실습 재료

재료명	규격	수량	재료명	규격	수량
고정자철심	24슬롯	1	절연지	0.12t×200×1000mm	1장
Coil	Φ0.4mm	1Kg	절연튜브	Φ1mm, Φ3mm, Φ4mm	0.5M
Coil	Φ0.35mm	1Kg	호밍사	면실 Φ2mm	2M
화이바지	0.8t×200×250mm	1장	실납	Φ1.0mm SN(60%)	0.3M
절연지	0.25t×200×1000mm	1장	리드선	1.25㎟, 적, 흑색	2M

관계지식

1. 분상 기동형 전동기의 고정자 수리 및 권선법

1) 전동기 권선 상에 고장이 있는 경우 권선작업에 필요한 특수공구를 제작하여 사용하면 전동기를 수리하는데 편리하다.

❶ 손 주걱

권선을 슬롯 안에 밀어 넣는데 사용하며, 단단한 참나무나 대나무 및 PVC 등이 많이 이용된다.

❷ 피복 긁기

납땜이 잘되도록 에나멜 동선의 피복을 벗기는데 사용된다.

(a) 손주걱 (b) 피복 긁기

그림 1-1 손주걱 및 권선 긁기

2) 고정자 권선작업은 다음과 같은 순서로 작업을 진행한다.

① 권선제거 ② 절연지 제작 및 슬롯 절연 ③ 권선틀 제작 ④ 코일 피치 ⑤ 권선작업 ⑥ 슬롯에 코일 삽입 ⑦ 코일 성형 ⑧ 쐐기(화이바) 절연지 삽입 ⑨ 상간 절연지 제작 및 삽입 권선의 접속 ⑩ 결선작업 ⑪ 절연튜브 끼우기 ⑫ 리드선 접속 ⑬ 바인딩 작업(코일 묶기) ⑭ 건조 및 바니쉬 함침 ⑮ 전동기 조립 ⑯ 접지 및 절연저항 측정

고정자 권선을 수리할 경우 작업순서는 ①~⑯번 순으로 작업을 진행하며, 고정자 권선 작업 시는 ②~⑯번 순으로 작업을 진행한다.

작업순서

1. 공구와 재료를 준비한다.

① 사용하는 공구와 계측기를 준비하고 사용범위를 확인한다.

② 지급된 재료와 부품의 수량 및 품질 검사를 한다.

③ 작업을 시작하기 전에 작업내용을 자세히 읽고 개요를 파악한다.

2. 권선제거

기동권선 만 제거하여 교체하는 경우, 그림 1-2와 같이 코일 위에 놓인 쐐기를 쇠톱날을 이용하여 뺀 후 슬롯으로부터 코일을 들어 올리면 되고, 고정자권선 전체를 교체하려면 고정자를 가열하여 절연물을 태워 권선을 빼낸다. 이 때 코일의 한 끝을 절단해야 한다.

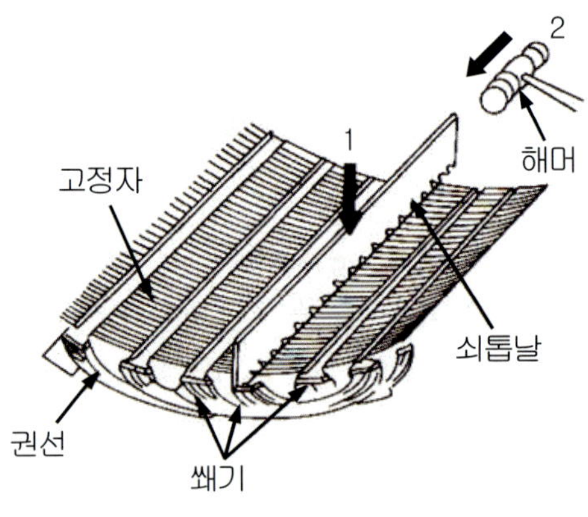

그림 1-2 쇠톱날로 쐐기를 뽑는 요령

3. 절연지 제작 및 슬롯 절연

① 슬롯 절연지 제작

고정자 철심의 슬롯 두께를 재어 그림 1-3과 같이 슬롯 절연지의 크기를 제도한다.

(a) 슬롯 두께 측정(c구하는 방법)

(b) 슬롯에 절연지 삽입 후 윗부분 접기 및 색칠하기
(슬롯 내면의 둘레 a구하는 방법)

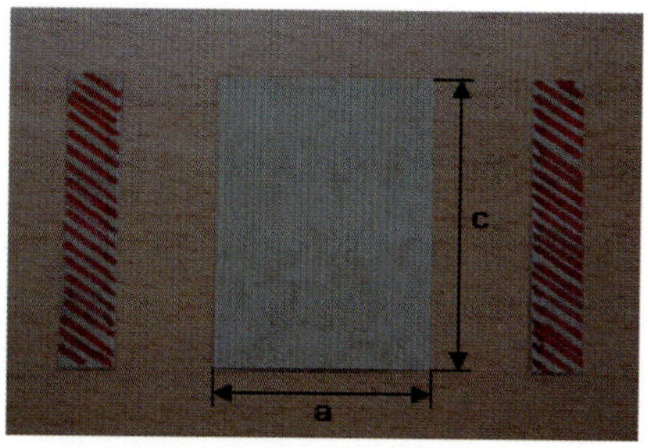

(c) 절연지 접은 부분 절단하기

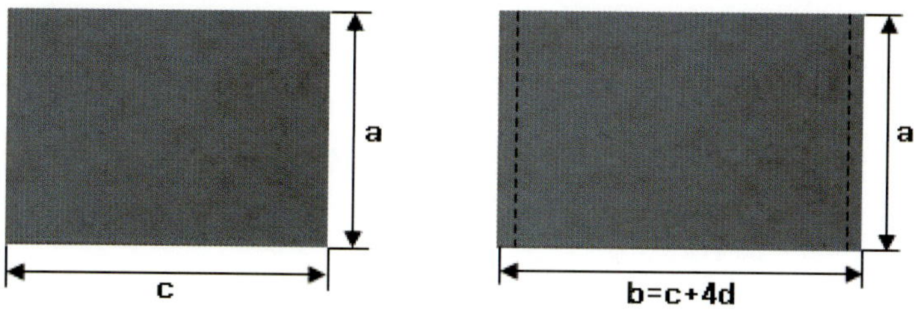

(d) 슬롯 절연지 크기 선정

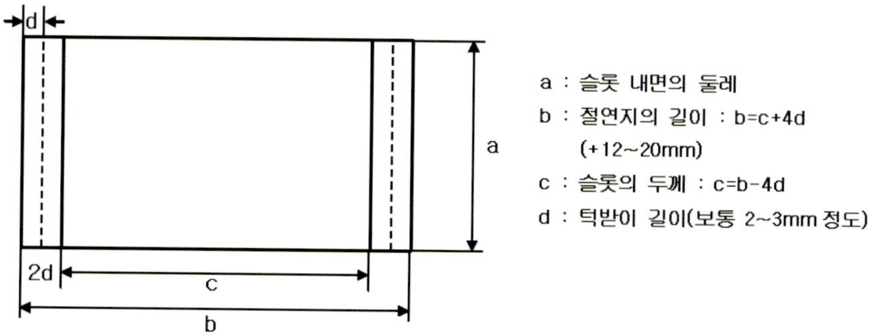

(e) 슬롯 절연지 제도

그림 1-3 슬롯 절연지 제작

② 슬롯 절연지 제단

그림 1-4 슬롯 절연지 제단선 긋기

③ 슬롯 절연지 제작 및 삽입 방법

슬롯 절연지를 자른 후 슬롯 수 만큼 접어 슬롯에 삽입한다.

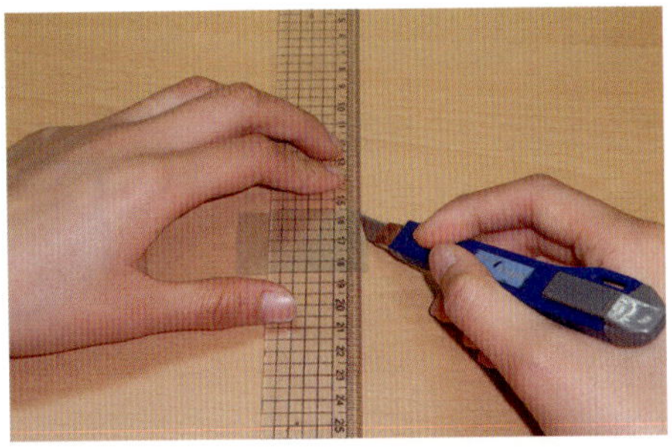

(a) 접는 선을 따라 칼등으로 칼집을 낸다.

(b) 칼집을 낸 곳을 접는다

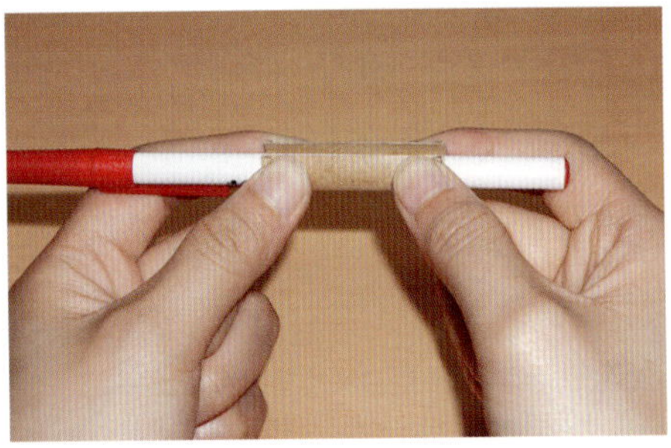

(c) 슬롯 절연지를 둥글게 만든다.(옆면)

(d) 슬롯 절연지를 둥글게 만든다.(앞면)

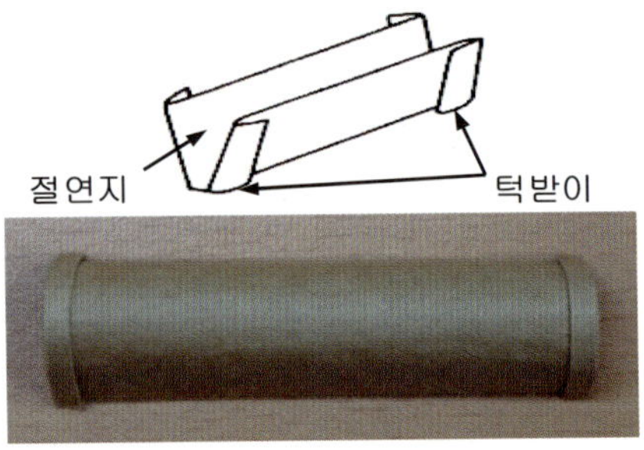

(e) 슬롯 절연지 그림 및 샘플

(f) 엄지와 검지를 이용해 둥글게 만든다.

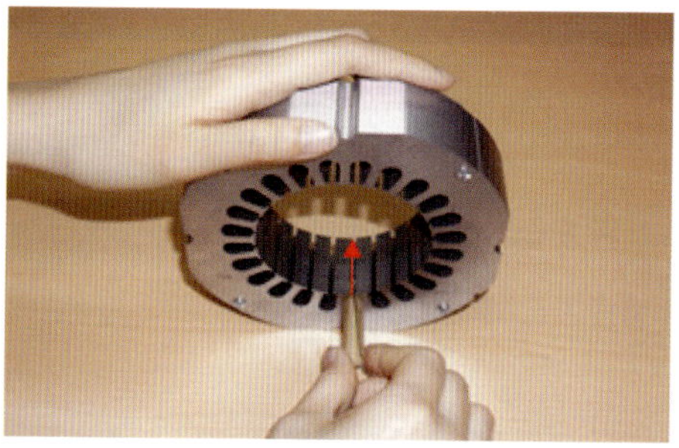

(g) 슬롯 안으로 절연지를 밀어 넣는다.

(h) 절연지와 철심 사이를 밀착 시킨다.

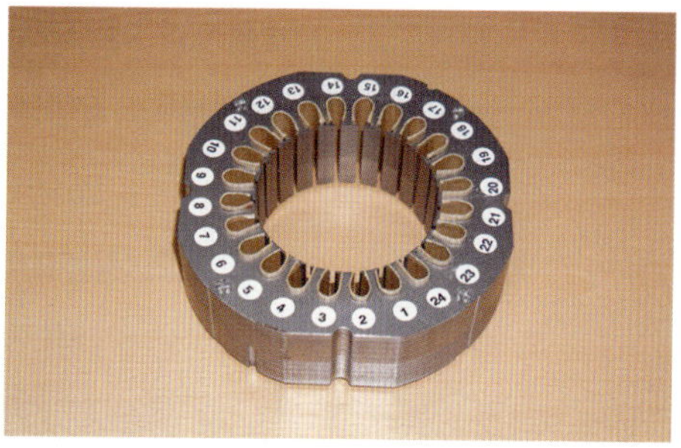

(i) 슬롯 절연지가 슬롯에 삽입된 모습

그림 1-5 슬롯 절연지 제작 및 삽입 방법

④ 층간 절연지 제작

층간 절연지 길이는 슬롯 두께와 턱받이 길이(2d)의 합의 길이가 된다.

(예) 고정자 철심의 두께가 40[㎜]인 경우

층간 절연지의 길이는 40[㎜] + (2×2.5[㎜]) = 45[㎜]가 된다.

층간 절연지를 제도하여 치수에 따라 자른다. 1극의 권선 군 삽입이 끝날 때마다 바로 운전권선 위에 그림 1-6 (b)와 같은 층간 절연지를 삽입한다.

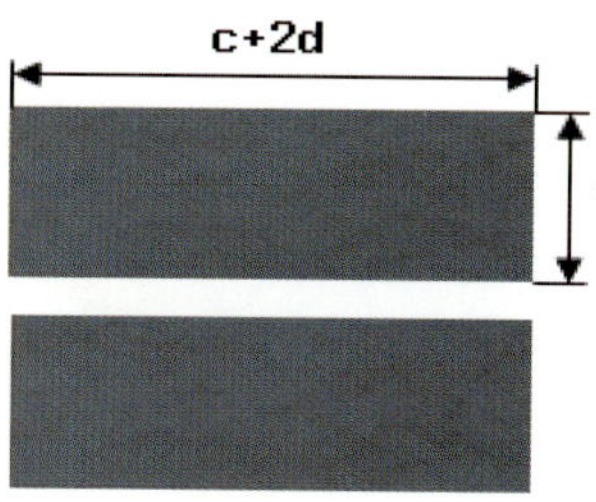

(a) 층간(웨지) 절연지 치수

(b) 층간 절연지 접기 모양

그림 1-6 층간 절연지 제작

⑤ **쐐기(화이바) 절연지 제작**

쐐기의 길이는 고정자 철심의 성층 두께와 같다.

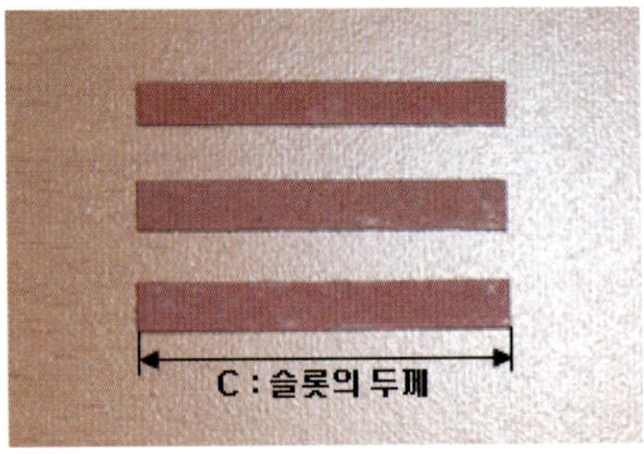

그림 1-7 쐐기 절연지 치수

3. 권선틀 제작

코일 피치를 측정하고 권선틀을 만들어 정확한 권선수를 감는다. 틀감기 방법을 소개하면 다음과 같다. 그림 1-8과 같은 모양의 틀을 만들고 볼트 또는 전선으로 고정하면 틀이 완성된다.

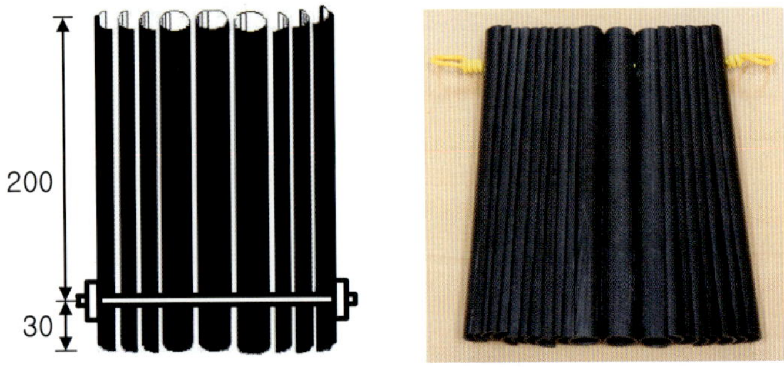

그림 1-8 PVC파이프로 만든 권선틀 도면 및 사진

4. 코일 피치

① **코일 피치 결정**

고정자 철심에 코일 양변이 들어가는 슬롯까지 포함해서 코일 양변이 차지하고 있는 슬롯수를 **코일 피치**(Coil pitch) 또는 **코일 스팬**(Coil span)이라 한다.

그림 1-9의 경우 코일 피치는 "1과 4", "1과 6", "1과 8"이 된다.

② **슬롯 양끝에서의 코일 여유 결정**

❶ 고정자 철심에서 틀의 치수를 결정하기 위해 슬롯 양 끝에서 각각 6[㎜]의 여유를 두고 피치 1~4에 대해 굵은 선으로 코일에 대한 본을 뜬다.

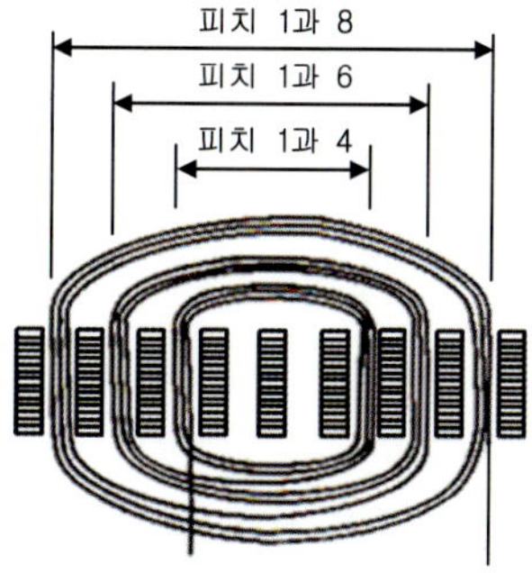

그림 1-9 각 코일의 피치

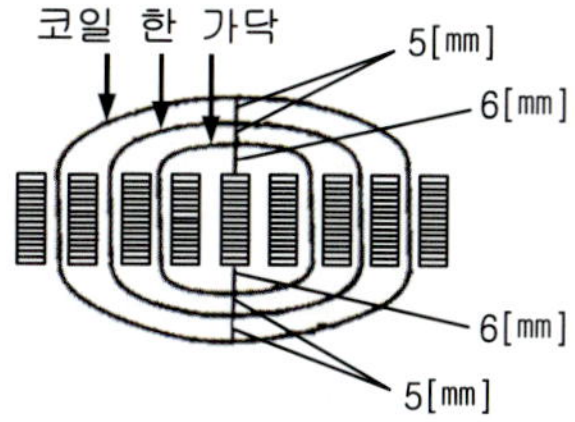

그림 1-10 권선틀을 PVC파이프로 만들기 위해 코일선 하나를 가지고 치수를 측정하는 요령

❷ 중간 코일에 대해서는 처음 코일과의 사이에 약 5[mm]의 여유를 두고 같은 방법으로 본을 뜬다.

❸ 그림 1-11 (a)와 같이 코일 피치를 결정하여 (b)와 같이 코일 또는 호밍사로 본을 뜬 후 코일 피치를 결정한다.

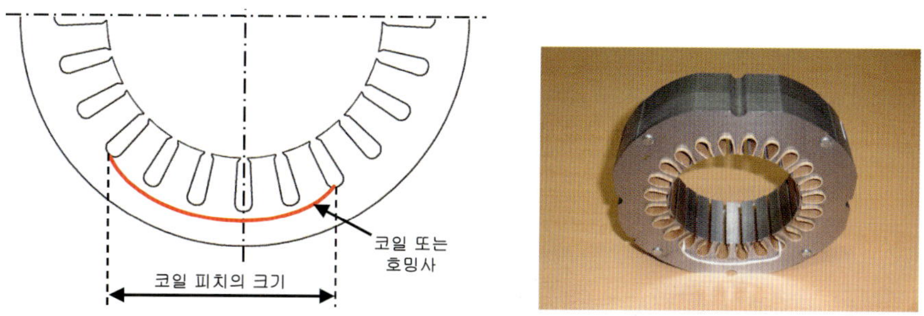

(a) (b)

그림 1-11 코일 피치의 크기 결정하기

5. 권선작업

결정된 코일 피치를 실제로 만들어서 일단 삽입하여 확인한 후 맞으면 그림 1-12 (b)와 같이 권선작업을 한다.

	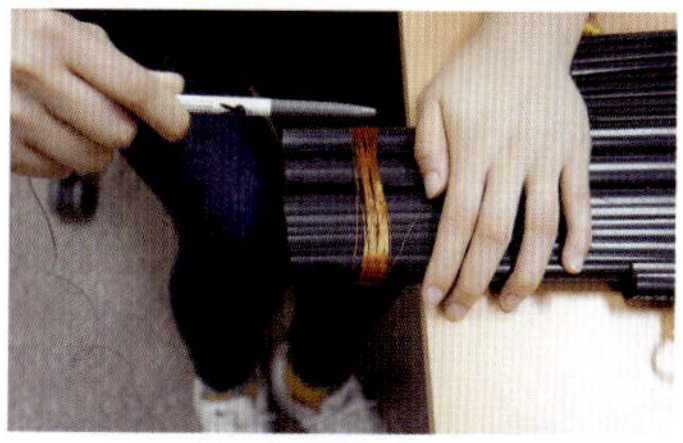	
(a) 코일 피치에 맞는 권선틀 조절	(b) 권선틀을 이용하여 권선작업(감기)	(c) 권선이 흐트러지지 않도록 호밍사나 폐 코일로 위, 아래를 묶는다.

그림 1-12 권선작업 순서

① **운전권선 감기**

❶ 권선할 때에는 가장 큰 코일부터 감기 시작하여 소요 회수를 감고 나면 끊지 않고 연속해서 이어지도록 작은 코일을 감는다.

군 감기에서는 선을 자르기 전에 여러 개의 권선 군을 미리 감는다. 이렇게 하면 권선 군을 결선할 필요가 없으므로 많은 시간이 절약된다.

❷ 그림 1-12 (b)와 같이 권선틀을 사용하는 경우는 코일 피치가 틀릴 때 마다 권선을 감고 난 후 코일이 흐트러지지 않도록 호밍사 또는 폐 코일로 묶은 후 코일을 빼내고, 다음 코일 피치를 정하고 코일을 감는다.

❸ 코일 인출선은 100~150[mm] 길이로 결정해서 빼낸다. 빼낼 때 성형된 모양이 변형되거나 절연이 파괴되지 않도록 주의한다.

② **기동권선 감기**

❶ 권선방법은 운전권선 감는 방법과 동일하며, 처음 선과 끝선이 혼동되지 않도록 주의한다.

❷ 기동권선을 감을 때는 운전권선 감을 때와 같은 방법으로 한다.

6. 슬롯에 코일 삽입

운전권선과 기동권선 각각 군 마다 절단한 경우

① **운전권선 삽입**

❶ 고정자를 흔들리지 않도록 고정시키고 운전권선부터 삽입한다.

❷ 운전권선을 삽입 시 그림 1-13과 같은 코일 전개도를 잘 보고, 그림 1-14와 같이 작은 코일부터 삽입하여 그림 1-15와 같이 완성한다.

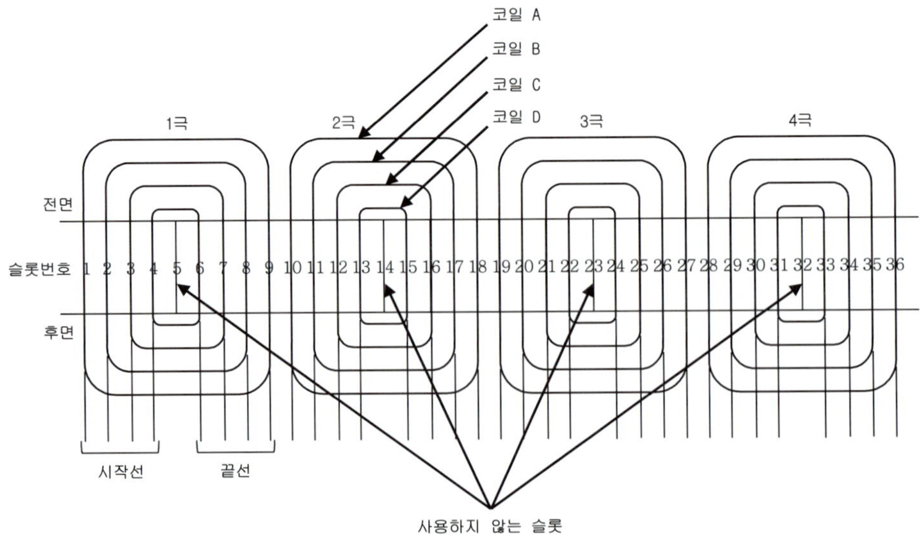

그림 1-13 **운전권선의 코일**

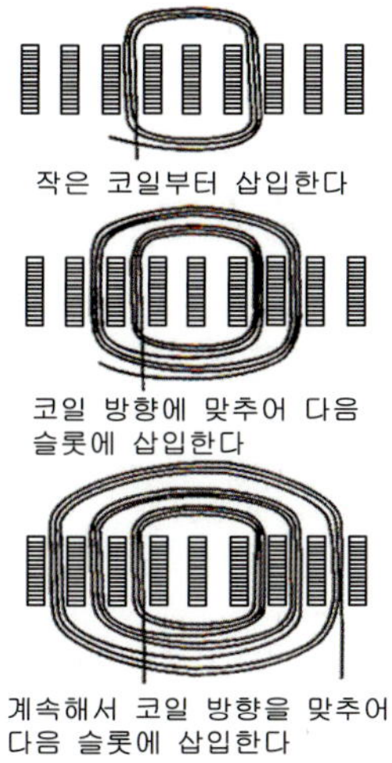

그림 1-14 코일 삽입 방법

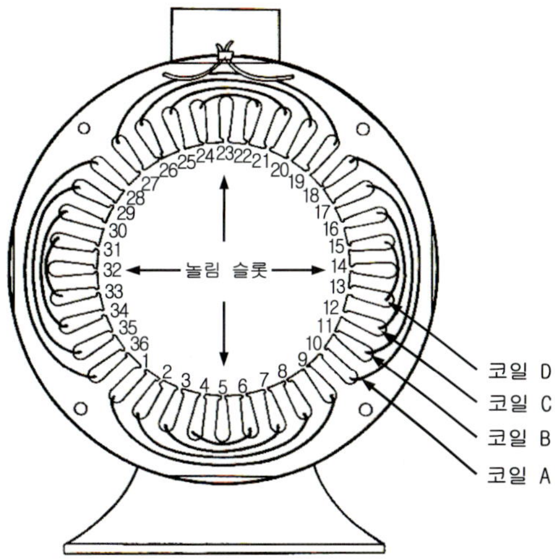

그림 1-15 운전권선의 코일 삽입 배치도

❸ 층간 절연지 삽입

1극의 권선 삽입이 끝날 때마다 바로 운전권선 위에 그림 1-16 (a)와 같이 층간 절연지를 삽입하여 코일이 슬롯 밖으로 나오지 못하게 한다.

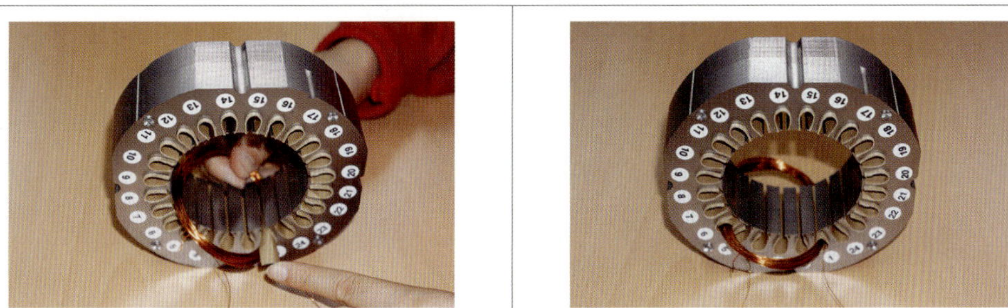

(a) 층간 절연지 삽입 | (b) 층간 절연지 삽입 완료 사진

그림 1-16 층간 절연지 삽입방법

❹ 4개의 권선을 슬롯에 삽입 시 코일 전류의 극성 방향이 바뀌지 않도록 주의해야 한다.

1개의 권선 극성이 바뀌면 전류방향이 반대가 되므로 1극의 자속이 감소되어 회전시 소음이 나고, 토크가 떨어져 정격 출력이 나오지 않는다.

❺ 슬롯과 코일간의 단락 여부 확인

코일이 단락(short)을 일으키는 원인으로는 슬롯에 코일을 넣는 과정에서 코일을 단단히 감기 위해서 너무 당기면서 권선작업을 하거나, 프라스틱 해머로 심하게 두드리면서 코일을 밀어 넣는 경우 자주 일어난다.

운전권선이 슬롯 내에서 단락되면 운전 중 과열되어 소손되므로 운전권선만 삽입된 상태에서 각 4극의 권선 군을 뒤에 설명한 권선의 접속법대로 결선 후 회로시험기(테스터)나 절연저항계

(메거)로 철심(슬롯)과 권선의 단락 여부를 확인한다.

전동기의 단락권선을 검출하는 일반적인 방법은 다음과 같다.

(a) 저항측정

자극 하나 하나의 저항을 측정한다. 이 때 저항이 가장 적게 나타나는 자극이 있으면 이 자극이 단락을 의미한다.

(b) 전압강하법

저전압의 직류전원을 권선에 인가하여 자극 하나하나에 걸리는 전압을 정확하게 측정한다. 이 때의 전압이 가장 적게 걸리는 자극이 있으면 이 자극이 단락되었음을 의미한다.

❻ 각 자극의 극성검사

극성 판별은 자극과 자극의 권선을 고정자 철심에 넣을 때 전류의 방향을 잘못 넣을 경우와 자극 권선을 결선할 때 착오로 인해 잘못 결선되어 발생한다.

(a) 나침판에 의한 극성 판별법

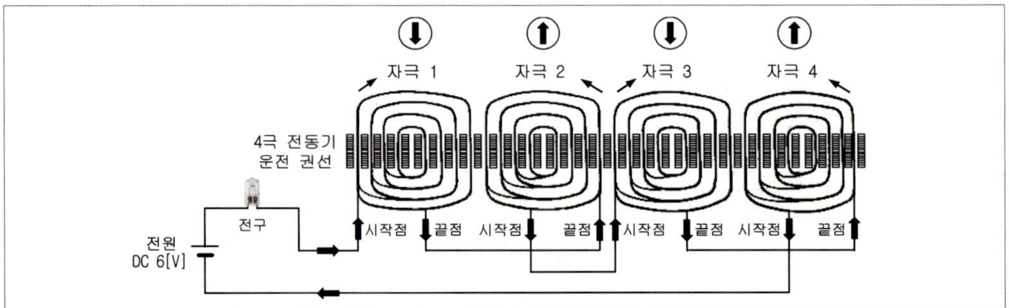

(a) 4개의 자극을 결선하여 DC 6[V]에 꼬마전구를 직렬로 접속해서 극성시험을 하는 방법

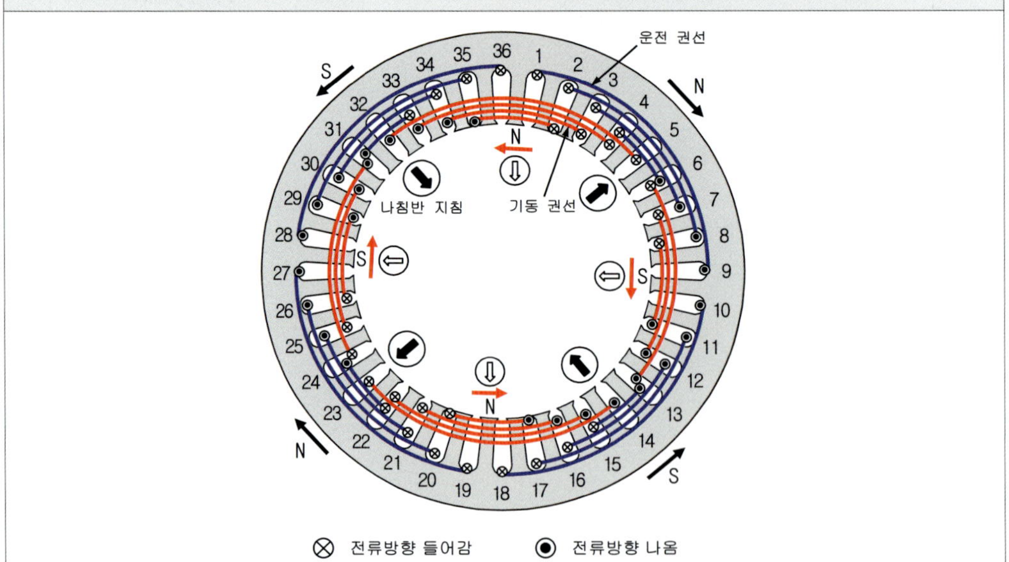

큰 지침 : 운전권선의 극성시험, 작은 지침 : 기동권선의 극성시험

(b) 운전권선과 기동권선의 극성시험

그림 1-17 나침판에 의한 각 자극의 극성시험

각 자극의 코일 결선이 끝난 후 고정자 철심을 수평으로 놓고 운전권선 양쪽 끝에 직류 6[V] 정도를 인가한 다음 고정자 내에서 나침판을 천천히 자극 둘레를 따라 이동시킬 때 자극마다 자침의 지시방향이 반대로 되면 올바르게 결선된 것이며 정상적인 상태이다. 그러나 두 인접 자극에서 자침의 방향이 바뀌지 않으면 극성이 반대로 되어 있음을 표시한다. 그림 1-17 (b)와 같이 나침판을 사용하여 극성시험을 한다.

(b) 가우스 메타에 의한 극성 판별법

그림 1-18은 극성을 판별하고자하는 권선에 직류 6[V]를 인가한 다음 가우스 메타의 센서봉을 고정자 권선작업을 한 위치에 접근하면 그림과 같이 N극 가리키며, 그 다음 위치에 접근하면 S극을 나타낸다.

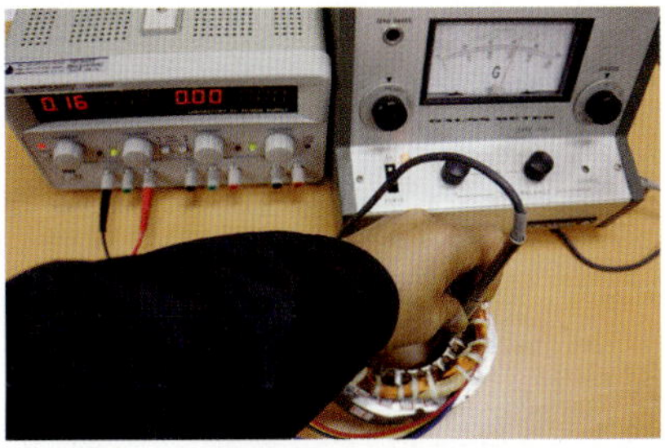

(a) N극성 시험

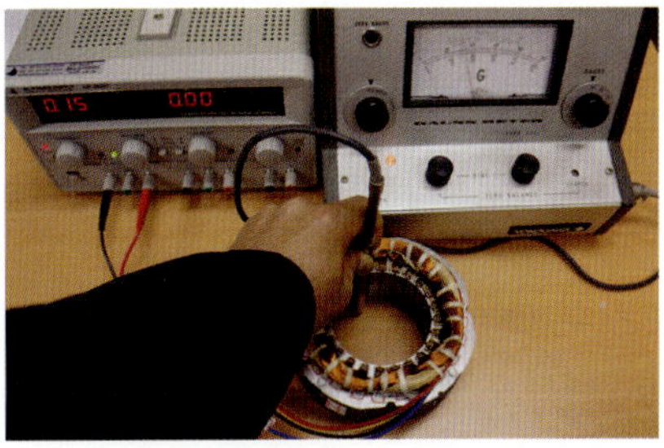

(b) S극성 시험

그림 1-18 가우스 메타에 의한 각 자극의 극성시험

② 기동권선 삽입

❶ 기동권선은 운전권선과 전기각으로 90[°] 이동된 곳에 운전권선과 같은 방법으로 삽입하되 권선의 굵기가 얇으므로 묶음선을 풀지 않고 삽입한다.

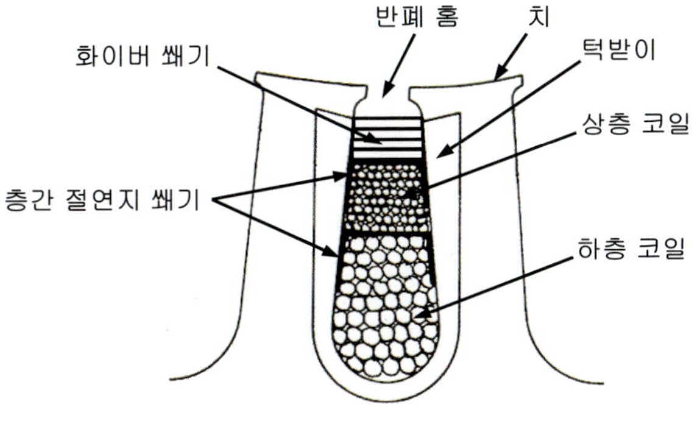

순서 : ㉠ 슬롯에 슬롯 절연지를 끼운다.
㉡ 운전권선을 삽입한다.
㉢ 운전권선 위에 층간 절연지를 끼운다.
㉣ 기동권선을 삽입한다.
㉤ 기동권선 위에 층간 절연지를 끼운다.
㉥ 끝으로 화이바 쐐기를 끼워 코일을 슬롯 내에서 고정시킨다.

그림 1-19 슬롯 내에 코일이 삽입된 상태의 단면

그림 1-19는 슬롯 내에 운전권선을 하층에 삽입하고, 기동권선을 상층에 삽입한 상태를 나타낸 것이다.

❷ 삽입 후 운전권선과 마찬가지로 코일 단락시험, 극성시험을 한 후 코일 성형작업을 한다.

7. 코일 성형

회전자를 조립할 때, 기동권선이 회전자에 닿지 않도록 하며, 운전권선은 프레임에 닿지 않도록 하기 위해 프라스틱 해머로 두드리고 그림 1-20과 같이 손으로 만져서 원하는 모양의 코일로 성형한다.

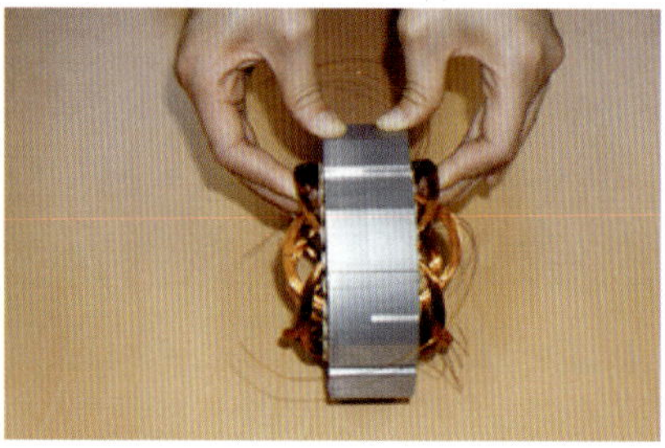

(a) 엔드턴 밖으로 젖히기

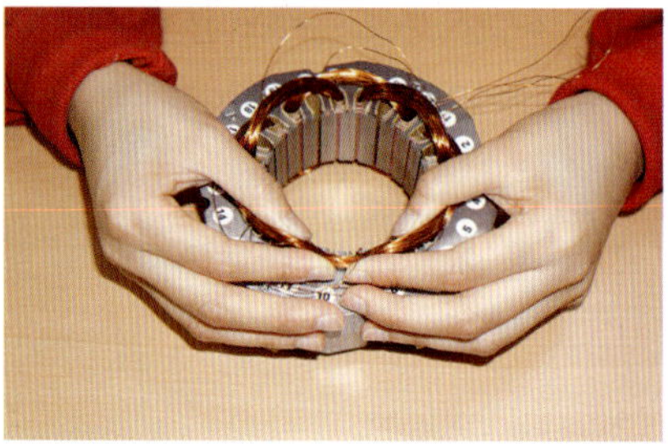

(b) 권선체 상 · 하층변이 대칭이 되게 성형작업을 한다.

그림 1-20 코일 성형

8. 쐐기(화이바) 절연지 삽입

쐐기의 길이는 고정자 철심의 성층 두께와 같다.

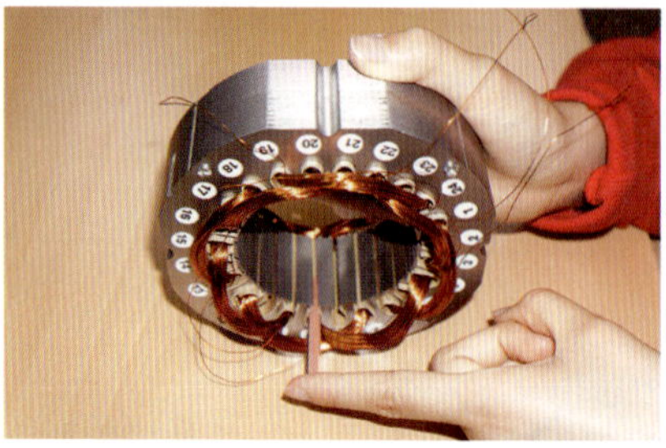

그림 1-21 쐐기 절연지 삽입 방법

9. 상간 절연지 제작 및 삽입

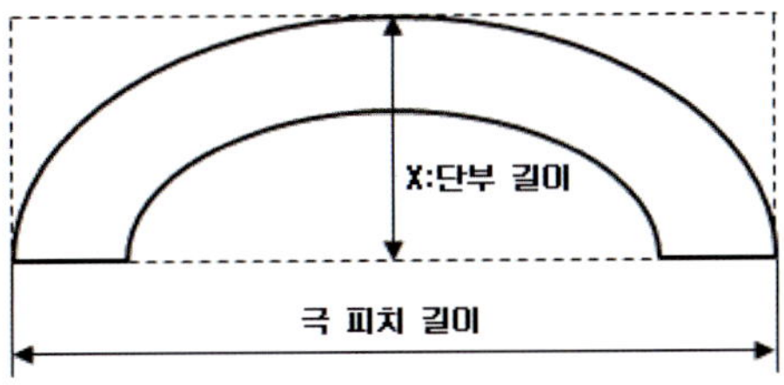

그림 1-22 상간 절연지 제도

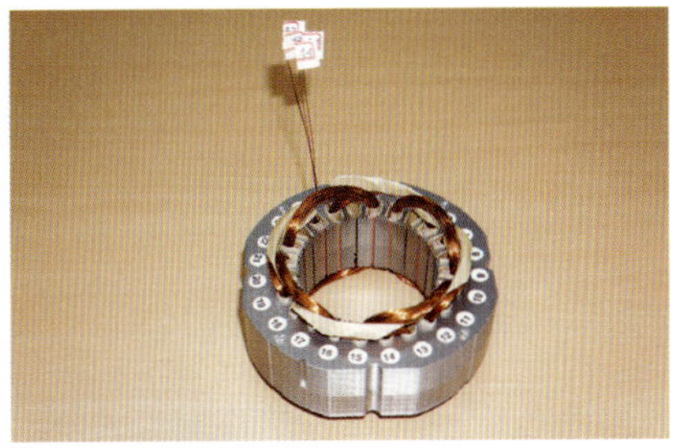

그림 1-23 상간 절연(상부 예)

쐐기 절연지 삽입이 끝난 후 그림 1-22와 같이 상간 절연지를 제작하여 삽입하고, 그림 1-23과 같이 코일 군 시작과 끝을 한쪽으로 모은다.

10. 결선 작업

❶ 권선 접속은 극수에 관계없이 인접한 두 자극이 서로 반대 극성이 되도록 접속해야 한다.

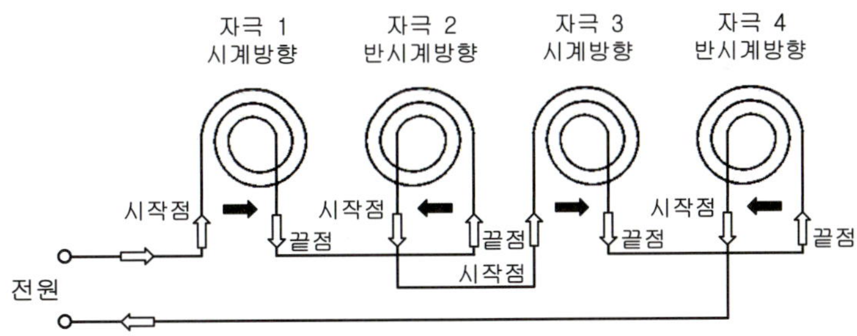

그림 1-24 자극 4개를 접속한 후 전원에 연결한다.

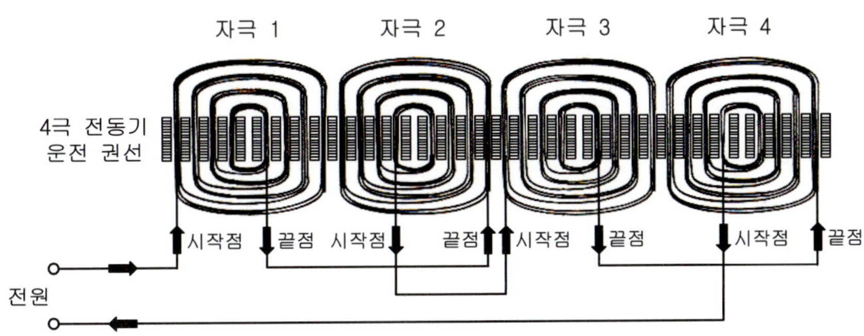

그림 1-25 운전권선이 4극일 때의 결선법, 자극 1과 3은 시계방향으로 전류가 흐르도록 접속한다.

그림 1-25와 같이 제1자극의 방향을 시계방향(➡) 제2자극의 방향은 반시계방향(⬅)으로 한다. 나머지 자극에 대해서도 전류방향이 서로 반대가 되도록 한다.

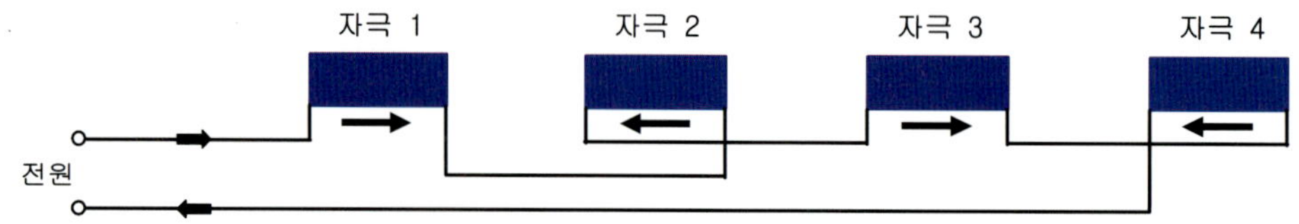

그림 1-26 36슬롯 4극 분상 전동기 운전권선 권선 결선도

전원은 그림 1-26과 같이 제1극의 시작점과 제4극의 시작점에 연결한다.

❷ 그림 1-25는 그림 1-24의 그림 36슬롯인 경우 운전권선을 실제 모양대로 그린 것이다. 그림 1-26은 권선 결선도이며, 자극을 4각형으로 표시하여 알기 쉽게 한 것이다.

❸ 기동권선은 운전권선과 같은 방법으로 결선하며, 다만 기동권선 끝에 그림 1-27과 같이 원심력 스위치를 연결한 것이다. 그림 1-28은 4극인 경우 기동권선과 운전권선이 고정자 내에서 실제로 위치하고 있는 상태를 원형도로 나타낸 것이다.

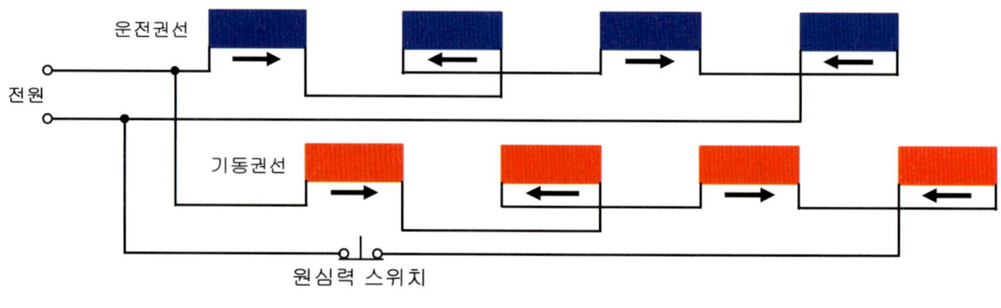

그림 1-27 기동권선에 원심력 스위치를 접속한 4극 분상 전동기 권선 결선도 예

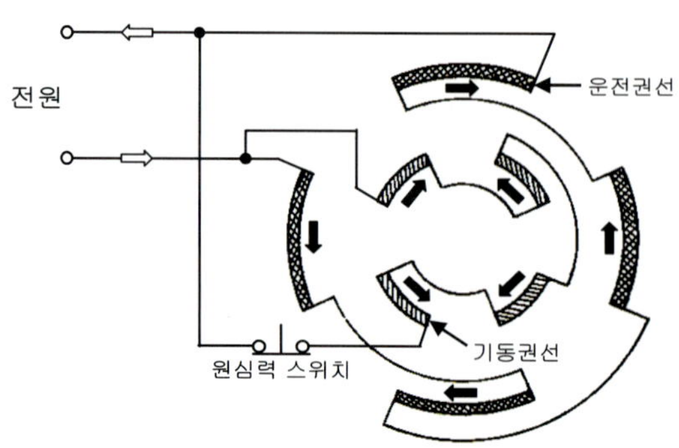

그림 1-28 4극 분상 전동기 원형도

그림 1-29 (a)는 그림 1-28을 간단하게 나타낸 것으로 극수가 표시되지 않는 대신 전원 결선법을 쉽게 나타내며, (b)와 (c)는 기동권선과 운전권선의 리드선을 각각 2개씩 인출하여 전동기의 회전 방향을 변경 시 기동권선이나 운전권선 중 어느 한 권선의 리드선을 바꿔 연결하면 반대가 된다. T_1과 T_3는 운전권선이며, T_2와 T_4는 기동권선이다.

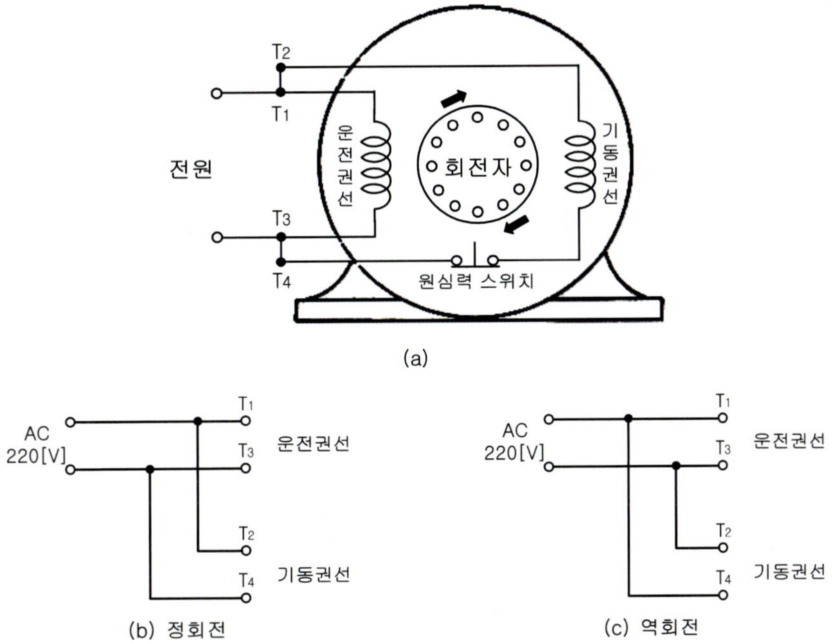

그림 1-29 리드선 4개를 인출하여 정 · 역회전 결선이 가능하도록 만든 분상 전동기 결선법

11. 절연튜브 끼우기

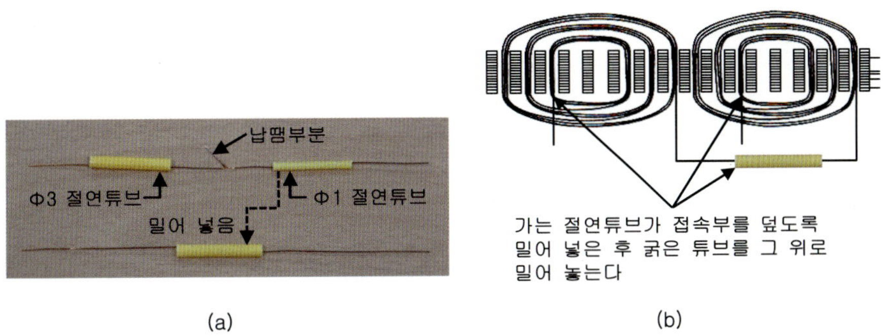

그림 1-30 절연튜브 끼우기

운전권선과 기동권선 사이에 상 절연지를 끼우고, 각 극의 코일 접속선에 Φ1[mm], Φ3[mm] 절연튜브를 접속할 선에 끼우고 에나멜선의 피복을 벗긴 후 그림 1-30 (a)와 같이 절연튜브를 Φ1[mm]는 밑에,

Φ3[mm]는 그 위에 끼운 후 코일을 연결 납땜한다.

12. 리드선 연결

① 극성을 시험하고 이상이 없으면 그림 1-31 (a), (b)와 같이 리드선을 연결하고 납땜을 한다.

② 납땜 부분에는 3[mm]의 절연튜브를 밀어 넣는다.

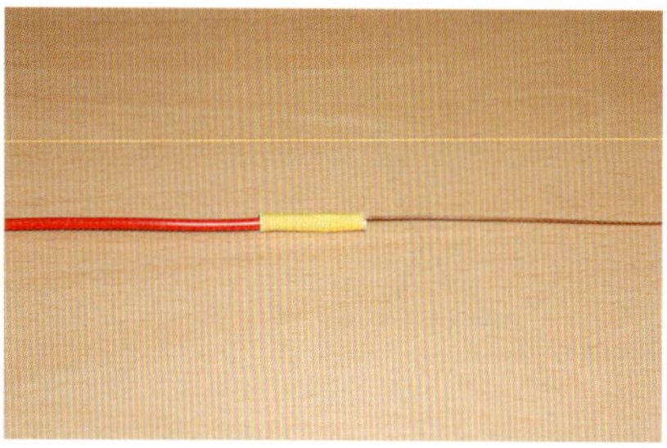

(a) 납땜 부분에 절연튜브 끼우기

(b) 납땜 후 절연튜브를 밀어 끼우기

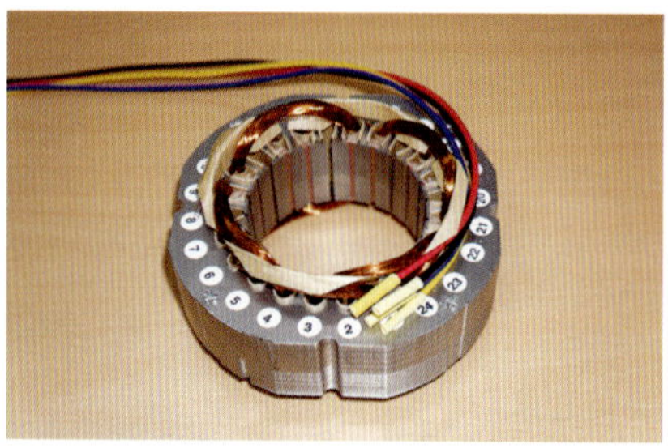

(c) 리드선을 한 곳으로 모으기

그림 1-31 리드선 연결

13. 바인딩 작업(코일 묶기)

리드선 연결이 끝난 후 코일과 리드선이 접속된 부분을 가지런히 하고 그림 1-32와 같이 코일선을 이용하여 호밍사 앞에 바늘처럼 제작한다.

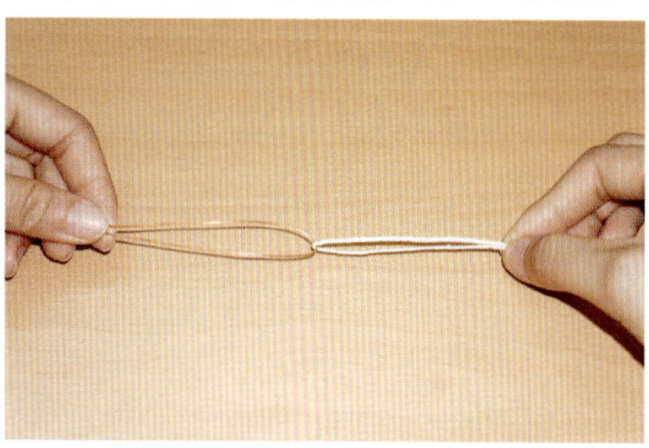

(a) 코일과 절연실을 연결한다.

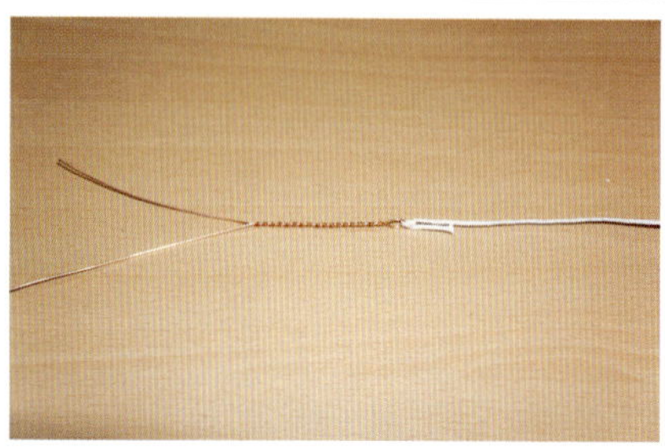

(b) 코일을 회전시켜 꼬아준다.

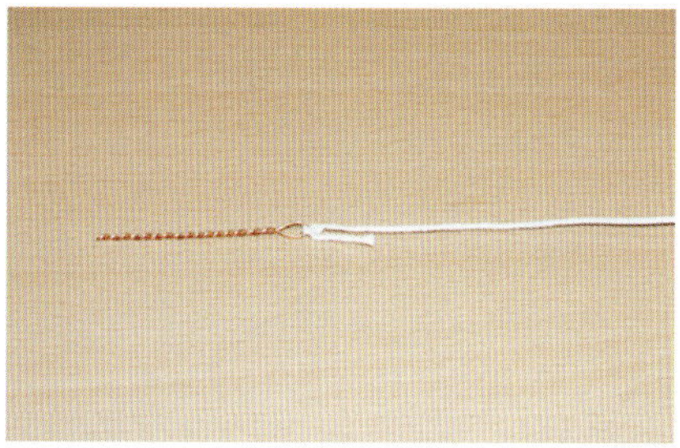

(c) 절연실이 고정될 때까지 꼬아준다.

그림 1-32 절연실 준비

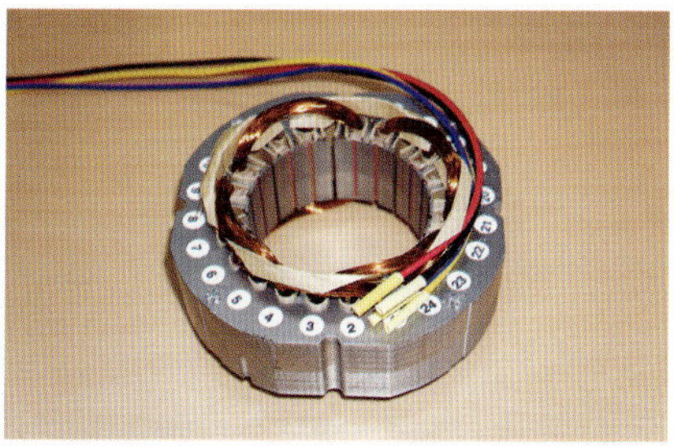

(a) 코일과 리드선을 납땜하고 절연튜브로 절연한다.

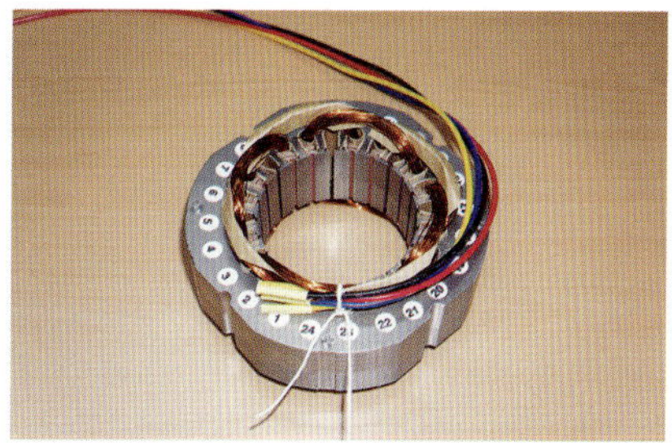

(b) 호밍사로 권선의 한 곳을 먼저 단단히 묶는다.

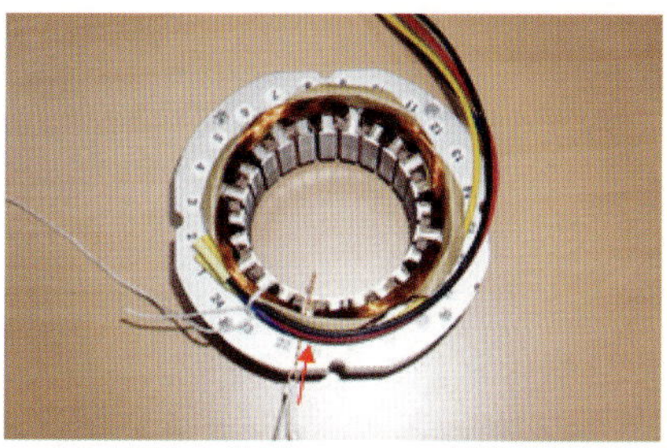

(c) 슬롯 사이에 호밍사을 밀어 넣는다.

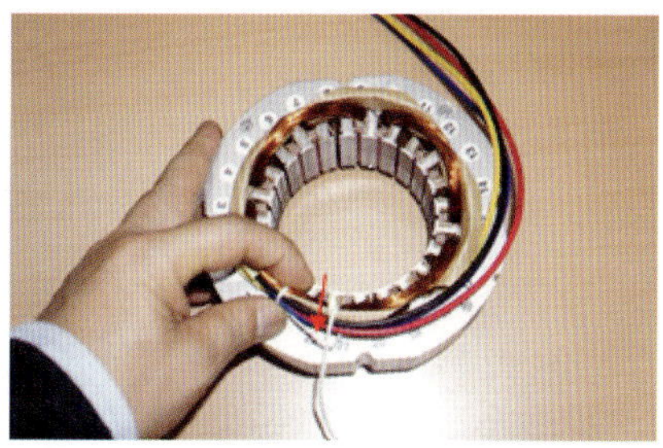

(d) 잡아당긴 호밍사 고리 사이로 관통시킨다.

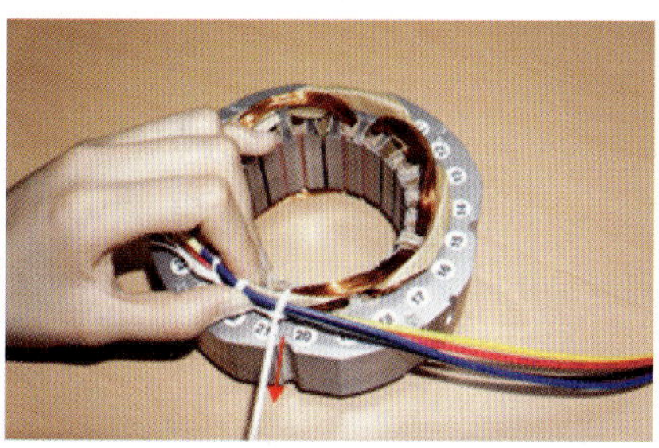

(e) 호밍사를 팽팽하게 잡아당긴다.

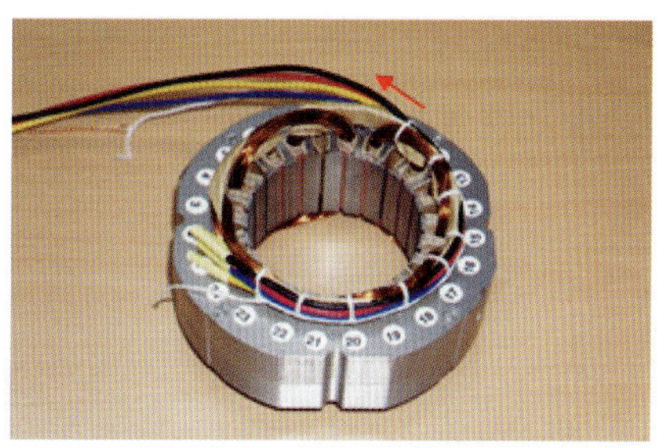

(f) 호밍사를 측면으로 잡아당긴다.

그림 1-33 코일과 리드선을 고정시키기 위한 바인딩 요령

호밍사를 이용하여 처음에는 권선 군(권선체)을 묶은 후 바구니식 방법으로 묶는다. 그림 1-33 (a)~(f) 순서대로 바인딩 작업을 한다. 특히, 전원 리드선 부분에는 다시 한번 묶고 리드선이 빠지지 않도록 단단히 묶는다.

14. 건조 및 바니쉬 함침

권선 작업이 끝난 후 건조로에 넣어 90~95[℃]에 넣어 1시간 동안 건조하여 습기를 제거한 후 끄집어내어 바니쉬가 잘 흘러내리도록 매단 뒤 다시 105±3[℃]에서 10시간 정도 건조과정을 2~3회 반복한 뒤 1시간 정도 냉각시켜 절연저항계로 절연저항을 측정하여 1[MΩ]이상이면 정상이다.

15. 전동기 조립

기동권선에 원심력 스위치를 부착 후 고정용 볼트와 너트가 풀리지 않도록 단단히 고정시킨다.

16. 접지 및 절연저항 측정

절연체의 절연이 일정 이상으로 유지되지 못할 경우 기기 소손, 전기화재, 폭발, 감전사고 등의 사고를 유발할 뿐만 아니라 장시간 정전 등으로 인한 이차적인 경제적 손실을 발생시킬 수 있다. 따라서 전기설비의 절연성능을 일정 수준 이상으로 유지하는 것이 매우 중요하다.

절연저항계(메거) 사용법

절연저항을 측정하기 전 배터리의 양을 측정한다. 내장 배터리가 정상인지를 체크하고 정상 이하일 경우 배터리를 교체해야 한다. 먼저 눈금판의 지침이 ∞눈금에 위치하고 있는지 확인한다. 만일 ∞눈금에서 지침이 벗어나 있으면 영점조정기 노브를 돌려 ∞눈금에 지시하도록 조정한다. 적색 리드봉은 권선의 리이드선에 연결하고, 집게처럼 되어있는 리드봉(흑색)은 고정자 철심에 물려준다. 그 다음 전원 On/Off 스위치를 눌러 절연저항을 측정한다. 단, 전기가 공급되는 상태에서는 검사를 하면 않되고, 검사하기 전에 테스트봉과 접지봉을 서로 연결하여 영점 조정을 한다.

- 저압전동기 전로와 대지 사이의 절연저항값이 표 1.1의 값 이상인지 확인한다.

표 1.1 저압 절연저항

전로의 사용전압 구분		절연저항[MΩ]
400[V] 미만	대지전압 150[V] 이하	0.1
	대지전압 150[V] 초과 300[V] 이하	0.2
	사용전압 300[V] 초과 400[V] 미만	0.3
400[V] 이상		0.4

- 고압전동기 전로와 대지 사이의 절연저항이 다음 a) 또는 b)의 값 이상인지 확인한다.

$$\text{a)}\ \frac{\text{정격전압}[V]}{\text{출력전압}[kW\ \text{또는}\ kVA]+1000}[M\Omega]$$

$$\text{b)}\ \frac{\text{정격전압}[V]+1/3\times\text{매분 회전속도}[rpm]}{\text{정격출력}[kW\ \text{또는}\ kWA]+2000}+0.5[M\Omega]$$

17. 동작 시험

① 회로시험기로 권선의 단선 및 접속 불량이 있는지 점검한다.

② 전원을 연결하여 고정자 사이에 들어 있는 회전자의 동작이 잘 되는지 점검 확인한다.

18. 작업이 완료되면 정리 정돈한다.

실 습

1. 권선 배치

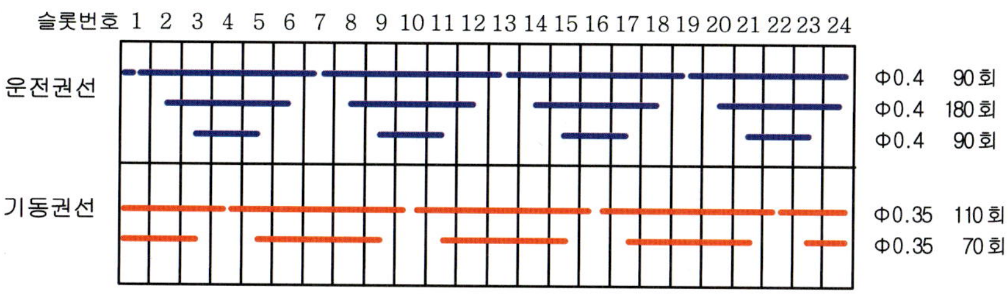

그림 1-34 권선 배치도

2. 권선 결선

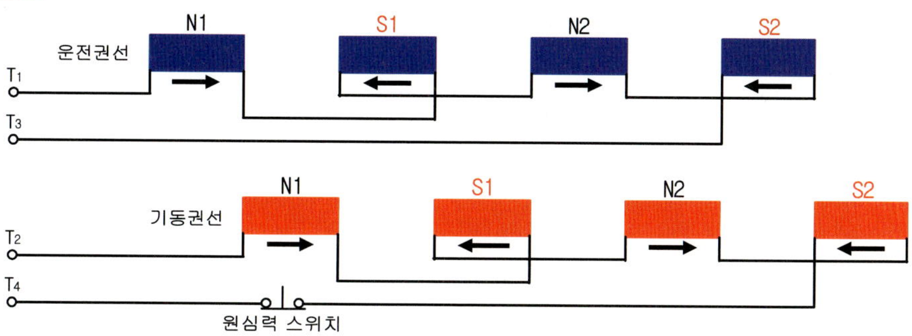

그림 1-35 권선 결선도

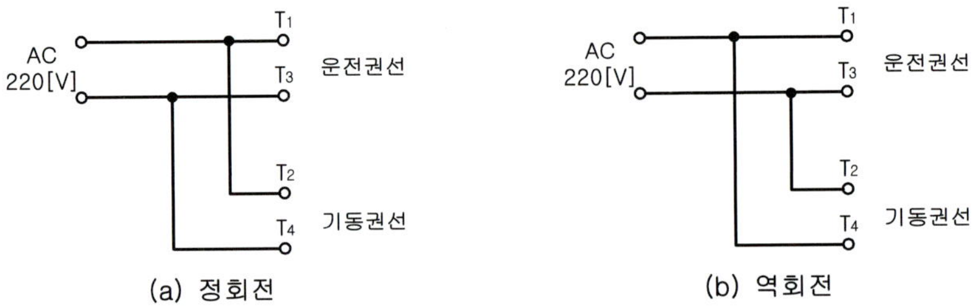

그림 1-36 정 · 역회전 결선법

3. 권선 삽입 방법

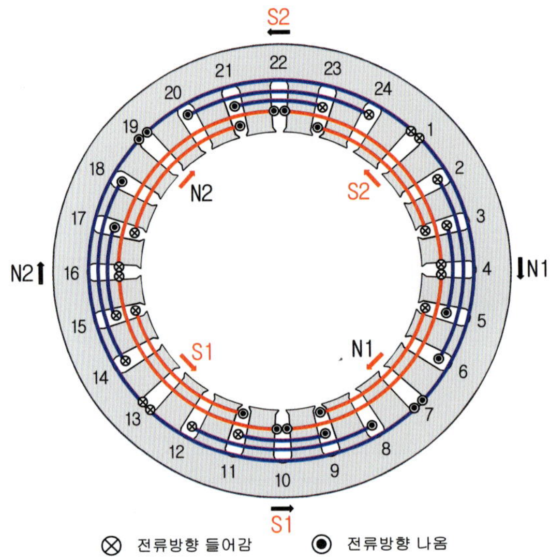

그림 1-37 고정자 철심 권선 배치도

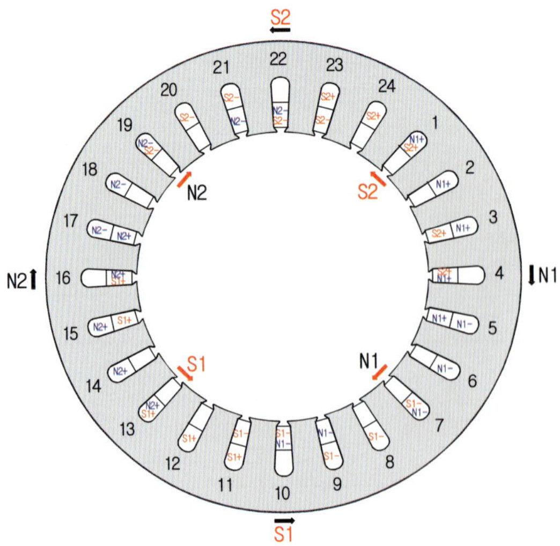

그림 1-38 각 슬롯에 대한 권선체 권선도

각 슬롯에 대한 권선 군(群)은 권선체 권선도를 참고하여 그림 1-39~40과 같이 입 · 출력 단자 및 슬롯번호를 라벨지에 적어서 부착한다.

운전권선 작업시 권선 군마다 끊지 말고, N1→S1→N2→S2 순으로 연속해서 권선작업을 한다. 또한, 기동권선도 권선 군마다 끊지 말고, N1→S1→N2→S2 순으로 연속해서 권선작업을 한다.

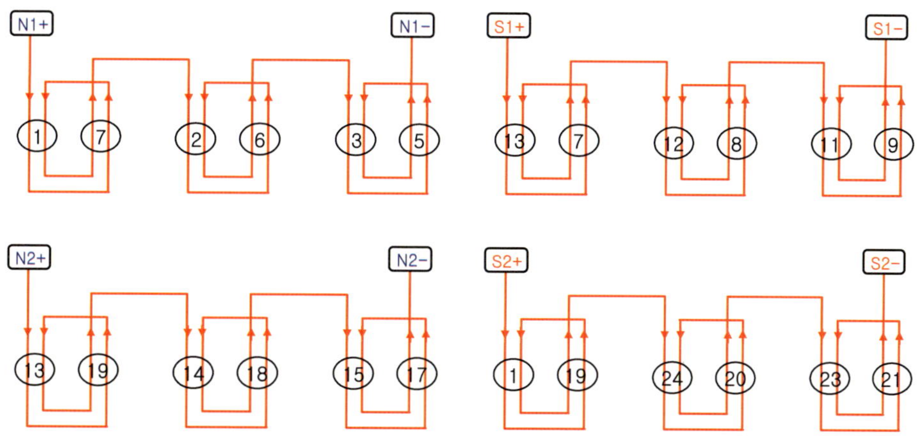

(a) 운전 권선체 권선도

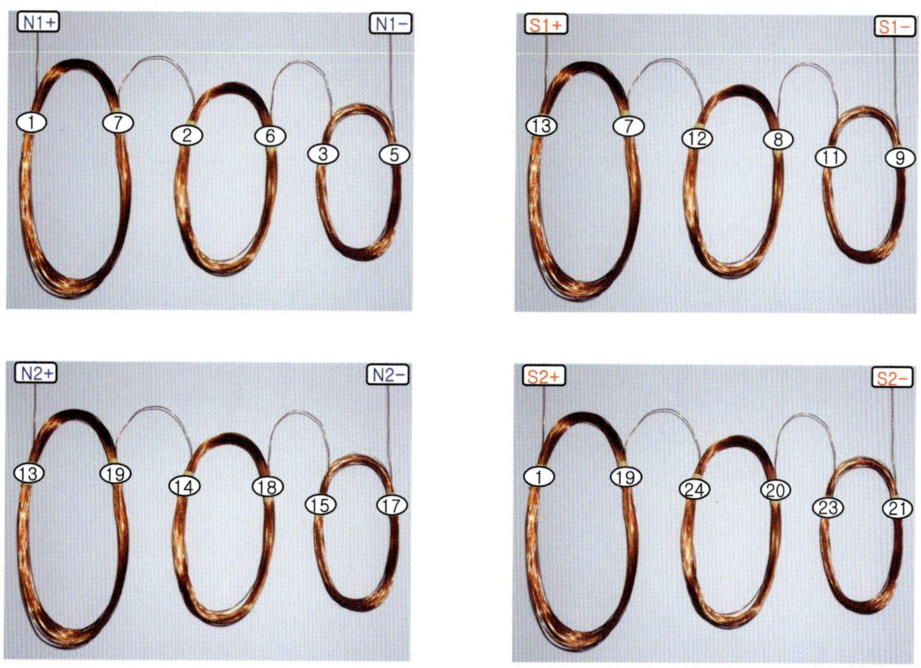

(b) 운전 권선체 라벨 부착 예

그림 1-39 운전 권선체 권선도 및 라벨 부착 예

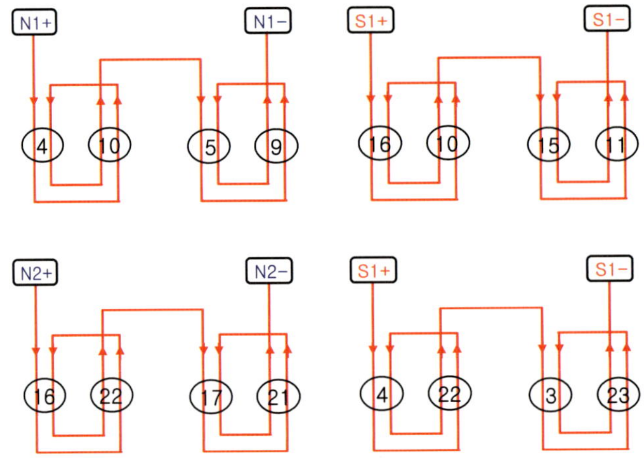

(a) 기동 권선체 권선도

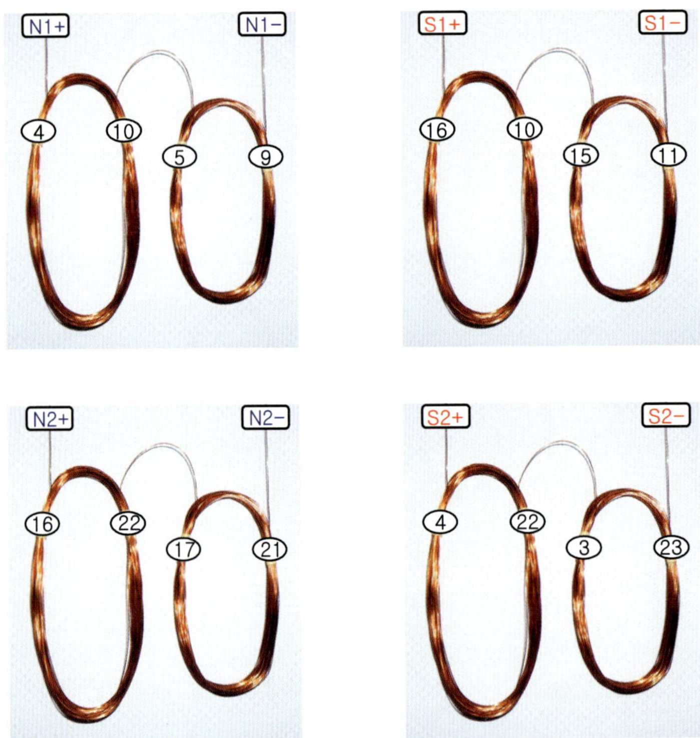

(b) 기동 권선체 라벨 부착 예

그림 1-40 기동 권선체 권선도 및 라벨 부착 예

4. 주의 사항

① 슬롯 절연은 0.25[mm] 절연지를 사용하고 턱받이의 길이가 2~5[mm]이내로 한다.

② 화이바 쐐기를 삽입하고, 긴 것과 짧은 것의 차가 1[mm]이내로 한다.

③ 0.12[mm] 절연지를 사용하여 코일 상호간을 분리되도록 층간절연 및 상간절연을 한다.

④ 코일 가닥이 교차됨이 없이 삽입하고 구부러짐이 없이 삽입되도록 한다.

⑤ 리드선을 300[mm]정도 인출하고 리드선의 끝 피복을 최소 10~30[mm] 벗긴다.

⑥ 접속점에 모두 납땜을 하고 굵기에 따라 절연튜브를 사용한다.

⑦ 고정자 철심으로부터 코일 단부의 높이가 20~30[mm]이내가 되도록 한다.

⑧ 성형하여 철심의 내부나 외부 쪽에서 코일이 보이지 않도록 견고하게 성형한다.

5. 동작시험

① 회로시험기 및 직류 전원공급기에 의한 코일의 단선 및 접속 불량이 있는지 점검한다.

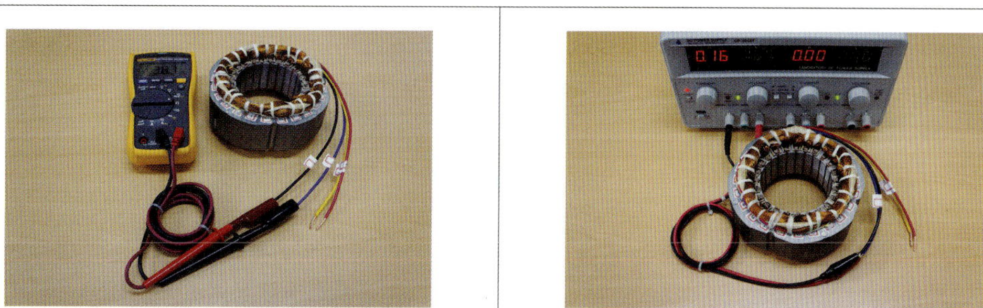

(a) 회로시험기에 의한 방법 | (b) 전원공급기에 의한 방법

그림 1-41 코일의 단선 및 접촉 불량 검사방법

② 각 자극의 극성을 점검한다.
자극의 극성검사는 그림 1-42와 같이 실시한다.

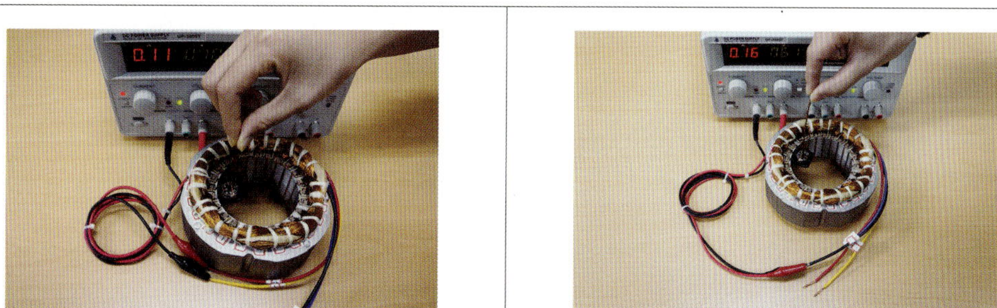

(a) 운전권선 극성시험 | (b) 기동권선 극성시험

그림 1-42 자극의 극성시험 검사방법

③ 절연저항계로 절연상태를 점검한다.
절연저항 측정은 그림 1-43과 같이 실시한다.

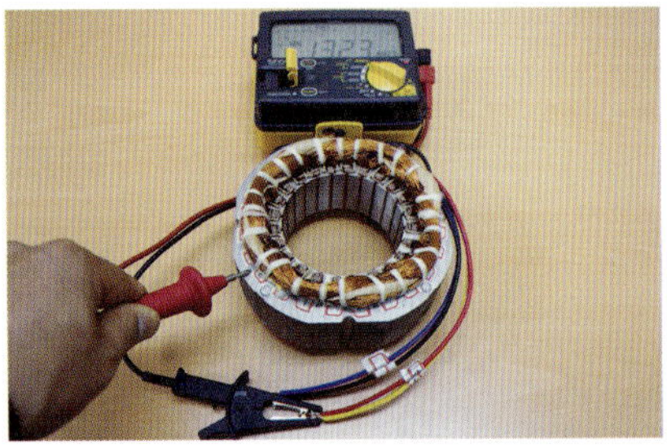

(a) 운전권선 절연저항 측정방법

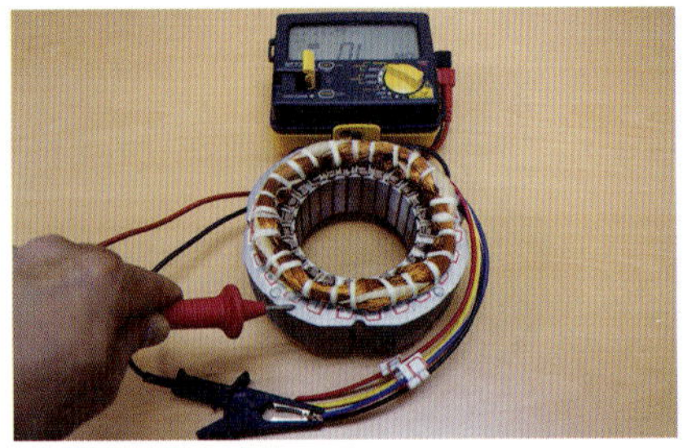

(b) 기동권선 절연저항 측정방법

그림 1-43 **절연저항 측정방법**

④ 위의 측정 방법이 이상이 없는 경우 전기기계 실험장치에 설치한다.

⑤ 전기기계 테스트용 지그를 분해한다.

⑥ 회전자를 고정자 철심의 중앙에 삽입하여 테스트용 지그에 조립한다.

⑦ 고정자 철심이 움직이지 않도록 고정시킨다.

⑧ 회전자가 잘 회전하는지 확인한다.

⑨ 전원을 연결하여 고정자 사이에 들어 있는 회전자의 동작이 잘 되는지 점검 확인한다.

⑩ 전원을 ON하고 전압공급기의 전원을 서서히 증가시키면서 회전자가 회전하는지 확인한다.

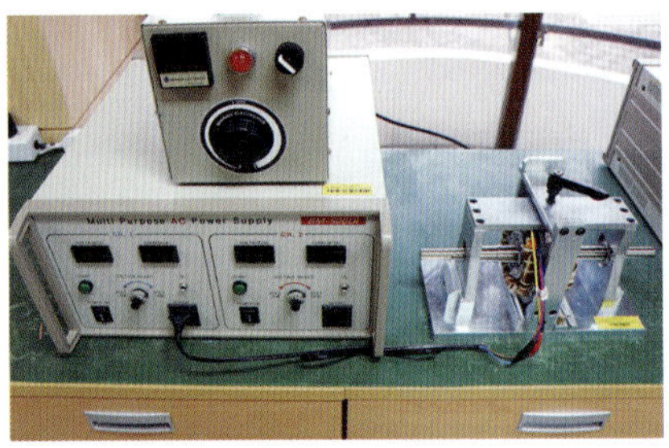

그림 1-44 **전기기계 실험장치 설치방법 및 실험**

⑪ 운전 도중에 과열과 소손되는 곳이 있는지 확인한다.

⑫ 유도전동기가 이상 없이 동작하면 담당교수 확인하에 평가를 받도록 한다.

6. 실습 완성 사진

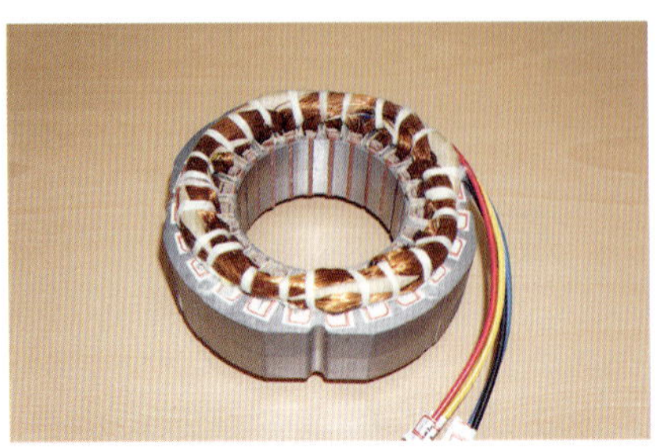

실습 2

24슬롯 단상 4극 110/220V 2중 전압 분상 전동기 고정자 권선

목 표

1) 분상 기동형 전동기의 동작원리를 설명할 수 있다.
2) 단상 4극 110/220[V] 2중 전압 분상 기동형 전동기의 권선 배치도 및 결선도에 따라 전동기를 제작할 수 있다.
3) 단상 4극 110/220[V] 2중 전압 분상 기동형 전동기의 결선 및 운전을 할 수 있다.

실습 재료

재료명	규격	수량	재료명	규격	수량
고정자철심	24슬롯	1	절연지	0.12t×200×1000mm	1장
Coil	Φ0.6mm	1Kg	절연튜브	Φ1mm, Φ3mm, Φ4mm	0.5M
Coil	Φ0.4mm	1Kg	호밍사	면실 Φ2mm	2M
화이바지	0.8t×200×250mm	1장	실납	Φ1.0mm SN(60%)	0.3M
절연지	0.25t×200×1000mm	1장	리드선	1.25㎟, 적, 흑색	2M

작업순서

실습 1 작업 순서 참조.

실 습

1. 권선 배치

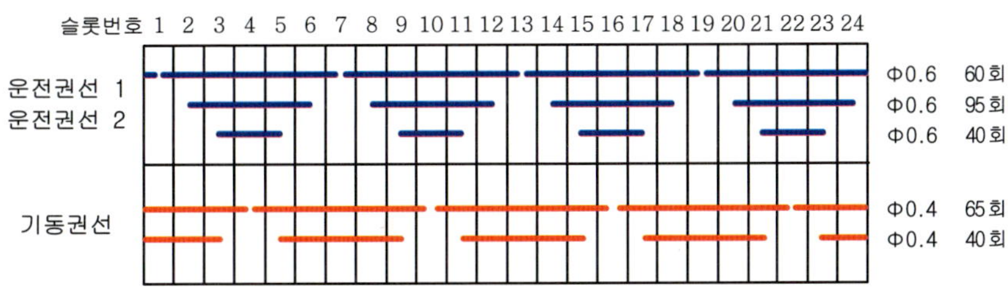

그림 2-1 권선 배치도

2. 권선 결선

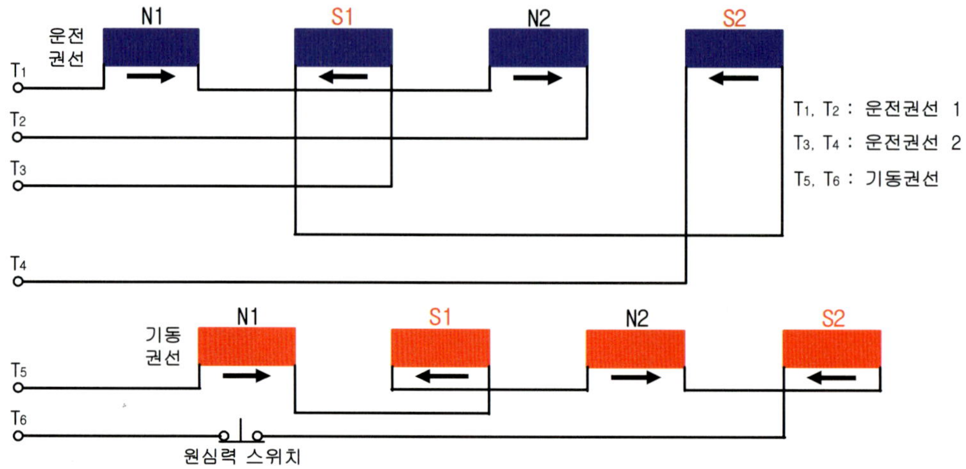

그림 2-2 권선 결선도

그림 2-3 단자 기호 처리(110/220[V])

3. 권선 삽입 방법

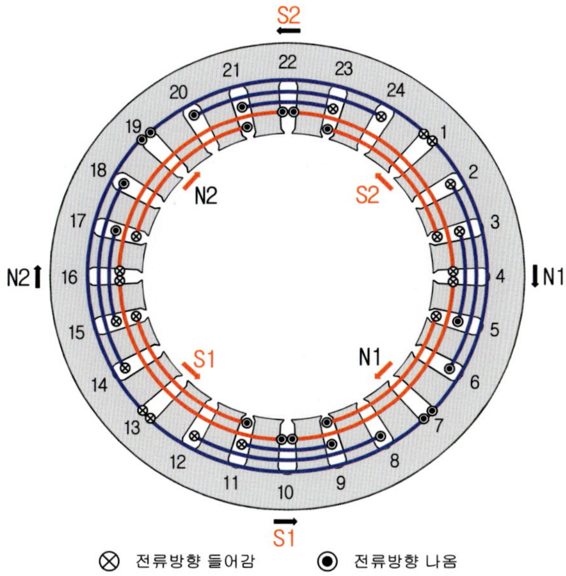

그림 2-4 고정자 철심 권선 배치도

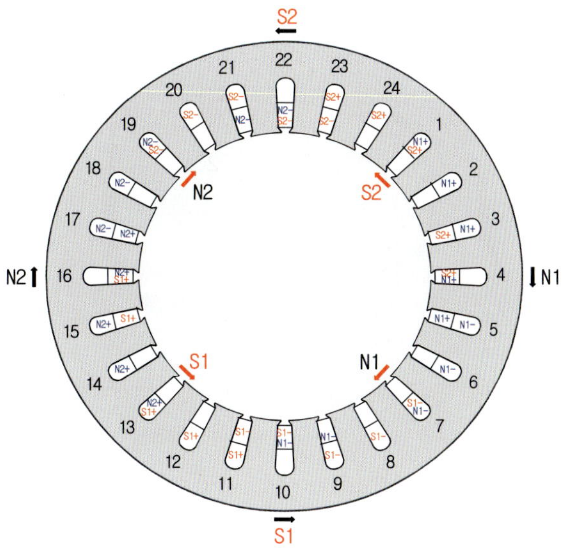

그림 2-5 각 슬롯에 대한 권선체 권선도

각 슬롯에 대한 권선 군(群)은 권선체 권선도를 참고하여 그림 2-6~7과 같이 입 · 출력 단자 및 슬롯 번호를 라벨지에 적어서 부착한다.

운전권선 1 작업시 권선 군마다 끊지 말고, N1→N2 순으로 연속해서 권선 작업을 하고, 운전권선 2는 S1→S2 순으로 연속해서 권선작업을 한다. 또한, 기동권선도 권선 군마다 끊지 말고, N1→S1→N2→S2 순으로 연속해서 권선작업을 한다.

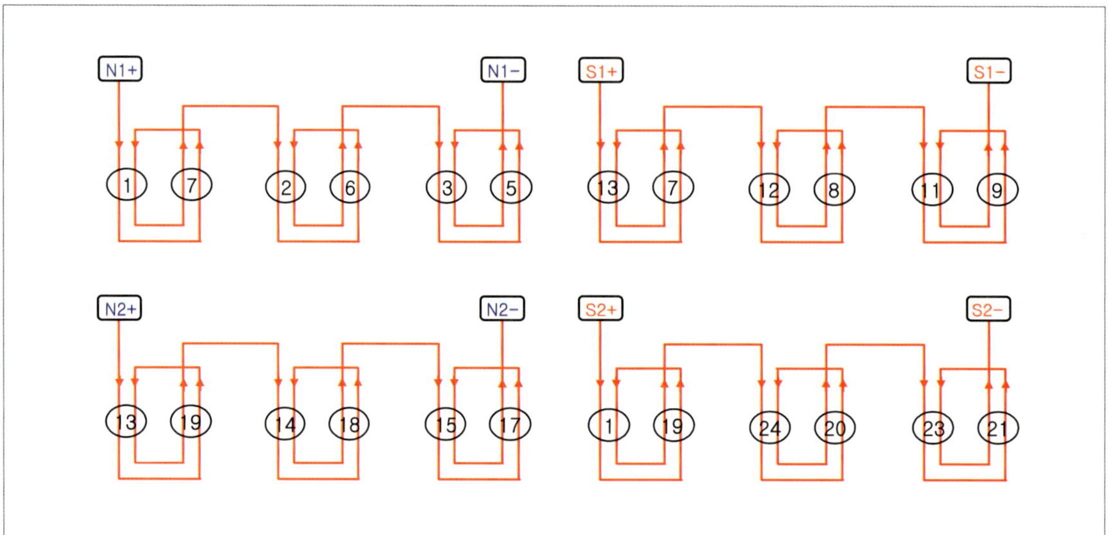

(a) 운전 1, 2 권선체 권선도

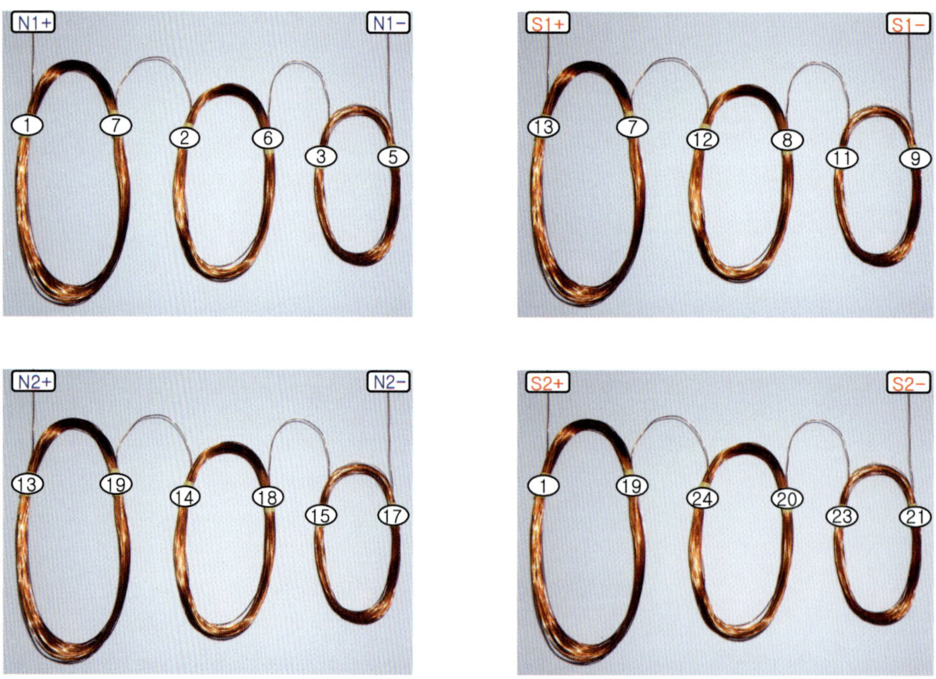

(b) 운전 1, 2 권선체 라벨 부착 예

그림 2-6 운전 권선체 권선도 및 라벨 부착 예

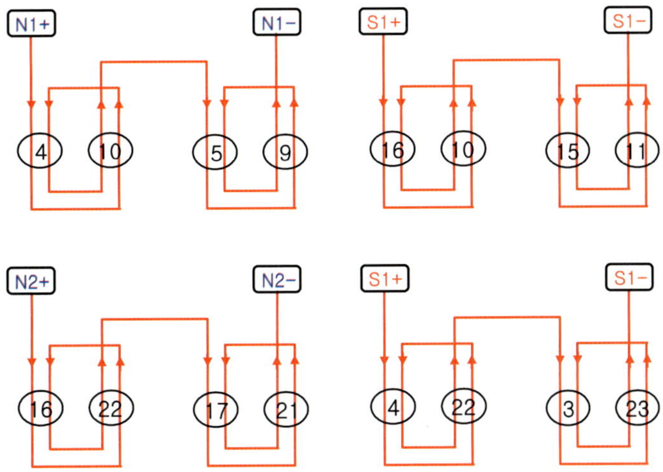

(a) 기동 권선체 권선도

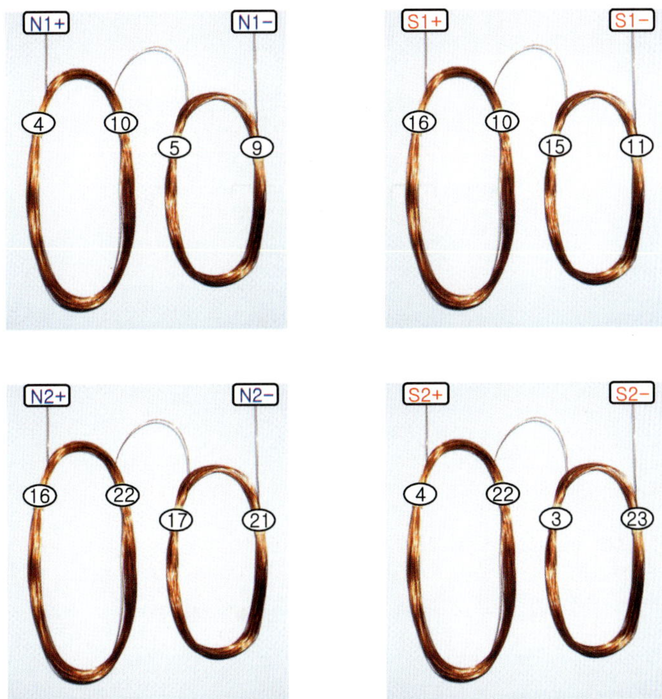

(b) 기동 권선체 라벨 부착 예

그림 2-7 기동 권선체 권선도 및 라벨 부착 예

4. 주의 사항

실습 1 주의 사항 참조.

5. 동작시험

① 회로시험기 및 직류 전원공급기에 의한 코일의 단선 및 접속 불량이 있는지 점검한다.

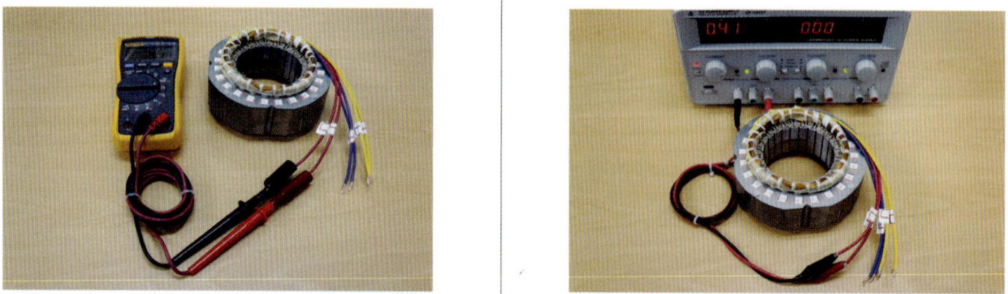

(a) 회로시험기에 의한 방법 | (b) 전원공급기에 의한 방법

그림 2-8 코일의 단선 및 접촉 불량 검사방법

② 각 자극의 극성을 점검한다.
자극의 극성검사는 그림 2-9와 같이 실시한다.

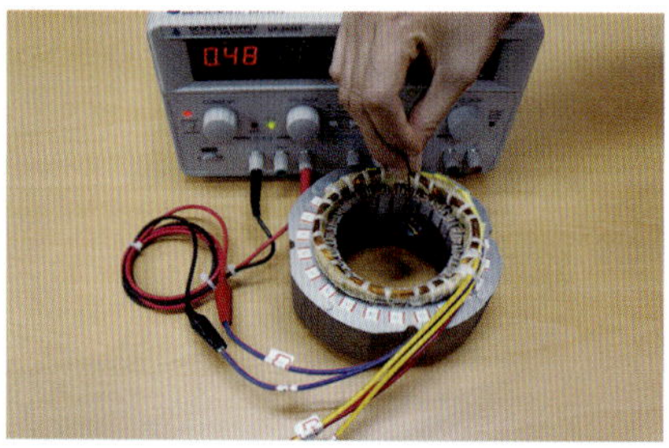

그림 2-9 자극의 극성시험 검사방법

③ 절연저항계로 절연상태를 점검한다.
절연저항 측정은 그림 2-10과 같이 실시한다.

④ 위의 측정 방법이 이상이 없는 경우 전기기계 실험장치에 설치한다.

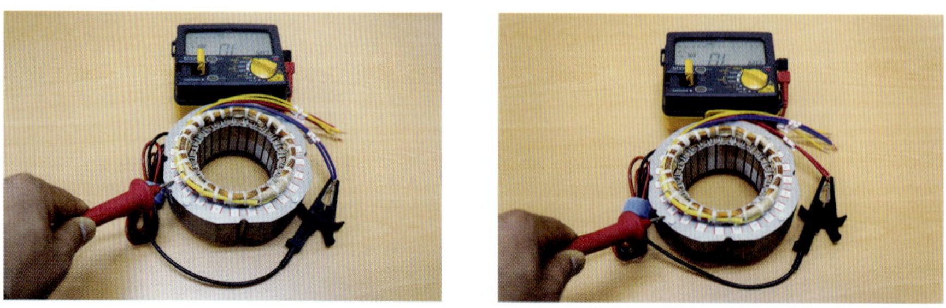

(a) 운전권선 1, 2 절연저항 측정방법

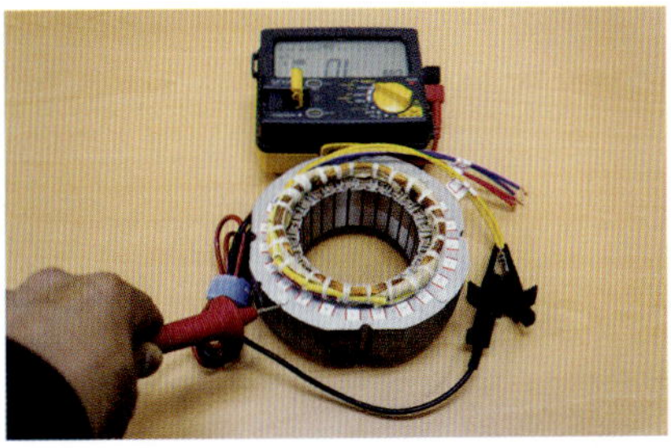

(b) 기동권선 절연저항 측정방법

그림 2-10 절연저항 측정방법

⑤ 전기기계 테스트용 지그를 분해한다.

⑥ 회전자를 고정자 철심의 중앙에 삽입하여 테스트용 지그에 조립한다.

⑦ 고정자 철심이 움직이지 않도록 고정시킨다.

⑧ 회전자가 잘 회전하는지 확인한다.

⑨ 전원을 연결하여 고정자 사이에 들어 있는 회전자의 동작이 잘 되는지 점검 확인한다.

⑩ 전원을 ON하고 전압공급기의 전원을 서서히 증가시키면서 회전자가 회전하는지 확인한다.

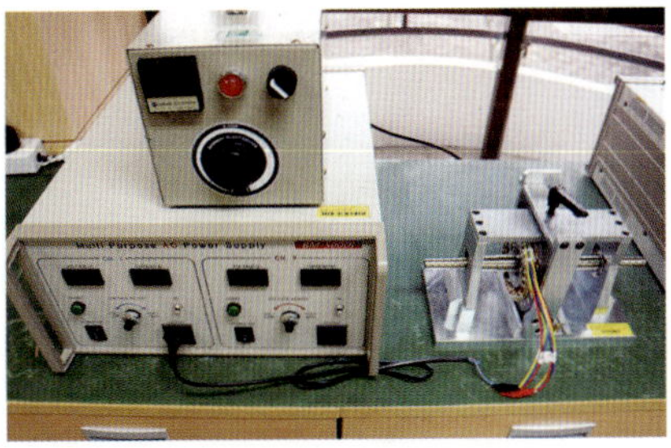

그림 2-11 전기기계 실험장치 설치방법 및 실험

⑪ 운전 도중에 과열과 소손되는 곳이 있는지 확인한다.

⑫ 유도전동기가 이상 없이 동작하면 담당교수 확인하에 평가를 받도록 한다.

6. 실습 완성 사진

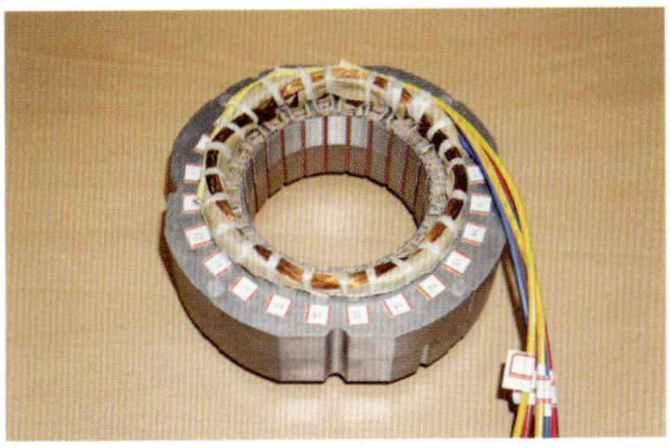

2.2 콘덴서 기동형 전동기

콘덴서 기동형 전동기의 권선법은 분상 전동기와 권선법이 같으나 결선 후 기동권선에 직렬로 콘덴서를 접속만 하면 된다.

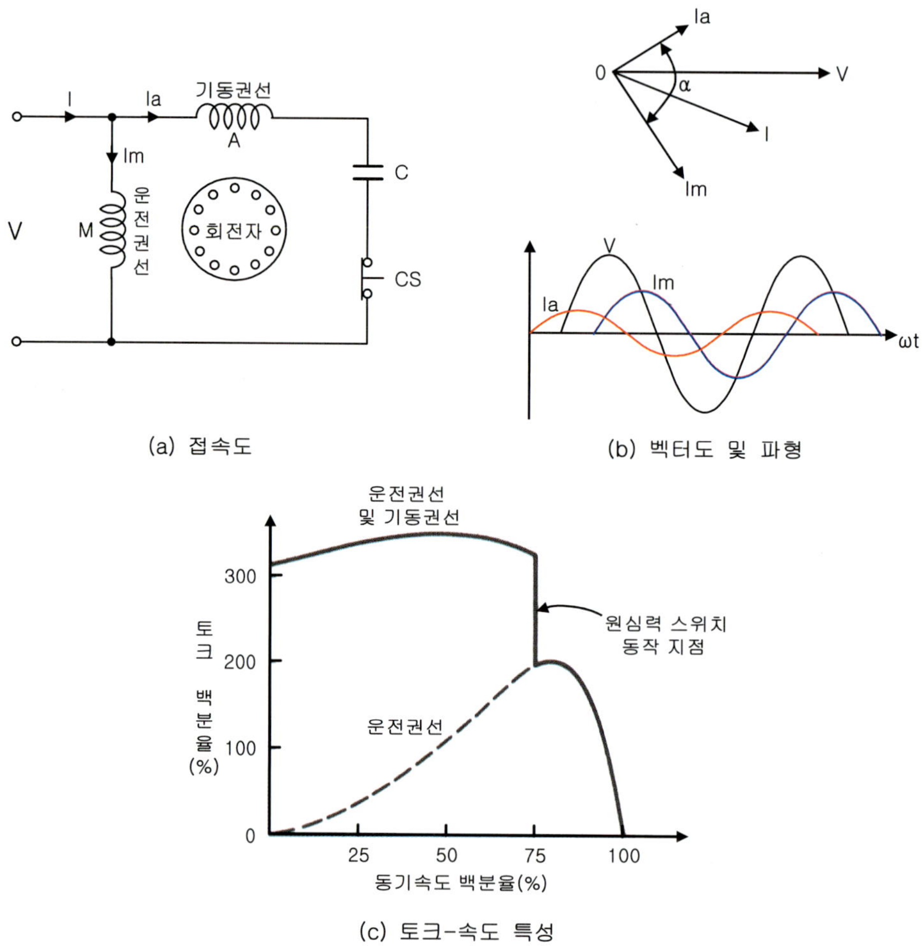

(a) 접속도 (b) 벡터도 및 파형 (c) 토크-속도 특성

그림 2-5 콘덴서 기동형 전동기

그림 2-5 (a)와 같이 기동권선 A에 직렬로 콘덴서를 접속하여 운전하면 두 권선 사이의 위상각을 크게하여 토크를 증가시킬 수 있으며 기동이 완료되면 원심력 스위치에 의해 기동권선 A를 분리시킨다. 그림 (b)의 벡터도와 같이 기동권선 A의 전류 Ia는 단자전압 V보다 위상이 앞서고, 운전권선 M의 전류 Im은 V보다 위상이 늦기 때문에 Ia와 Im 사이에 위상차 α가 생긴다. 이 위상차는 콘덴서를 선정하는 방법에 따라 저항과 리액턴스에 의한 분상 기동형 전동기보다 훨씬 크고 $\pi/2$[rad] 가까운 것으로 할 수 있다. (c)는 콘덴서 기동형 전동기의 전형적인 토크-속도 특성이다. 운전권선 전류보다 기동권선의 기동전류를 90[°] 앞서게 하면 거의 완전한 2상식 회전자계가 된다. 따라서 회전자계는 원형에 가까운 것이 되고 기동특성이 크게 개선되어 200~300[%]의 기동토크를 얻을 수 있다.

콘덴서 기동형 전동기의 코일 결선법 및 수리

콘덴서 기동형 전동기의 권선법은 분상 전동기와 같으며, 다만 기동권선에 콘덴서만 접속하면 되므로 권선법은 생략하고 결선법에 따라 여러 가지가 있으므로 간단히 설명하면 다음과 같다.

① 외부에서의 가역 단일 전압 콘덴서 기동형 전동기
② 비가역 단일 전압 콘덴서 기동형 전동기
③ 과부하 보호장치를 구비한 가역 단일 전압 콘덴서 기동형 전동기
④ 2중 전압 가역 콘덴서 기동 전동기

① 외부에서의 가역 단일 전압 콘덴서 기동형 전동기

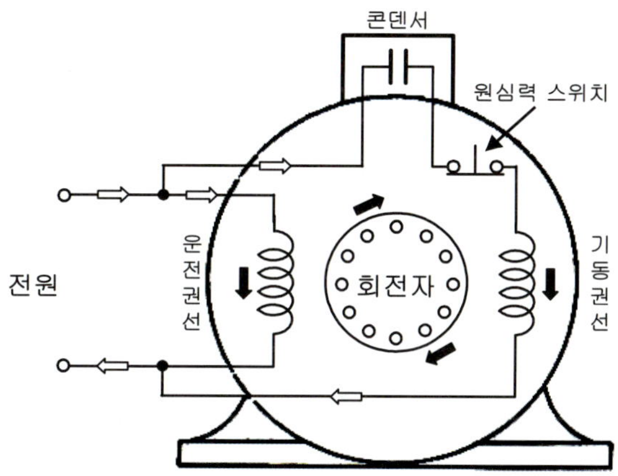

그림 2-6 시계방향 회전으로 결선한 단일 전압 콘덴서 기동형 전동기
(권선에서의 전류방향에 대하여 특히 유의할 것)

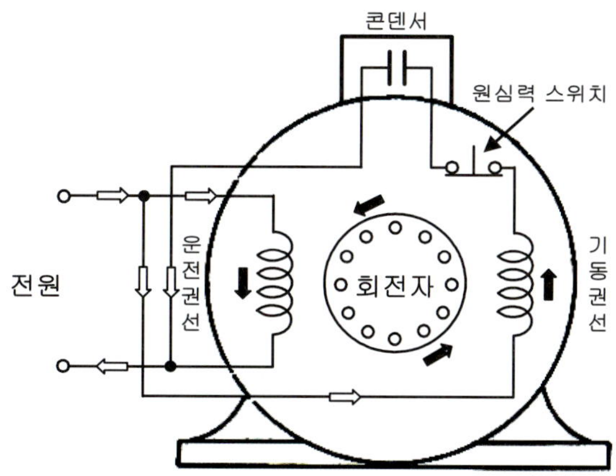

그림 2-7 역회전으로 결선한 단일 전압 콘덴서 기동형 전동기
(권선에서의 전류방향이 그림 2-6과 달라진 점에 유의)

운전권선과 기동권선 각각 두 개의 리드선을 프레임 밖으로 내어 그림 2-6과 같이 운전하고 역회전시 외부에서 그림 2-7과 같이 원심력 스위치와 콘덴서는 기동권선과 직렬로 전동기 내부에서 접속한다. 이러한 종류의 콘덴서 기동형 전동기는 기동권선의 결선을 바꾸어 주거나, 또는 운전권선의 결선을 바꾸어 주면 회전방향을 반대로 할 수 있다. 다른 전동기에서와 마찬가지로 이 전동기도 극수에 따라 속도가 달라진다. 극수가 많으면 많을수록 저속으로, 적으면 적을수록 고속으로 회전한다. 그림 2-8은 4극 콘덴서 기동형 전동기 권선 결선도이다.

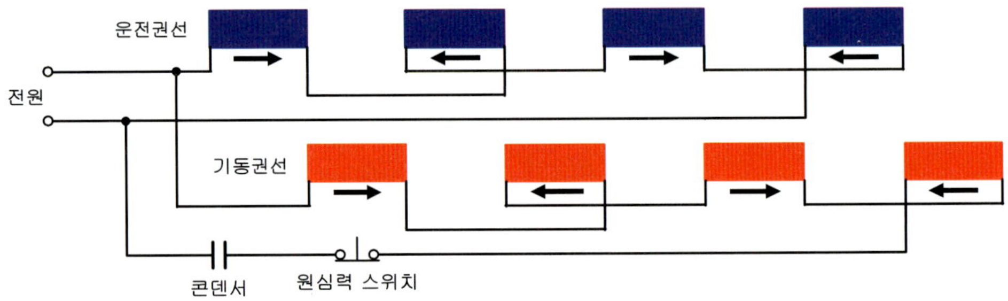

그림 2-8 4극 콘덴서 기동형 전동기 권선 결선도

② 비가역 단일 전압 콘덴서 기동형 전동기

전동기 내부에서 그림 2-9와 같이 기동권선과 운전권선의 리드선을 연결하였으므로 이를 해체하여 결선을 바꾸기 전에는 회전방향을 바꿀 수 없다.

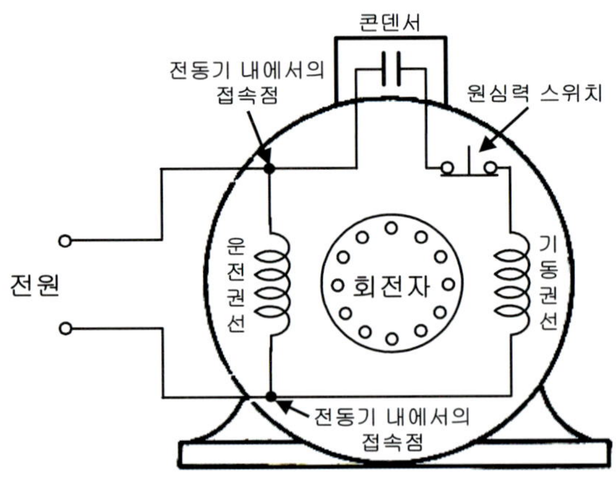

그림 2-9 비가역 단일 전압 콘덴서 기동형 전동기

③ 과부하 보호장치를 구비한 가역 단일 전압 콘덴서 기동형 전동기

콘덴서 기동형 전동기는 가끔 과부하 보호장치를 설치하는 경우가 있다. 이는 과부하, 과열, 회로의 단락 등의 사고에서 전동기를 보호하기 위한 것이다. 일정 시간동안 전동기 내에 과도한 양의 전류가 흐르면 열을 발생하게 되고, 이 열은 바이메탈에 전달되어 휘어지게 된다. 휘어진 바이메탈은 접촉자를 열어주게 되며, 그 결과 회로를 차단하게 된다. 과부하 보호장치를 설치할 때에는 코일에 바이메탈을 직렬로 연결하여야 하는 점을 유의해야 한다. 그림 2-10과 같이 전원에 과부하 보호장치(바이메탈)를 부착한 것이다.

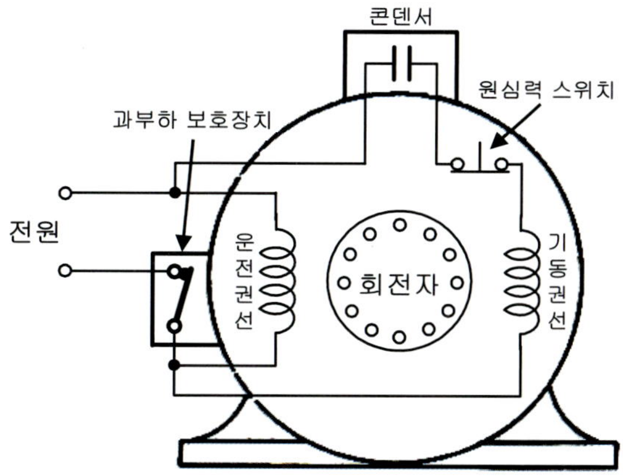

그림 2-10 바이메탈을 사용한 과부하 보호장치를 전원에 직렬로 접속한 콘덴서 기동형 전동기

④ 2중 전압 콘덴서 기동형 전동기

2중 전압 콘덴서 기동형 전동기는 110[V] 또는 220[V]에서 동작한다. 이러한 종류의 전동기는 일반적으로 두 개의 운전권선과 한 개의 기동권선으로 구성되어 있으며, 알맞게 결선할 수 있도록 리드선을 여러 개 뽑아 놓았다.

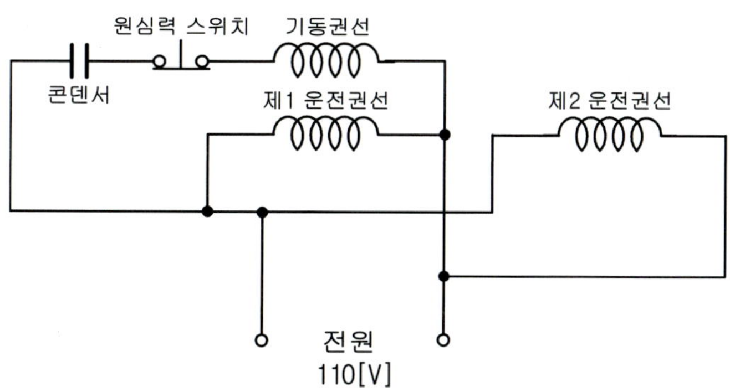

(a) 110[V] 운전으로 접속한 2중 전압 콘덴서 기동형 전동기 결선도
(운전권선 끼리는 병렬 접속함)

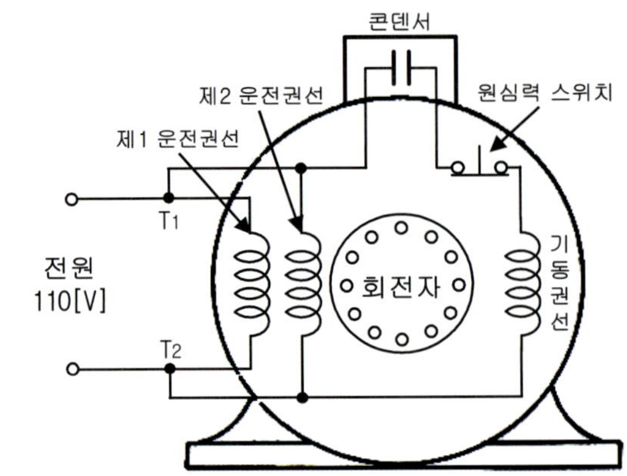

(b)

그림 2-11 110[V] 운전으로 접속한 2중 전압 콘덴서 기동형 전동기 (운전권선은 병렬 접속함)

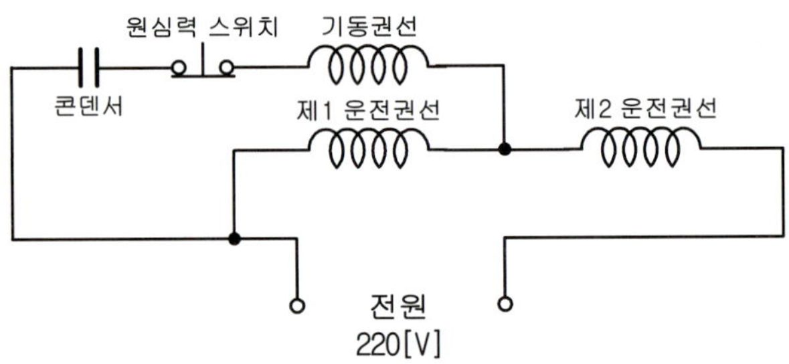

(a) 220[V] 운전으로 접속한 2중 전압 콘덴서 기동형 전동기 결선

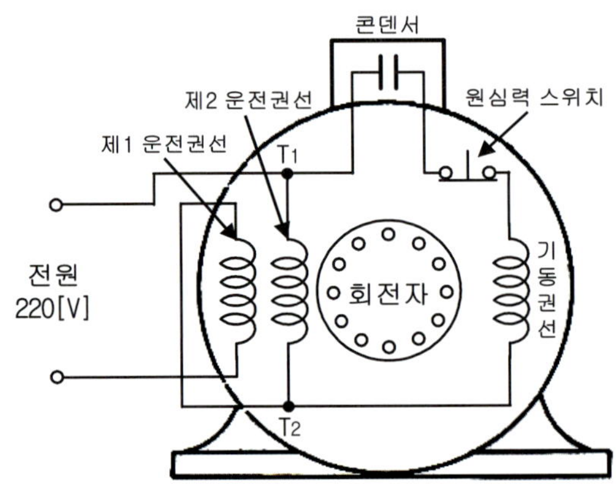

(b)

그림 2-12 220[V] 운전으로 접속한 2중 전압 콘덴서 기동형 전동기 (운전권선 끼리는 직렬 접속함)

그림 2-11 (a)는 110[V] 운전시 두개의 운전권선을 병렬로 연결한 것이며, 그림 2-12는 220[V] 운전 시 직렬 연결한 것이다.

그림 2-13은 4극 2중 전압 콘덴서 기동형 전동기 권선 결선도이다.

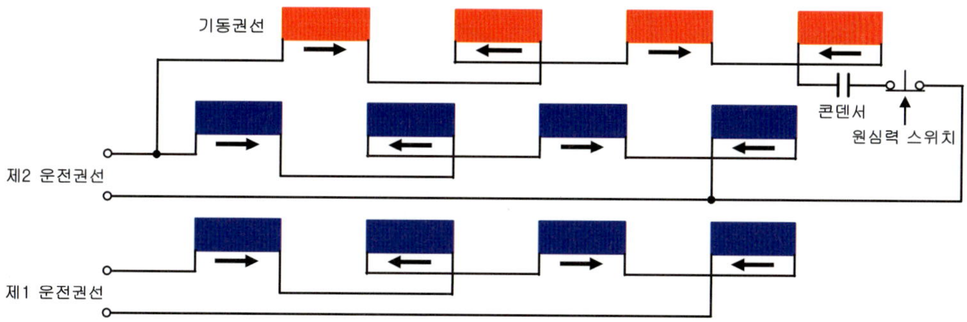

그림 2-13 4극 2중 전압 콘덴서 기동형 전동기 권선 결선도

2.3 영구 콘덴서 전동기

영구 콘덴서 전동기는 그림 2-14 (a)와 같이 일정한 값의 콘덴서를 기동할 때나 운전할 때 항상 접속해 두는 것으로, 기동토크는 적고 운전시의 특성도 양호하지 않지만, 원심력 스위치가 필요 없으므로 가격도 싸므로 큰 기동토크가 요구하지 않는 선풍기, 냉장고, 세탁기 등에 널리 사용된다. 기동토크는 20~100[%]이며, 기동토크는 작으나 운전 중 역률이 좋으며 회전이 부드럽다. 그림 (b)의 벡터도와 같이 운전 시에도 콘덴서가 직렬 연결된 기동권선을 이용하기 때문에 기동권선 전류 Ia와 운전권선 전류 Im의 위상차 90[°]가 생긴다. 그림 (c)는 영구 콘덴서 전동기의 전형적인 토크-속도 특성이다.

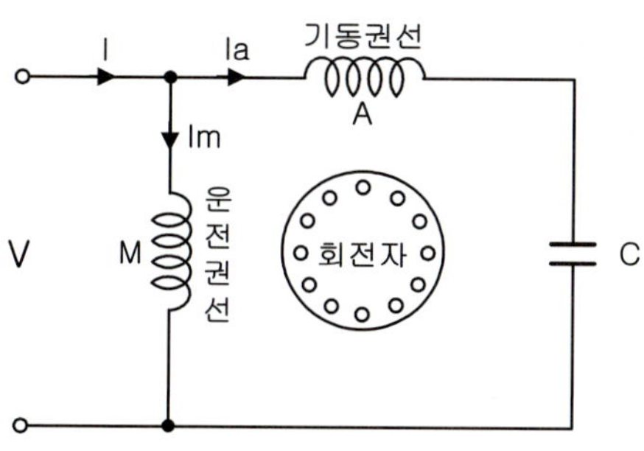

(a) 접속도

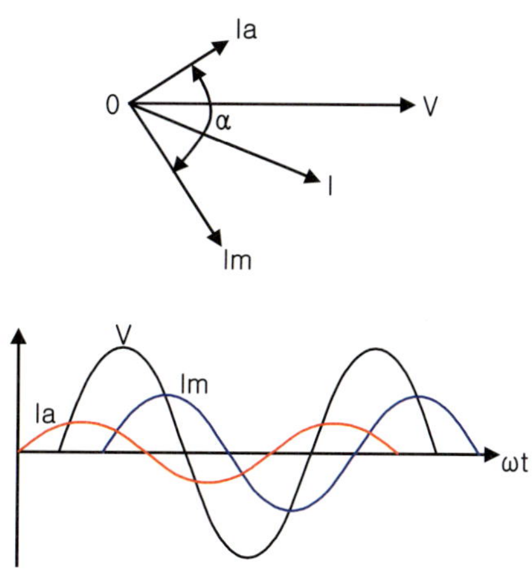

(b) 벡터도 및 파형

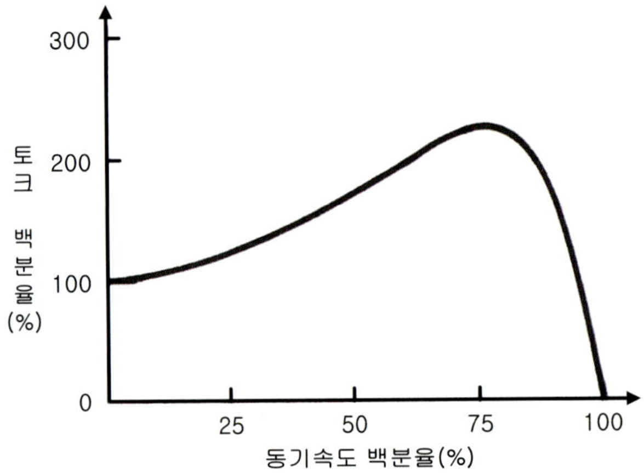

(c) 토크-속도 특성

그림 2-14 영구 콘덴서 전동기

1) 콘덴서 런 유도전동기의 코일 결선법

콘덴서 런 유도전동기는 기동할 때나 운전할 때 항상 콘덴서를 기동권선과 직렬로 접속하여 사용하는 유도전동기로서 구조상으로는 콘덴서 기동형 전동기의 원심력 스위치를 제거한 것과 같다. 권선은 운전권선과 기동권선 모두 분상형 콘덴서와 같으므로 생략하고 코일의 접속법에 따라 여러 가지가 있으므로 간단히 설명한다.

① **콘덴서 1개를 사용한 경우**

1 단일 전압 영구 콘덴서 런 유도전동기

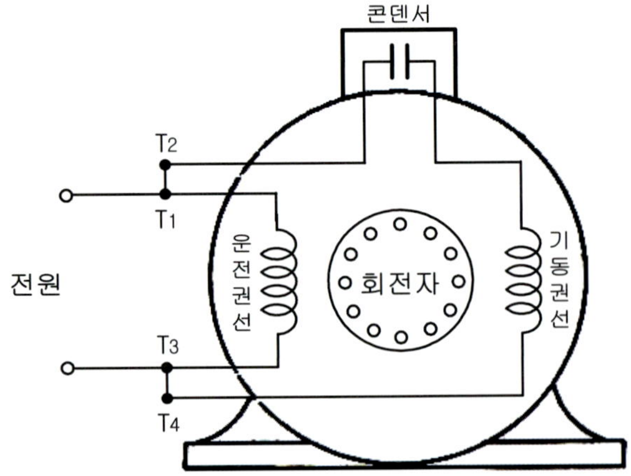

그림 2-15 전동기 외부에서 역회전 접속이 가능한 단일 전압 영구 콘덴서 런 유도전동기
(역회전 접속시는 T_2와 T_4를 바꿔 접속할 것)

원심력 스위치만 없고 콘덴서 기동형과 비슷하며 콘덴서 용량이 적으므로 기동전력이 중간정도 되어 주로 오일 버너 전압 조정기, 선풍기 등에 사용된다. 역회전시키려면 리드선을 4개를 밖으로 빼내어 그림 2-15에서 T_2와T_4를 바꿔 접속하면 된다.

② 2중 전압 영구 콘덴서 런 유도전동기

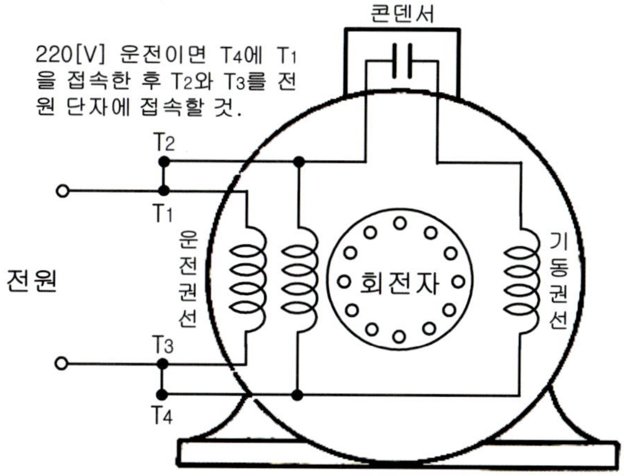

그림 2-16 110[V] 운전으로 접속한 2중 전압 영구 콘덴서 런 유도전동기

2중 전압 영구 콘덴서 기동형 전동기에서 원심력 스위치가 없는 것이며, 고전압으로 운전 시는 운전권선 두 개를 직렬로 접속하고, 저전압으로 운전 시는 그림 2-16과 같이 병렬로 접속한다.

③ 단일 전압 가역 영구 콘덴서 런 유도전동기

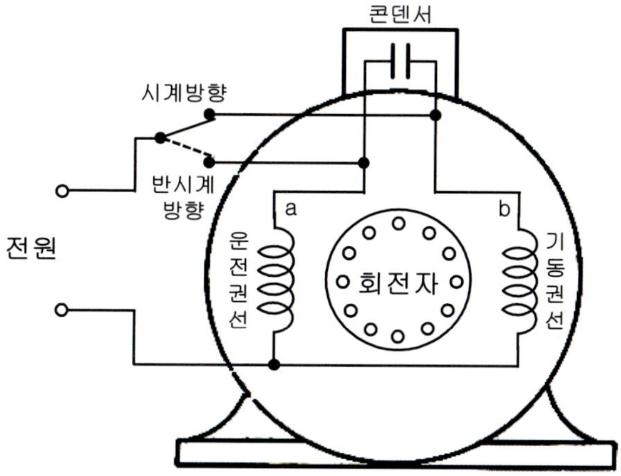

그림 2-17 리드선이 3개인 가역 영구 콘덴서 런 유도전동기

운전권선이 두 개로 90[°]의 전기각도로 그림 2-17과 같이 되어 있으며, 하나는 기동권선으로 하나는 운전권선으로 사용하고, 회전방향 변경 시 기동권선이 운전권선이 된다. 그림에서 반시계 방향으로 스위치를 투입 시 a가 기동권선 b는 운전권선이 된다. 두 개의 권선의 굵기는 같다.

④ 2단 속도 단일 전압 영구 콘덴서 런 유도전동기

2단 속도 단일 전압 영구 콘덴서 런 유도전동기는 극수 변환법으로 속도를 변하지 않고 회전자계의 세기를 감소하면 슬립이 증가하여 전동기 속도가 저하한다.

구조는 그림 2-18과 같이 운전권선과 보조권선을 동일 슬롯에 넣어 만든 것이며 저속으로 회전시킬 때는 기동권선은 콘덴서와 직렬로 접속되어 있다.

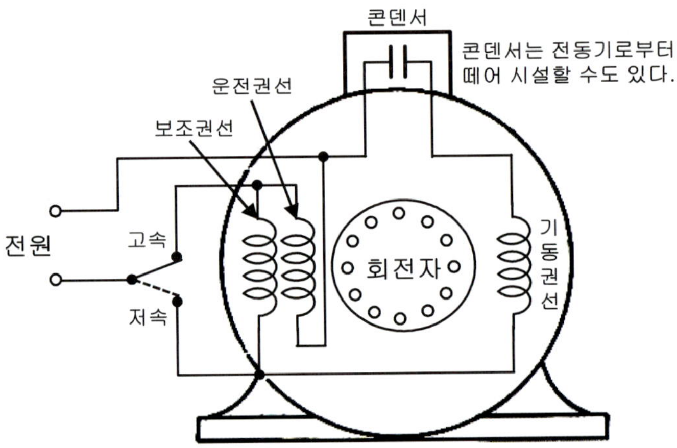

그림 2-18 2단 속도 단일 전압 영구 콘덴서 런 유도전동기

실습 3

24슬롯 단상 4극 콘덴서 런 유도전동기 고정자 권선 1

목 표

1) 콘덴서 기동형 유도전동기의 동작원리를 설명할 수 있다.
2) 단상 4극 콘덴서 기동형 유도전동기의 권선 배치도 및 결선도에 따라 전동기를 제작할 수 있다.
3) 단상 4극 콘덴서 기동형 유도전동기의 결선 및 운전을 할 수 있다.
4) 유도전동기 고장 검출 및 수리를 할 수 있다.

실습 재료

재료명	규격	수량	재료명	규격	수량
고정자철심	24슬롯	1	절연튜브	Φ1mm, Φ3mm, Φ4mm	0.5M
Coil	Φ0.3mm	1Kg	호밍사	면실 Φ2mm	2M
화이바지	0.8t×200×250mm	1장	실납	Φ1.0mm SN(60%)	0.3M
절연지	0.25t×200×1000mm	1장	리드선	1.25㎟, 적, 흑색	2M
절연지	0.12t×200×1000mm	1장			

관계지식

(1) 원형 권선 배치도는 철심에 코일을 권선할 때 작업의 편의와 신속을 기하기 위하여 만든 것이다.
(2) 단상 유도전동기는 회전자장의 발생을 위해 기동권선을 필요로 한다.
(4) 단상 4극 콘덴서 런 유도전동기는 대부분 환풍기용으로 많이 이용된다.

작업순서

1. 공구와 재료를 준비한다.

① 사용하는 공구와 계측기를 준비하고 사용범위를 확인한다.
② 지급된 재료와 부품의 수량 및 품질 검사를 한다.
③ 작업을 시작하기 전에 작업 내용을 자세히 읽고 개요를 파악한다.

2. 절연지 제작 및 슬롯 절연

① 슬롯 절연지 제작

고정자 철심의 슬롯 두께를 재어 그림 3-1과 같이 슬롯 절연지의 크기를 제도한다.

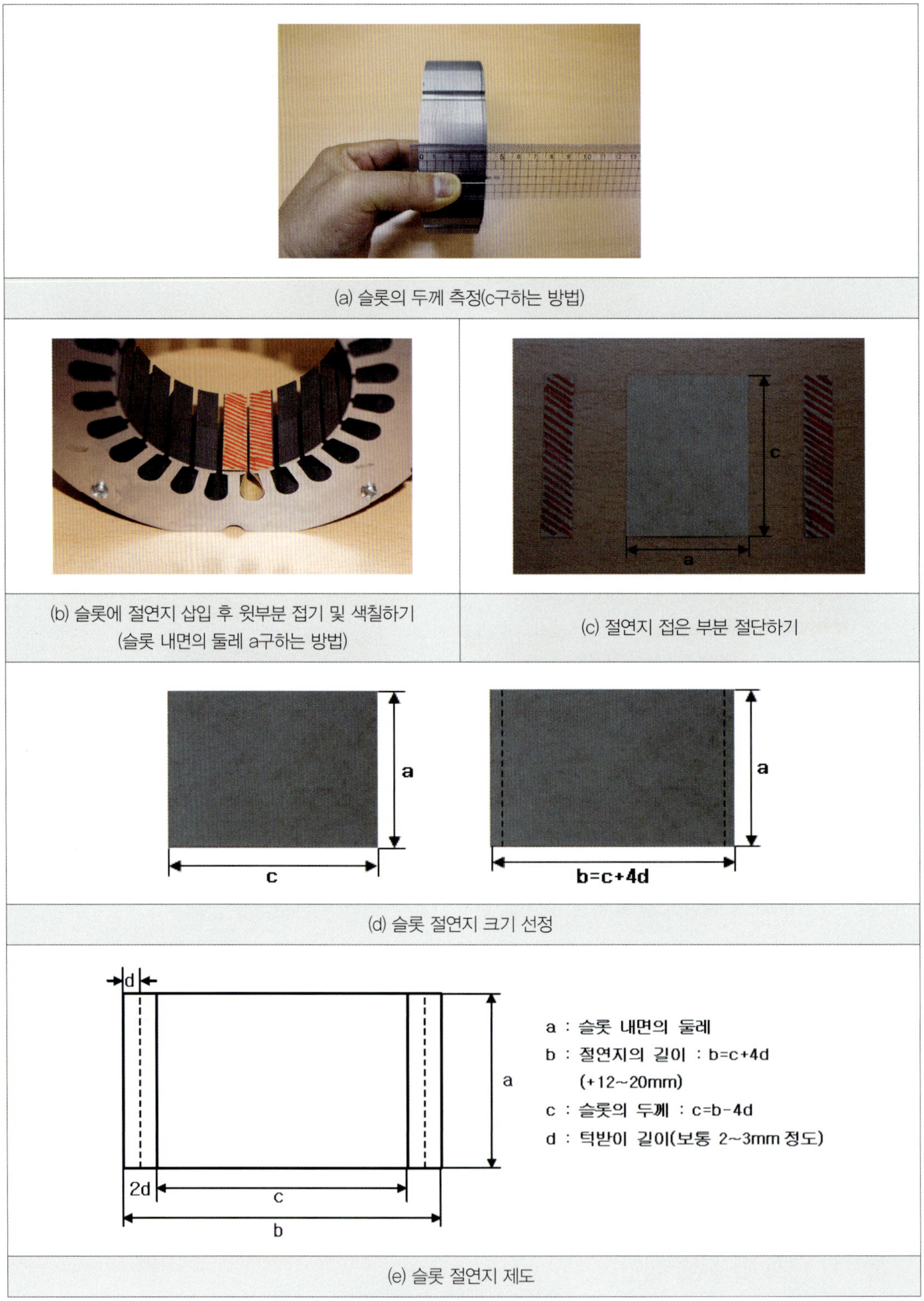

(a) 슬롯의 두께 측정(c구하는 방법)

(b) 슬롯에 절연지 삽입 후 윗부분 접기 및 색칠하기 (슬롯 내면의 둘레 a구하는 방법)

(c) 절연지 접은 부분 절단하기

(d) 슬롯 절연지 크기 선정

(e) 슬롯 절연지 제도

그림 3-1 슬롯 절연지 제작

② 슬롯 절연지 제단

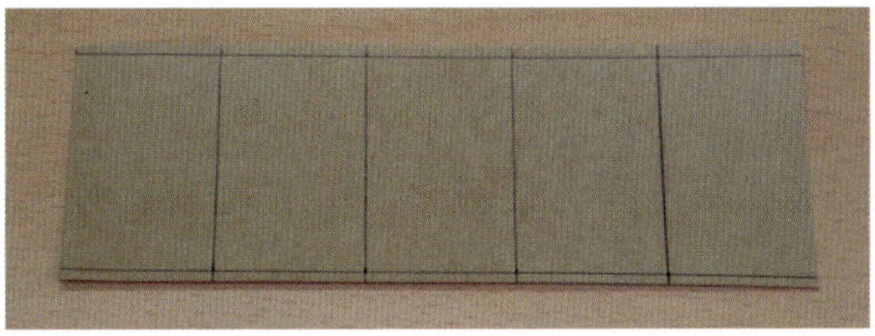

그림 3-2 슬롯 절연지 제단선 긋기

③ 슬롯 절연지 제작 및 삽입 방법

슬롯 절연지를 자른 후 슬롯 수 만큼 접어 슬롯에 삽입한다.

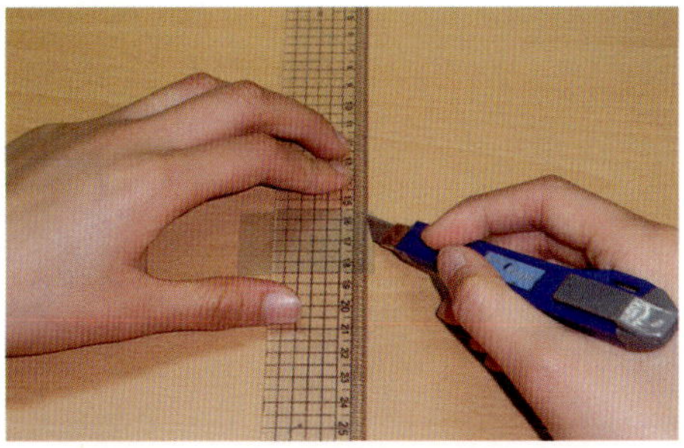

(a) 접는 선을 따라 칼등으로 칼집을 낸다.

(b) 칼집을 낸 곳을 접는다

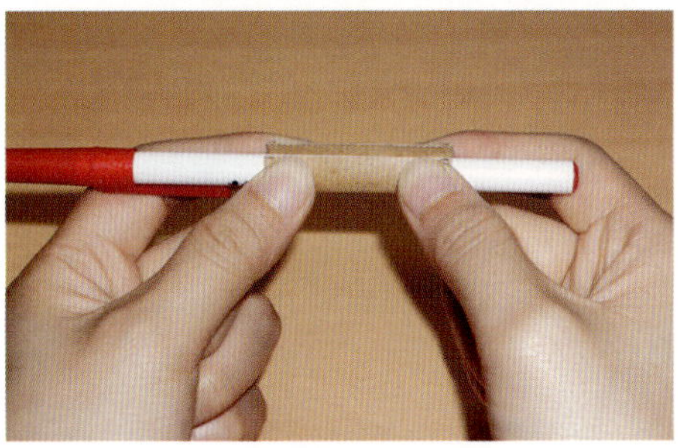

(c) 슬롯 절연지를 둥글게 만든다.(옆면)

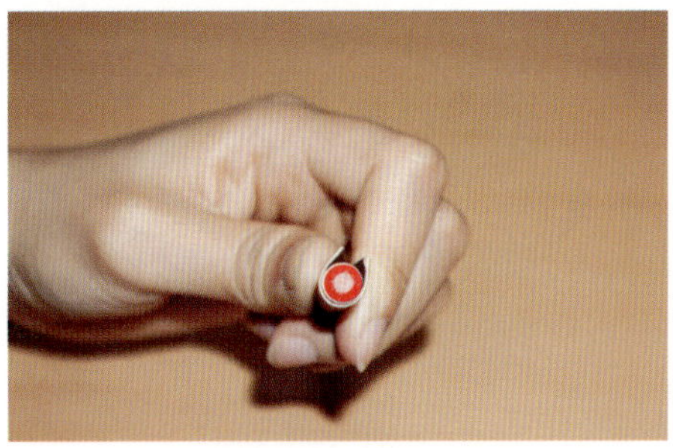

(d) 슬롯 절연지를 둥글게 만든다.(앞면)

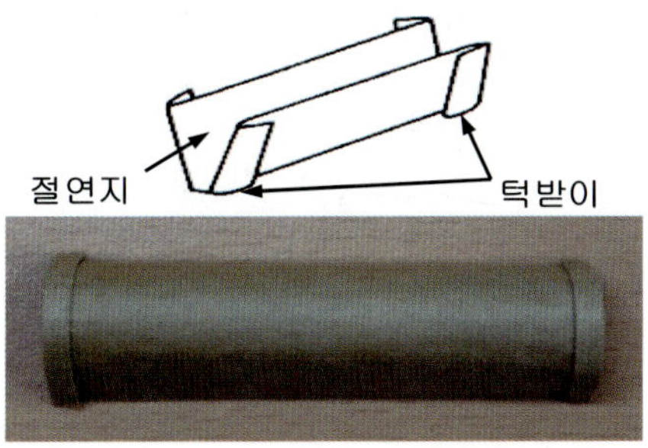

(e) 슬롯 절연지 그림 및 샘플

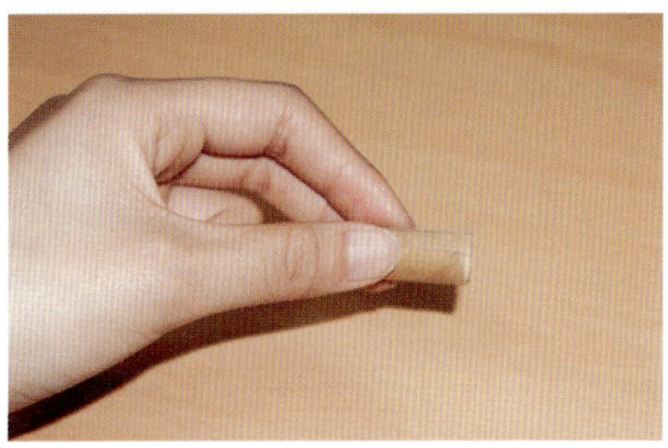

(f) 엄지와 검지를 이용해 둥글게 만든다.

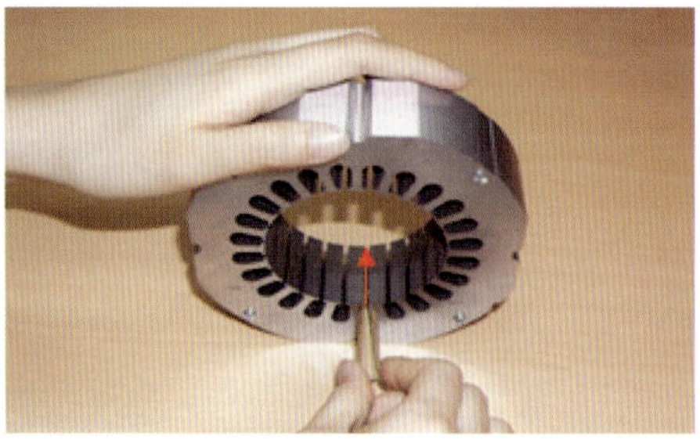

(g) 슬롯 안으로 절연지를 밀어 넣는다.

(h) 절연지와 철심 사이를 밀착 시킨다.

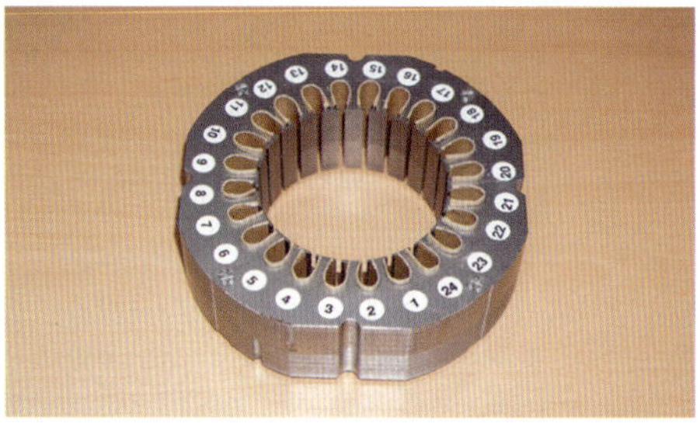

(i) 슬롯 절연지가 슬롯에 삽입된 모습

그림 3-3 슬롯 절연지 제작 및 삽입 방법

④ 층간 절연지 제작

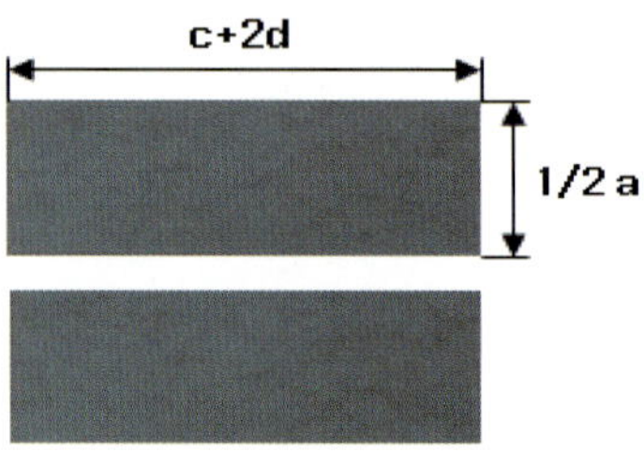

(a) 층간(웨지) 절연지 치수

(b) 층간 절연지 접기 모양

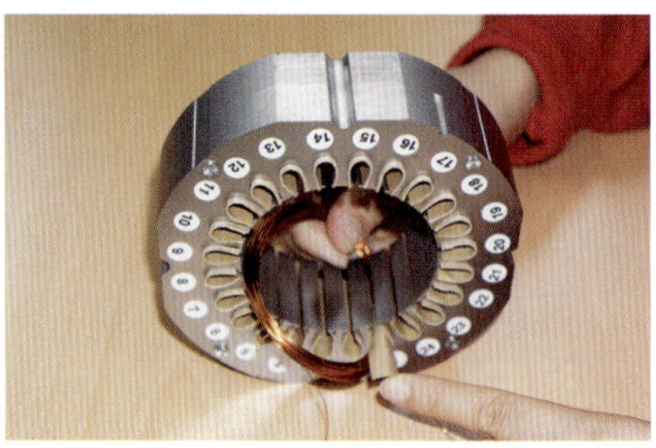

(c) 층간 절연지 삽입하기

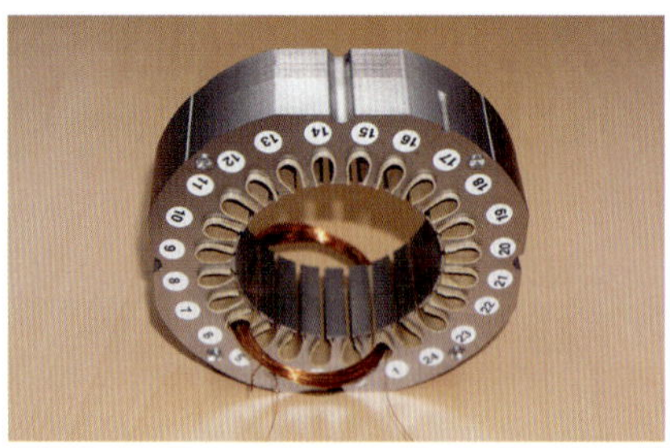

(d) 층간 절연지 삽입 완료 사진

그림 3-4 층간 절연지 제작 및 삽입

⑤ 쐐기(화이바) 절연지 제작

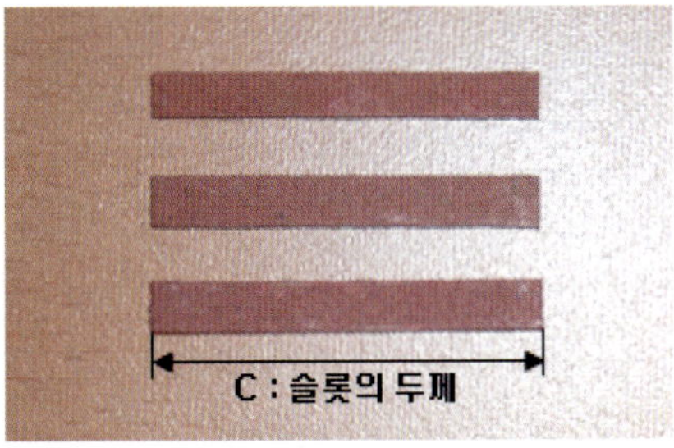

(a) 쐐기 치수

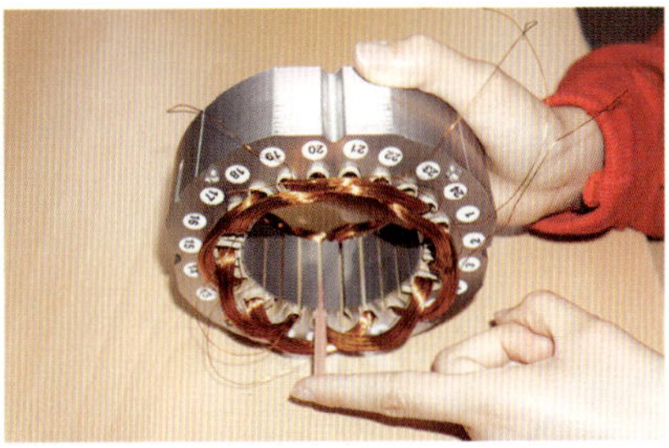

(b) 쐐기 삽입

그림 3-5 쐐기 절연지 제작 및 삽입

3. 권선틀 제작

코일 피치를 측정하고 권선틀을 만들어 정확한 권선수를 감는다. 틀감기 방법을 소개하면 다음과 같다. 그림 3-6과 같은 모양의 틀을 만들고 볼트 또는 전선으로 고정하면 틀이 완성된다.

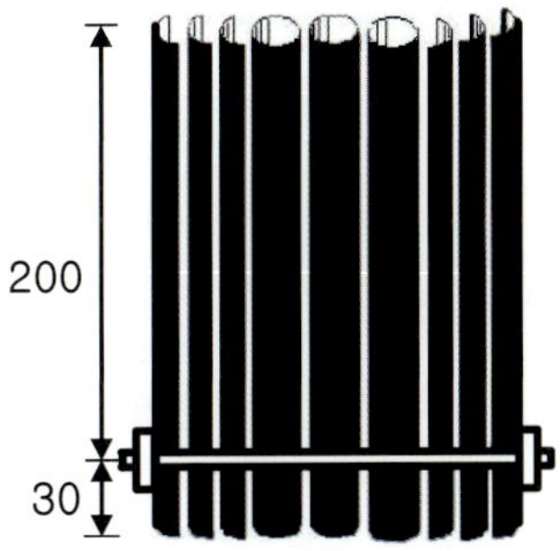

그림 3-6 PVC파이프로 만든 권선틀 도면 및 사진

4. 코일 피치

코일 피치를 그림 3-7과 같이 결정한다.

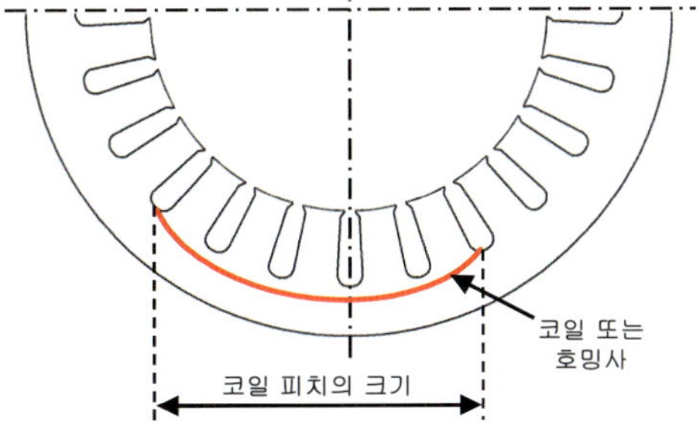

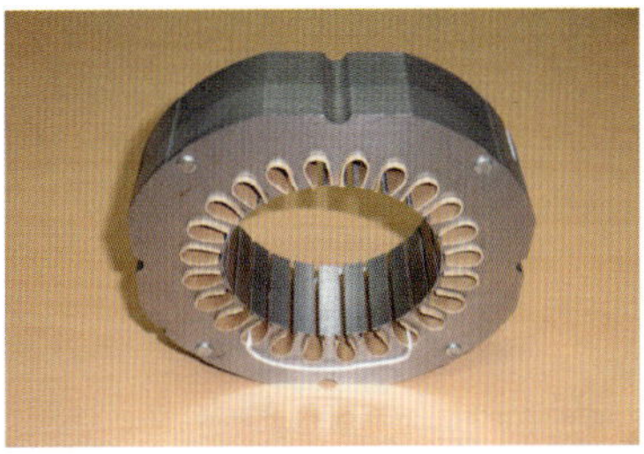

그림 3-7 코일 피치의 크기 결정하기

5. 권선작업

결정된 코일 피치를 실제로 만들어서 일단 삽입하여 확인한 후 맞으면 그림 3-8 (b)와 같이 권선작업을 한다.

(a) 코일 피치에 맞는 권선틀 조절

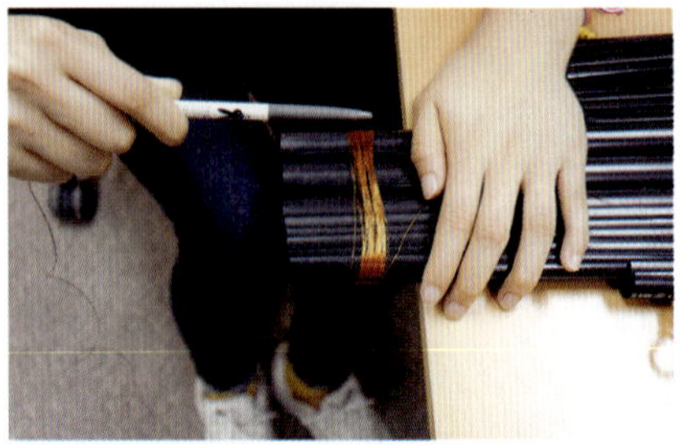

(b) 권선틀을 이용하여 권선작업(감기)

(c) 권선이 흐트러지지 않도록 호밍사나 폐 코일로 위, 아래를 묶는다.

그림 3-8 권선작업 순서

① 운전권선 감기

❶ 권선할 때에는 가장 큰 코일부터 감기 시작하여 소요 회수를 감고 나면 끊지 않고 연속해서 이어지도록 작은 코일을 감는다.
군 감기에서는 선을 자르기 전에 여러 개의 권선 군을 미리 감는다. 이렇게 하면 권선 군을 결선할 필요가 없으므로 많은 시간이 절약된다.

❷ 코일 인출선은 100~150[mm] 길이로 결정해서 빼낸다. 빼낼 때 성형된 모양이 변형되거나 절연이 파괴되지 않도록 주의한다.

② 기동권선 감기

❶ 권선방법은 운전권선 감는 방법과 동일하며, 처음 선과 끝선이 혼동되지 않도록 주의한다.

❷ 기동권선을 감을 때는 운전권선 감을 때와 같은 방법으로 한다.

6. 슬롯에 코일 삽입

① 운전권선 삽입

❶ 슬롯에 번호를 정하여 그림 3-9와 같이 (a) 운전권선을 1번과 6번 슬롯에 삽입하고 층간 절연지를 끼운 다음 (b)~(d)까지 슬롯에 동일한 방법으로 모두 삽입한다.

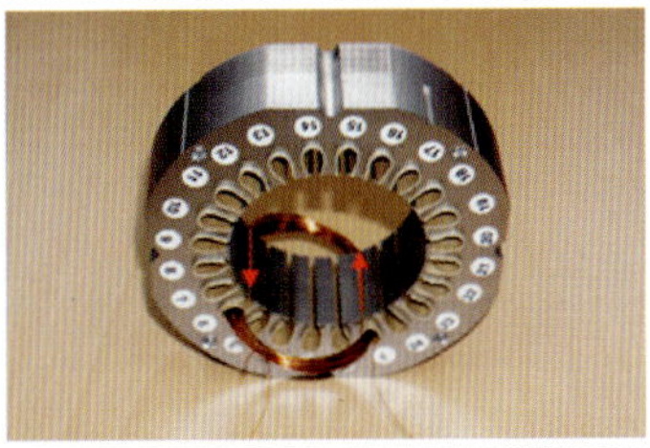

(a) 첫 번째 운전권선(1번과 6번)

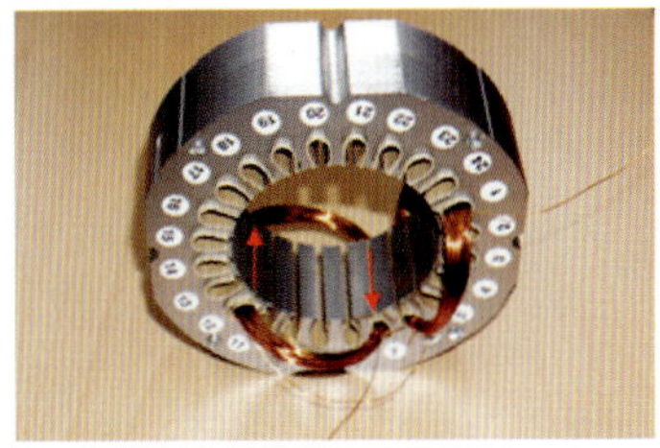

(b) 두 번째 운전권선(12번과 7번)

(c) 세 번째 운전권선(13번과 18번)

(d) 네 번째 운전권선(24번과 19번)

그림 3-9 운전권선의 삽입 순서

❷ 슬롯과 코일간의 단락 여부 확인

코일이 단락(short)을 일으키는 원인으로는 슬롯에 코일을 넣는 과정에서 코일을 단단히 감기 위해서 너무 당기면서 권선작업을 하거나, 프라스틱 해머로 심하게 두드리면서 코일을 밀어 넣는 경우 자주 일어난다.

❸ 각 자극의 극성검사

극성 판별은 자극과 자극의 권선을 고정자 철심에 넣을 때 전류의 방향을 잘못 넣을 경우와 자극 권선을 결선할 때 착오로 인해 잘못 결선되어 발생한다.

② 기동권선 삽입

❶ 그림 3-10과 같이 (a) 기동권선은 4번과 9번 슬롯에 삽입하고 층간 절연지를 끼운 다음 (b)~(d)까지 슬롯에 동일한 방법으로 모두 삽입한다.

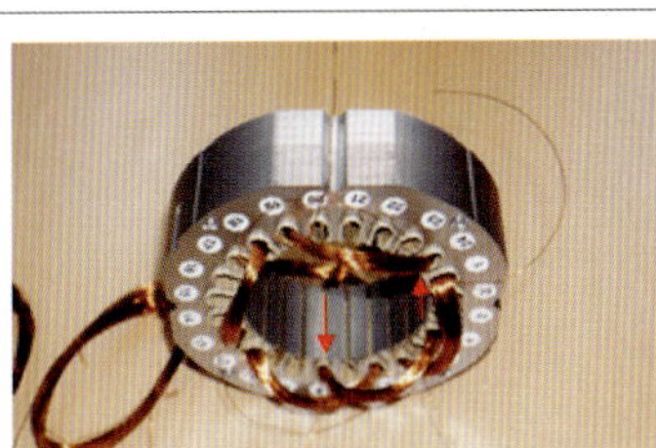

(a) 첫 번째 기동권선(4번과 9번)

(b) 두 번째 기동권선(15번과 10번)

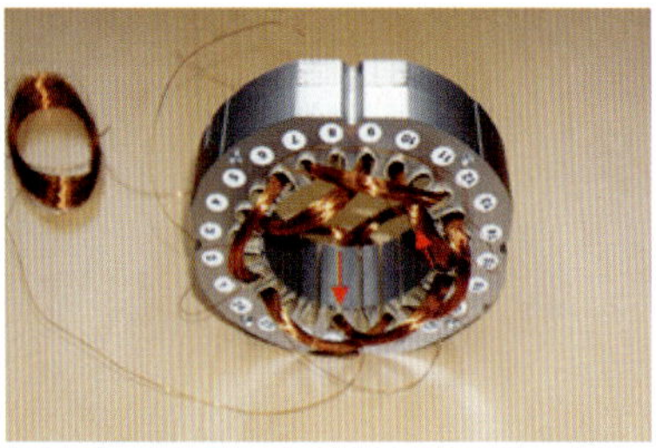

(c) 세 번째 기동권선(16번과 21번)

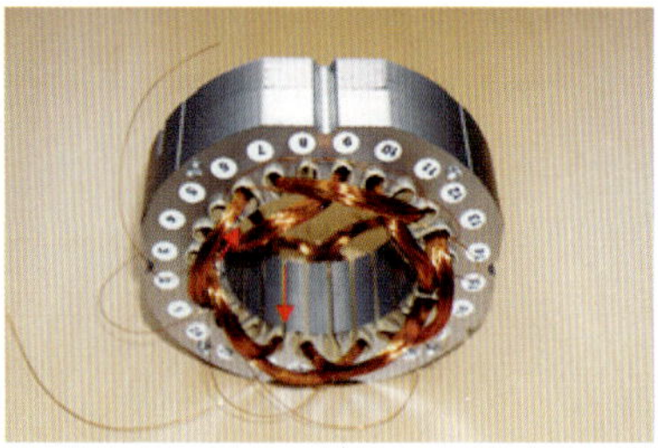

(d) 네 번째 기동권선(3번과 22번)

그림 3-10 기동권선의 삽입 순서

❷ 삽입 후 운전권선과 마찬가지로 코일 단락시험, 극성시험을 한 후 슬롯에 코일 성형작업을 한다.

7. 코일 성형

운전코일과 기동코일 삽입 작업이 모두 권선 군의 시작과 끝을 잡아 당겨서 운전권선, 기동권선군의 정리 및 성형작업을 한다.

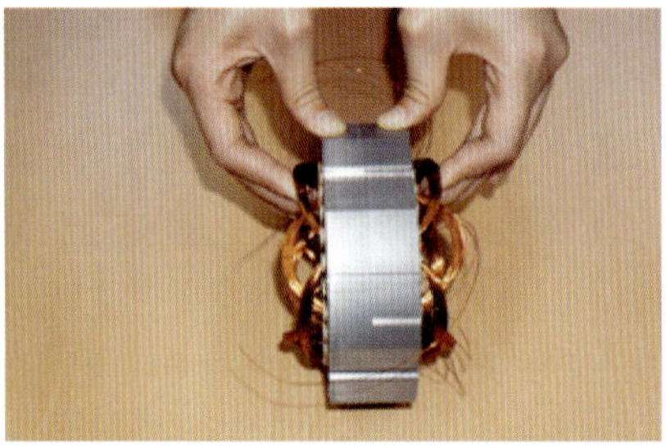

(a) 엔드턴 밖으로 젖히기

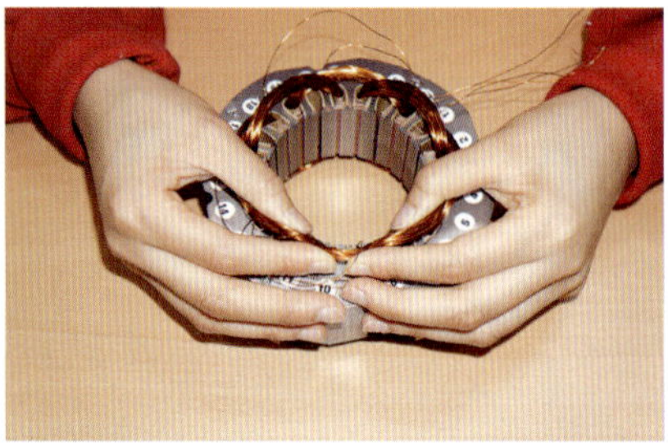

(b) 권선체 상 · 하층변이 대칭이 되게 성형작업

그림 3-11 코일 성형

성형작업이 끝나면 쐐기를 삽입한 다음, 상간 절연지를 삽입한다.

8. 쐐기(화이바) 절연지 삽입

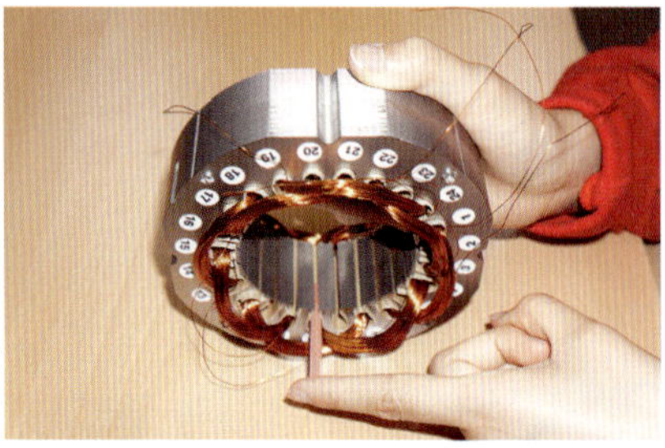

그림 3-12 쐐기 절연지 삽입 방법

쐐기의 길이는 고정자 철심의 성층 두께와 같다.

9. 상간 절연지 제작

쐐기 절연지 삽입이 끝난 후 그림 3-13과 같이 상간 절연지를 제작하여 삽입하고 그림 3-14와 같이 코일 군 시작과 끝을 한쪽으로 모은다.

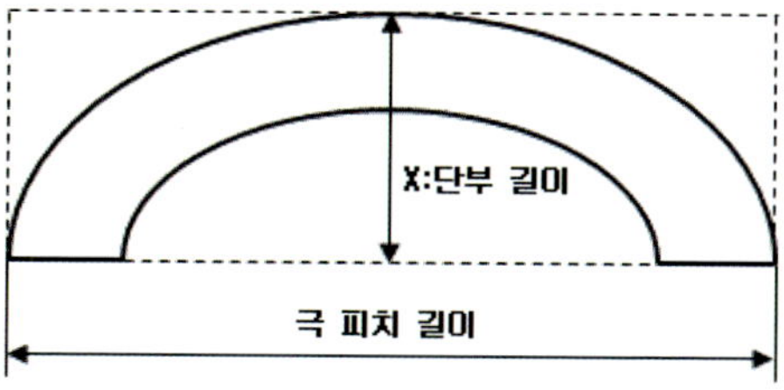

그림 3-13 상간 절연지 제도

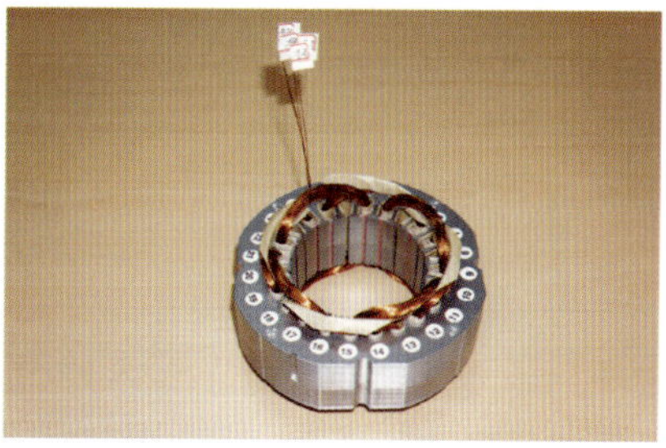

그림 3-14 상간 절연(상부 예)

10. 결선 작업

① **운전권선과 기동권선 각각 군 마다 절단한 경우**

❶ 각 코일군의 단선 여부 및 절연상태를 점검한다.

❷ 운전권선 및 기동권선 코일 군의 끝 점에서 피복 긁기(칼)로 에나멜 동선의 피복을 벗긴다.

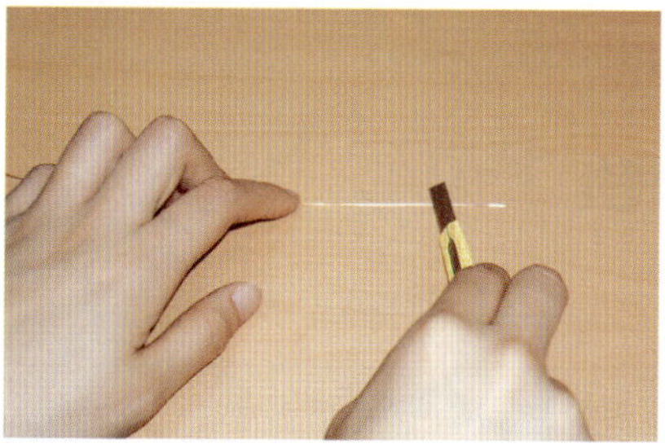	
(a) 칼끝으로 가볍게 코팅이 된 부분을 제거하기	(b) 코팅이 제거된 부분을 손으로 꼬기
	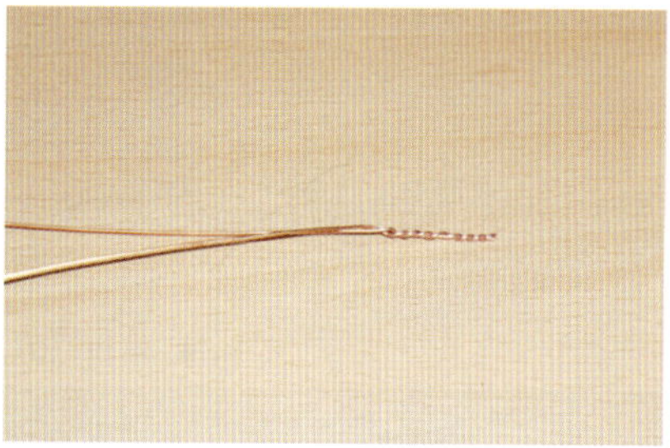
(c) 꼬아주기 완료 후 절단	(d) 꼬아주기 완료

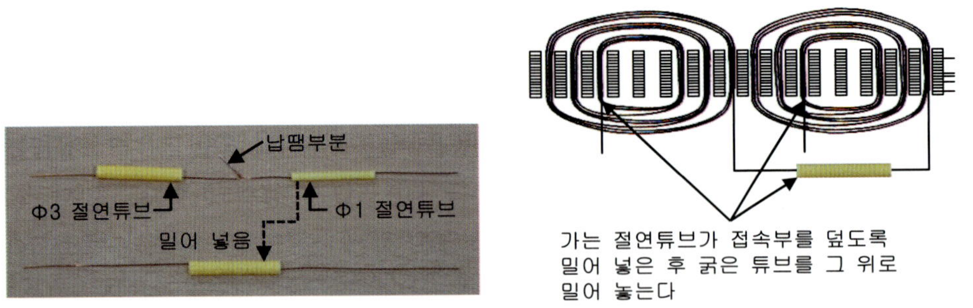

(e) 납땜 후 절연튜브 끼우기

그림 3-15 코일 군마다 연결 방법

❸ 에나멜 동선에 1[mm]의 절연튜브를 양 단자에, 한쪽에는 3[mm]의 절연튜브를 끼우고 도면에 따라서 회로도를 보고 결선을 한다.

❹ 기동권선도 도면에 따라 회로도를 보고 결선한다.

② 리드선 연결

❶ 극성을 시험하고 이상이 없으면 리드선을 연결하고 납땜을 한다.

❷ 납땜 부분에는 3[mm]의 절연튜브를 밀어 넣는다.

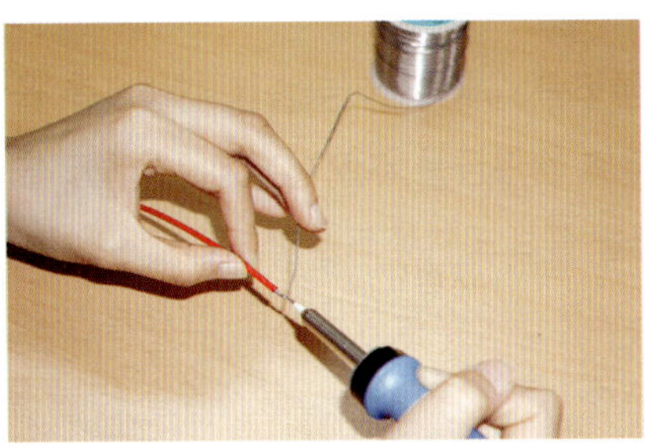

(a) 굵은 리드선 납땜하기

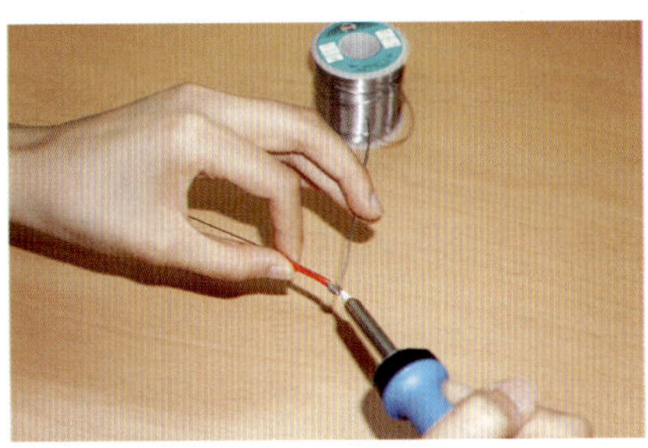

(b) 굵은 리드선에 코일 납땜하여 붙이기

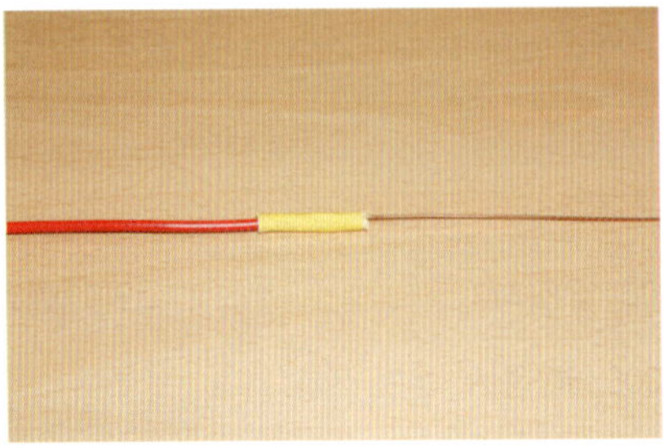

(c) 납땜 부분에 절연튜브 끼우기

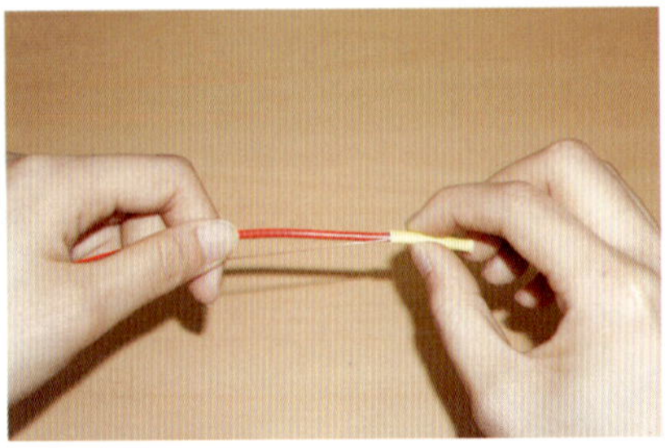

(d) 납땜 후 절연튜브를 밀어 끼우기

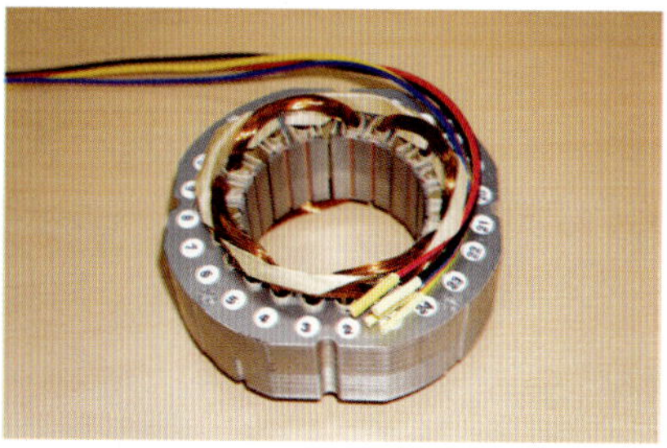

(e) 리드선을 한 곳으로 모으기

그림 3-16 리드선 연결

11. 바인딩 작업(코일 묶기)

코일의 성형이 끝난 후 코일과 리드선이 접속된 부분을 가지런히 정리하고 그림 3-17과 같이 코일선을 이용하여 호밍사 앞에 바늘처럼 제작한다.

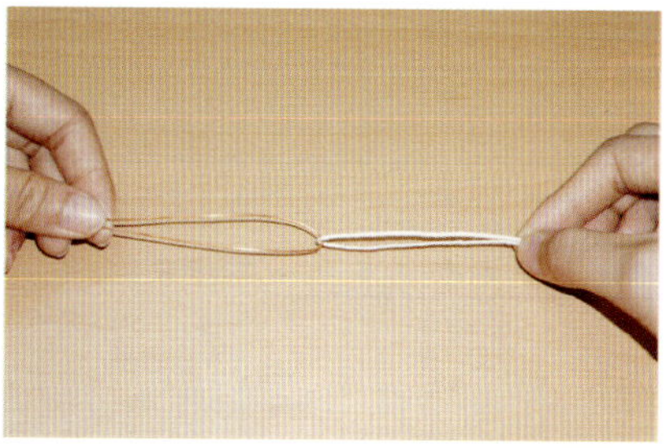

(a) 코일과 절연실을 연결한다.

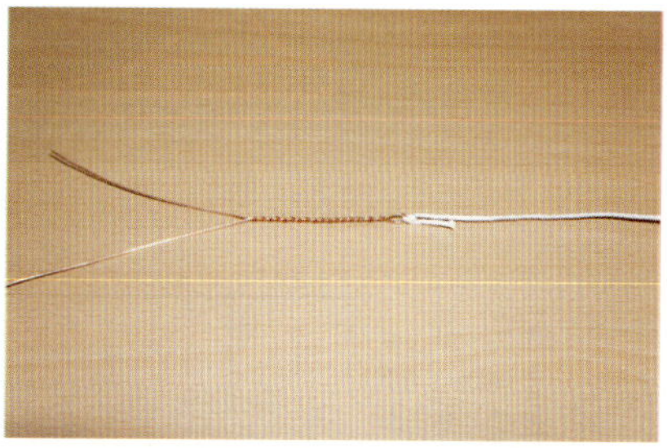

(b) 코일을 회전시켜 꼬아준다.

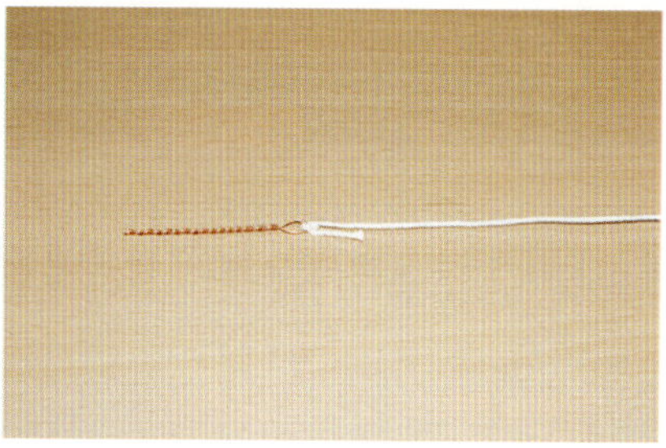

(c) 절연실이 고정될 때까지 꼬아준다.

그림 3-17 절연실 준비

호밍사를 이용하여 처음에는 권선 군(권선체)을 묶은 후 바구니식 방법으로 묶는다. 그림 3-18의 (a)~(f) 순서대로 바인딩 작업을 한다. 특히, 전원 리드선 부분에는 다시 한번 묶고 리드선이 빠지지 않도록 단단히 묶는다.

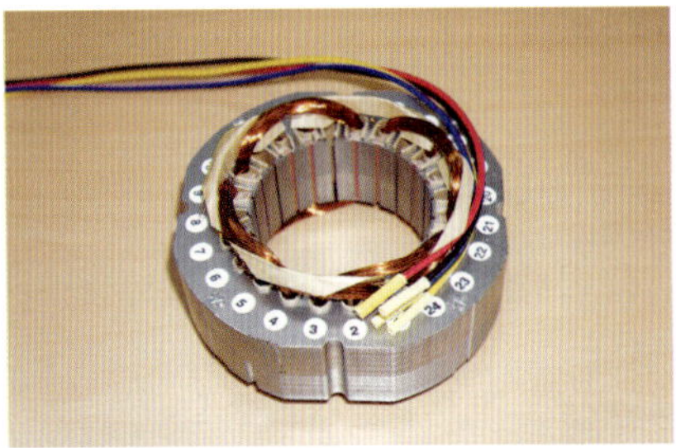

(a) 코일과 리드선을 납땜하고 절연튜브로 절연한다.

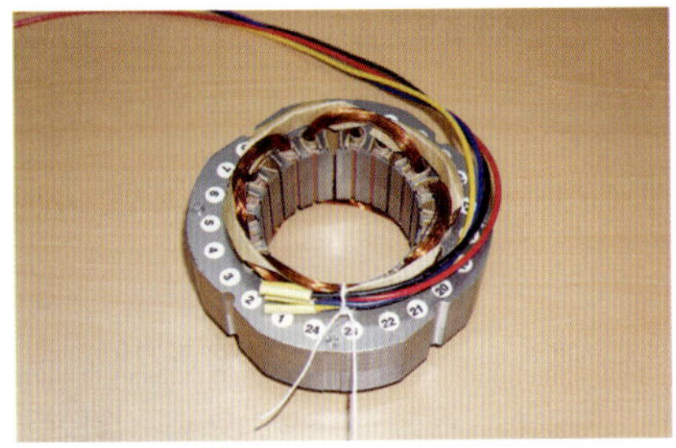

(b) 호밍사로 권선의 한 곳을 먼저 단단히 묶는다.

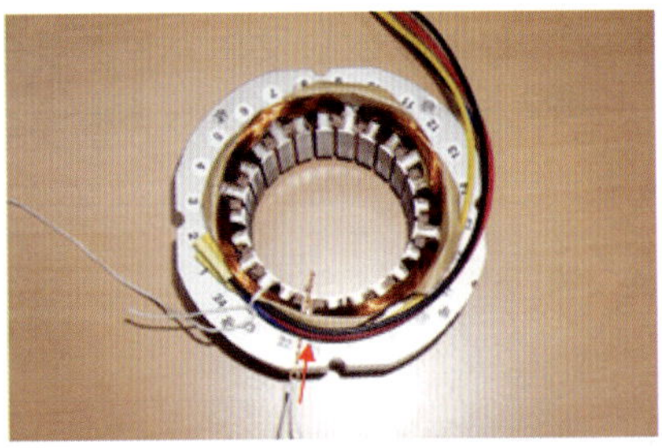

(c) 슬롯 사이에 호밍사을 밀어 넣는다.

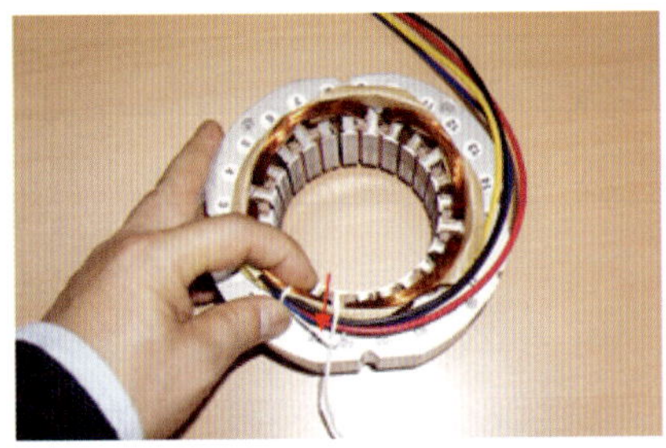

(d) 잡아당긴 호밍사 고리 사이로 관통시킨다.

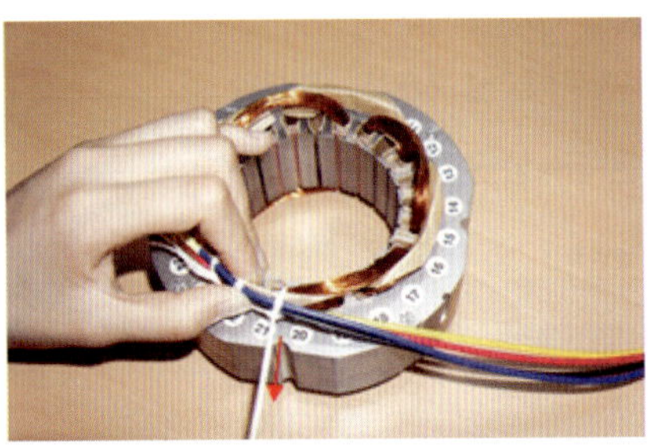

(e) 호밍사를 팽팽하게 잡아당긴다.

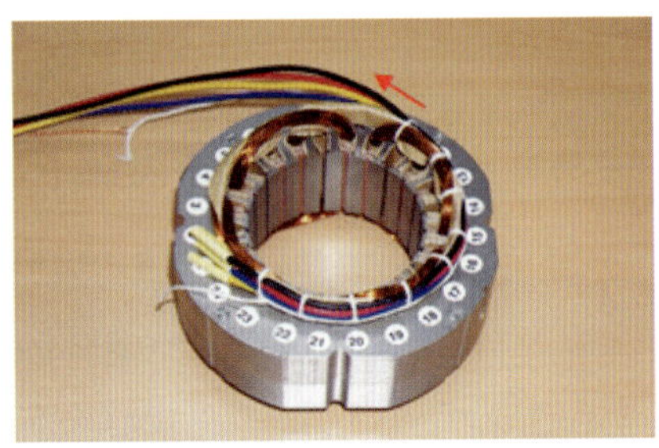

(f) 호밍사를 측면으로 잡아당긴다.

그림 3-18 코일과 리드선을 고정시키기 위한 바인딩 요령

그림 3-19 호밍사 작업 완료 상태(권선 군 묶은 모양)

12. 건조 및 바니쉬 함침

13. 전동기 조립

14. 접지 및 절연저항 측정

15. 동작 시험

① 회로시험기로 권선의 단선 및 접속 불량이 있는지 점검한다.
② 콘덴서를 연결하고 회전자가 회전할 수 있도록 조정하여 놓는다.
③ 전원을 연결하여 고정자 사이에 들어 있는 회전자의 동작이 잘 되는지 점검 확인한다.

16. 작업이 완료되면 정리 정돈한다.

실 습

1. 권선 배치

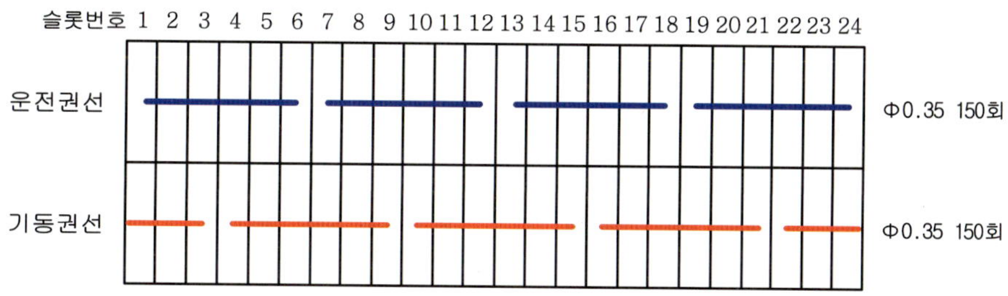

그림 3-20 권선 배치도

2. 권선 결선

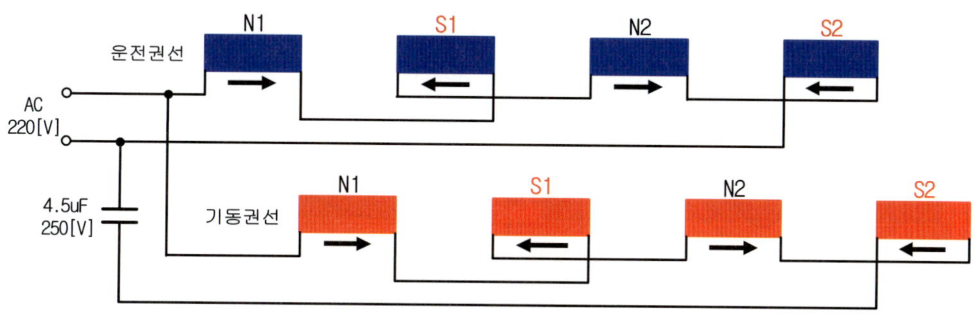

그림 3-21 권선 결선도

3. 권선 삽입 방법

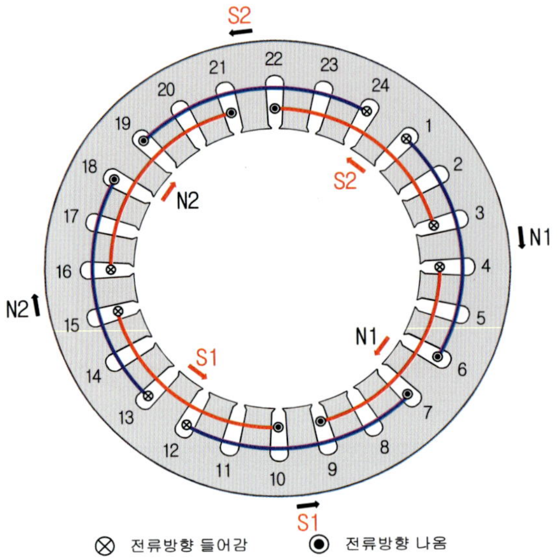

그림 3-22 고정자 철심 권선 배치도

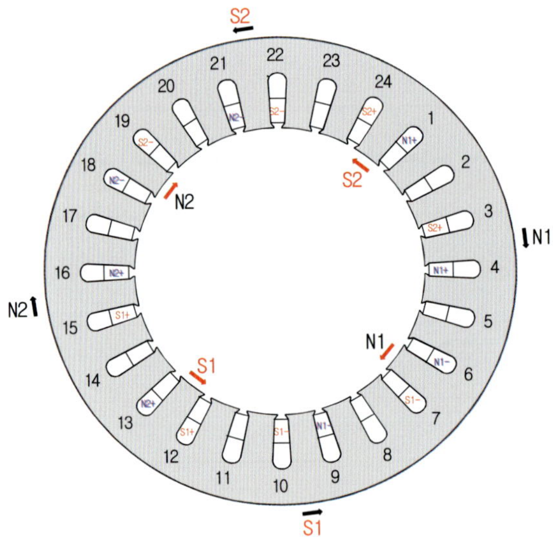

그림 3-23 각 슬롯에 대한 권선체 권선도

각 슬롯에 대한 권선 군(群)은 권선체 권선도를 참고하여 그림 3-24~25와 같이 입 · 출력 단자 및 슬롯번호를 라벨지에 적어서 부착한다.

운전권선 작업시 권선 군마다 끊지 말고, N1→S1→N2→S2 순으로 연속해서 권선작업을 한다. 또한, 기동권선도 권선 군마다 끊지 말고, N1→S1→N2→S2 순으로 연속해서 권선작업을 한다.

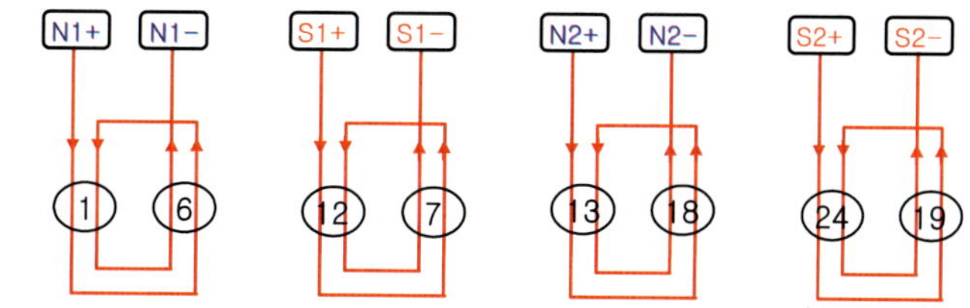

(a) 운전 권선체 권선도

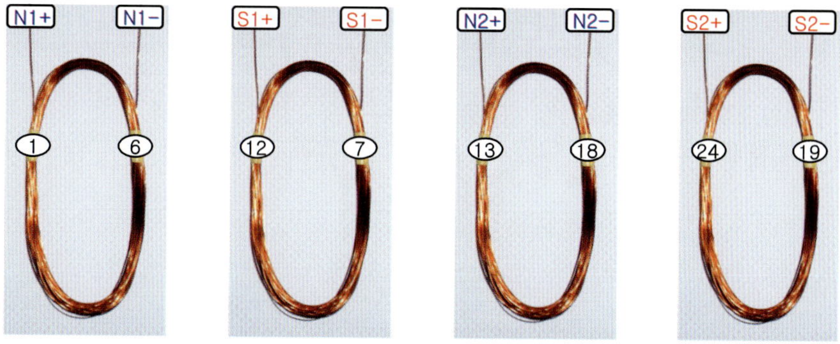

(b) 운전 권선체 라벨 부착 예

그림 3-24 운전 권선체 권선도 및 라벨 부착 예

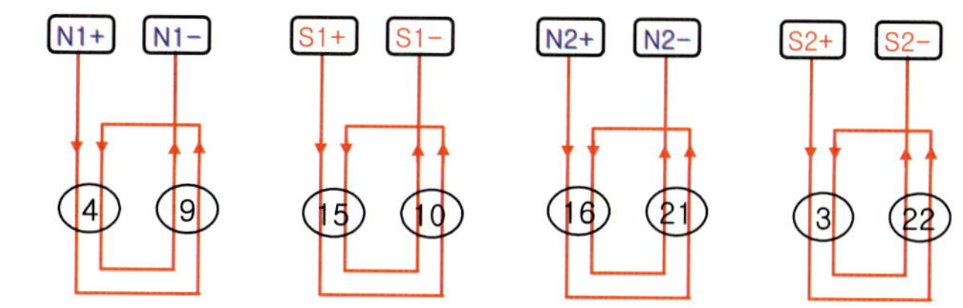

(a) 기동 권선체 권선도

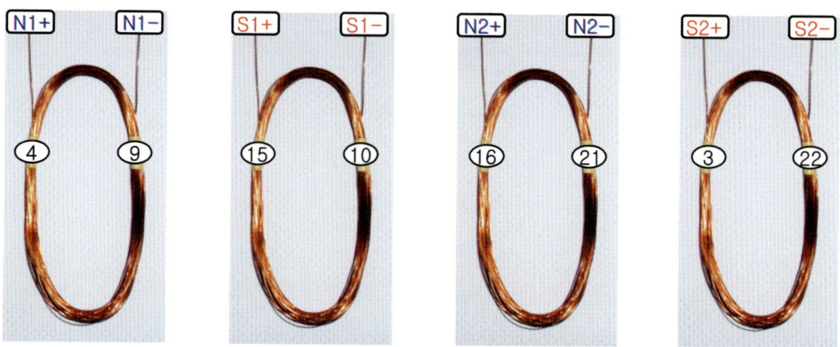

(b) 기동 권선체 라벨 부착 예

그림 3-25 기동 권선체 권선도 및 라벨 부착 예

4. 주의 사항

① 슬롯 절연은 0.25[mm] 절연지를 사용하였고 턱받이의 길이가 2~5[mm]이내로 한다.

② 화이바 쐐기를 삽입하고, 긴 것과 짧은 것의 차가 1[mm]이내로 한다.

③ 0.12[mm] 절연지를 사용하여 권선 상호간을 분리되도록 층간절연 및 상간절연을 한다.

④ 코일 가닥이 교차됨이 없이 삽입하고 구부러짐이 없이 삽입되도록 한다.

⑤ 리드선을 300[mm]정도 인출하고 리드선의 끝 피복을 최소 10~30[mm] 벗긴다.

⑥ 접속점에 모두 납땜을 하고 굵기에 따라 절연튜브를 사용한다.

⑦ 고정자 철심으로부터 코일 단부의 높이가 20~30[mm]이내가 되도록 한다.

⑧ 성형하여 철심의 내부나 외부 쪽에서 코일이 보이지 않도록 견고하게 성형한다.

5. 동작시험

① 회로시험기 및 직류 전원공급기에 의한 코일의 단선 및 접속 불량이 있는지 점검한다.

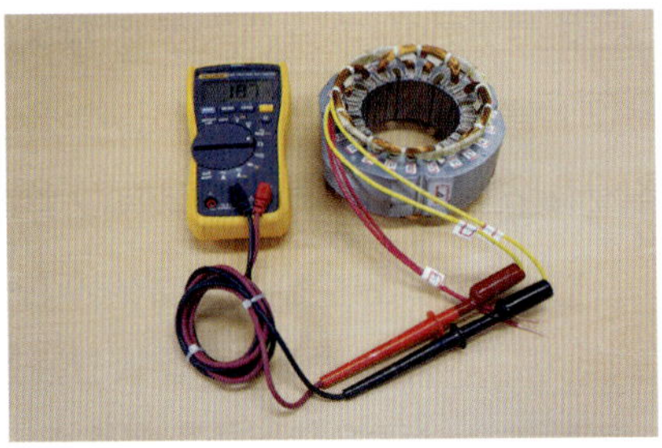	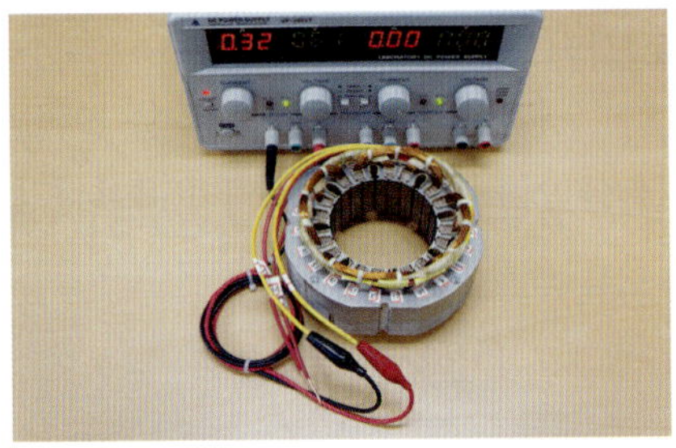
(a) 회로시험기에 의한 방법	(b) 전원공급기에 의한 방법

그림 3-26 코일의 단선 및 접촉 불량 검사방법

② 각 자극의 극성을 점검한다.

자극의 극성검사는 그림 3-27과 같이 실시한다.

그림 3-27 자극의 극성시험 검사방법

③ 절연저항계로 절연상태를 점검한다.

절연저항 측정은 그림 3-28과 같이 실시한다.

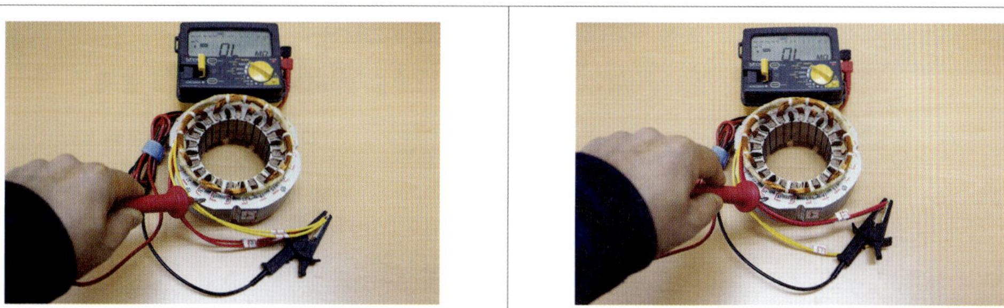

(a) 운전권선 절연저항 측정방법 | (b) 기동권선 절연저항 측정방법

그림 3-28 절연저항 측정방법

④ 위의 측정 방법이 이상이 없는 경우 전기기계 실험장치에 설치한다.
⑤ 전기기계 테스트용 지그를 분해한다.
⑥ 회전자를 고정자 철심의 중앙에 삽입하여 테스트용 지그에 조립한다.
⑦ 고정자 철심이 움직이지 않도록 고정시킨다.
⑧ 회전자가 잘 회전하는지 확인한다.
⑨ 전원을 연결하여 고정자 사이에 들어 있는 회전자의 동작이 잘 되는지 점검 확인한다.
⑩ 전원을 ON하고 전압공급기의 전원을 서서히 증가시키면서 회전자가 회전하는지 확인한다.

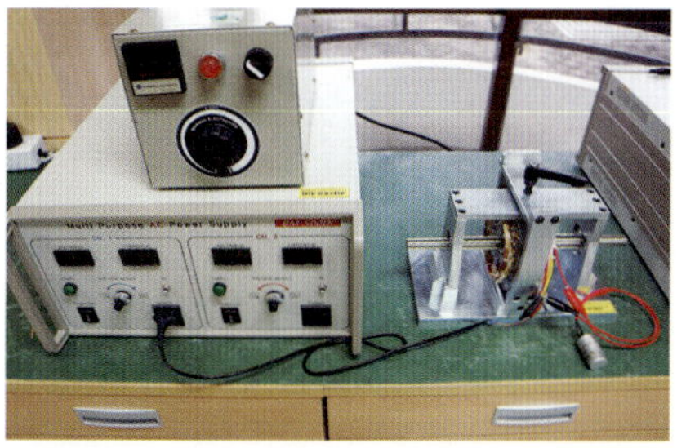

그림 3-29 전기기계 실험장치 설치방법 및 실험

⑪ 운전 도중에 과열과 소손되는 곳이 있는지 확인한다.
⑫ 유도전동기가 이상 없이 동작하면 담당교수 확인하에 평가를 받도록 한다.

6. 실습 완성 사진

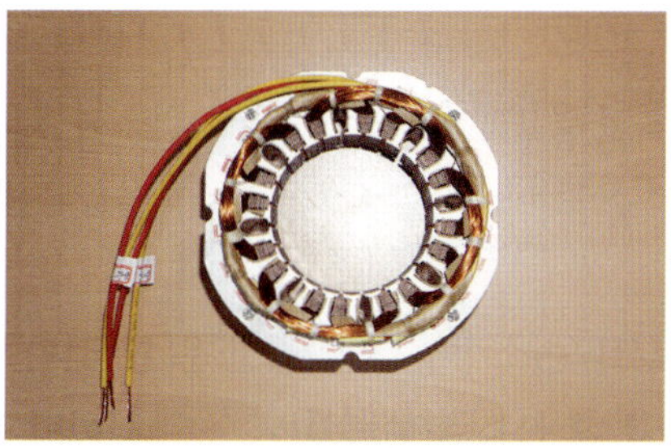

실습 4

24슬롯 단상 4극 콘덴서 런 유도전동기 고정자 권선 2

목 표

1) 콘덴서 런 유도전동기의 동작원리를 설명할 수 있다.
2) 단상 4극 콘덴서 런 유도전동기의 권선 배치도 및 결선도에 따라 전동기를 제작할 수 있다.
3) 단상 4극 콘덴서 기동형 유도전동기의 결선 및 운전을 할 수 있다.

실습 재료

재료명	규격	수량	재료명	규격	수량
고정자철심	24슬롯	1	절연튜브	Φ1mm, Φ3mm, Φ4mm	0.5M
Coil	Φ0.3mm	1Kg	호밍사	면실 Φ2mm	2M
화이바지	0.8t×200×250mm	1장	실납	Φ1.0mm SN(60%)	0.3M
절연지	0.25t×200×1000mm	1장	리드선	1.25㎟, 적, 흑색	2M
절연지	0.12t×200×1000mm	1장			

작업순서

실습 3 작업 순서 참조.

실 습

1. 권선 배치

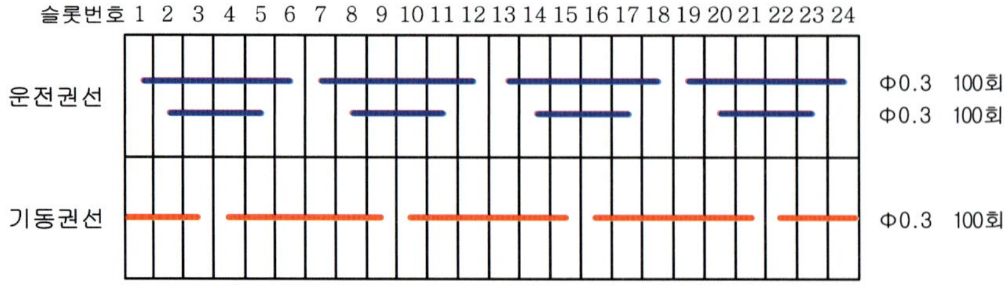

그림 4-1 권선 배치도

2. 권선 결선

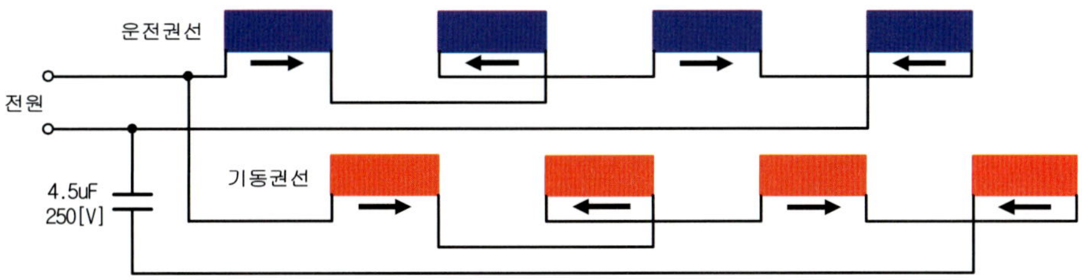

그림 4-2 권선 결선도

3. 권선 삽입 방법

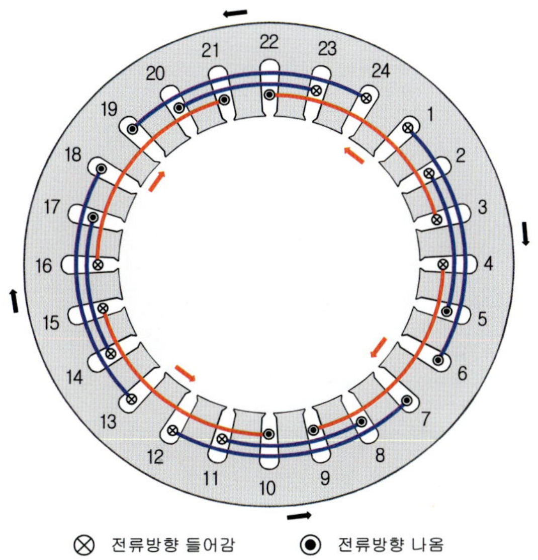

그림 4-3 고정자 철심 권선 배치도

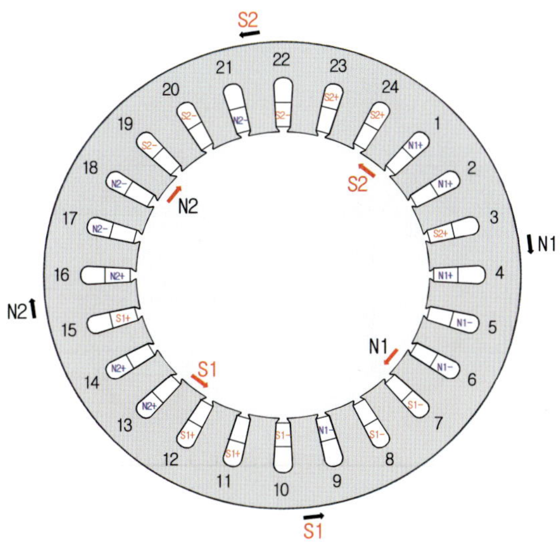

그림 4-4 각 슬롯에 대한 권선체 권선도

각 슬롯에 대한 권선 군(群)은 권선체 권선도를 참고하여 그림 4-5~6과 같이 입 · 출력 단자 및 슬롯 번호를 라벨지에 적어서 부착한다.

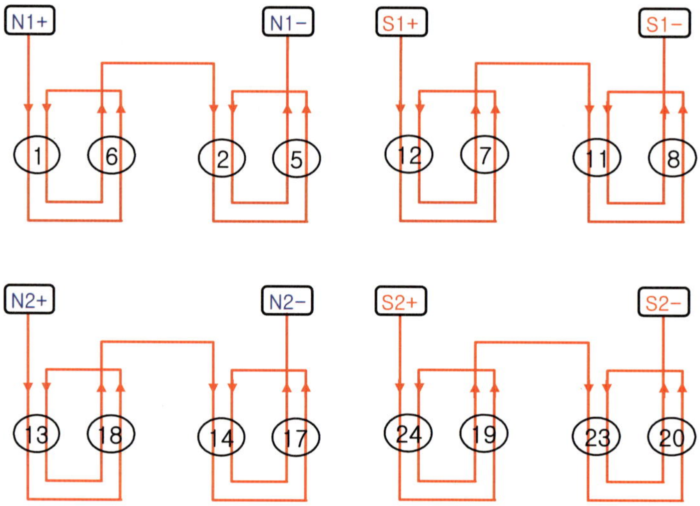

(a) 운전 권선체 권선도

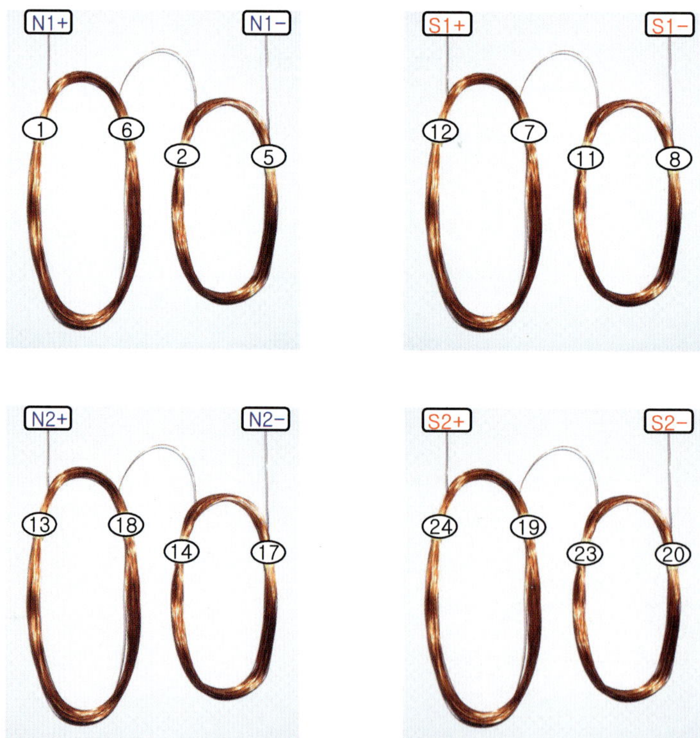

(b) 운전 권선체 라벨 부착 예

그림 4-5 운전 권선체 권선도 및 라벨 부착 예

운전권선 작업시 권선 군마다 끊지 말고, N1→S1→N2→S2 순으로 연속해서 권선작업을 한다. 또한, 기동권선도 권선 군마다 끊지 말고, N1→S1→N2→S2 순으로 연속해서 권선작업을 한다.

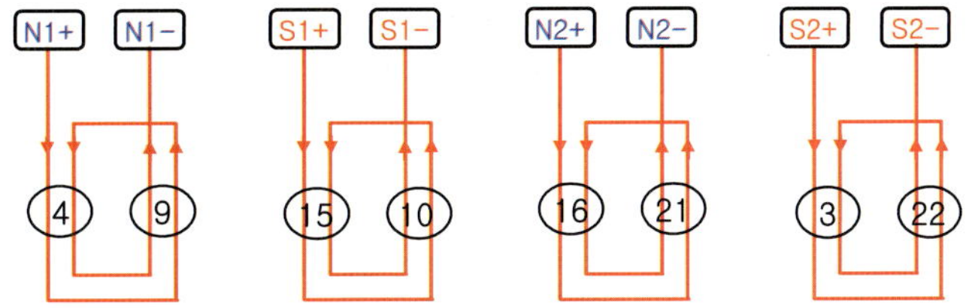

(a) 기동 권선체 권선도

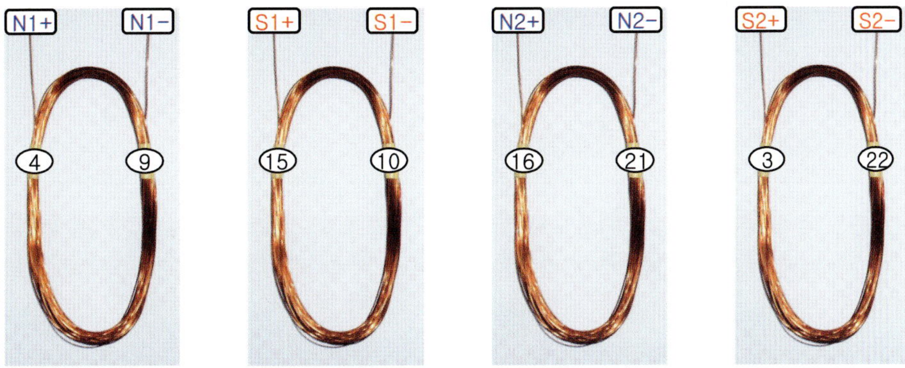

(b) 기동 권선체 라벨 부착 예

그림 4-6 기동 권선체 권선도 및 라벨 부착 예

4. 주의 사항

실습 3 주의 사항 참조.

5. 동작시험

① 회로시험기 및 직류 전원공급기에 의한 코일의 단선 및 접속 불량이 있는지 점검한다.

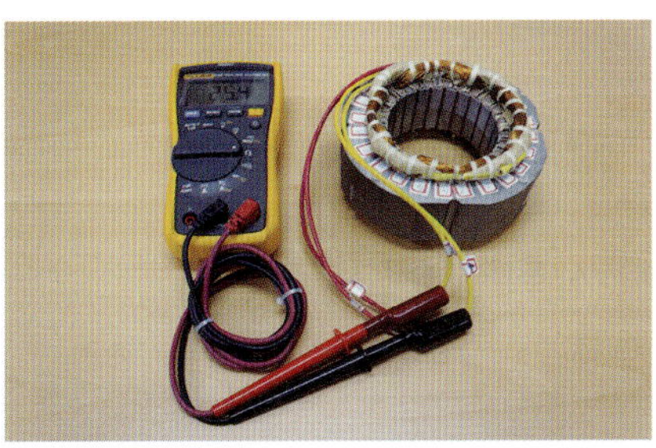

(a) 회로시험기에 의한 방법

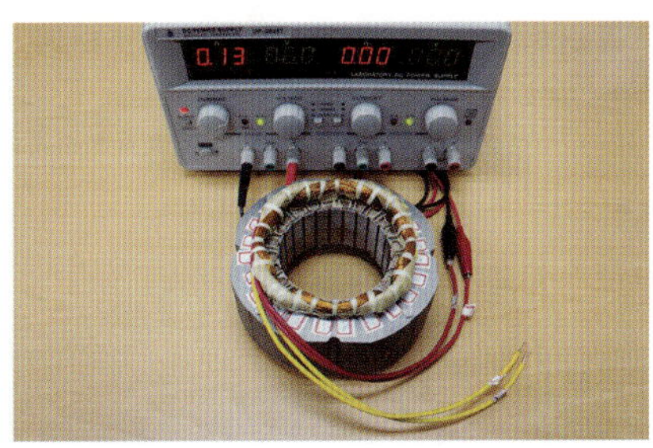

(b) 전원공급기에 의한 방법

그림 4-7 코일의 단선 및 접촉 불량 검사방법

② 각 자극의 극성을 점검한다.

자극의 극성검사는 그림 4-8과 같이 실시한다.

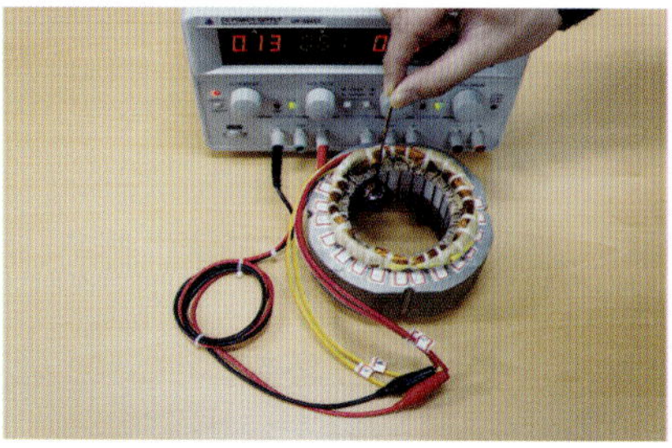

그림 4-8 **자극의 극성시험 검사방법**

③ 절연저항계로 절연상태를 점검한다.

절연저항 측정은 그림 4-9와 같이 실시한다.

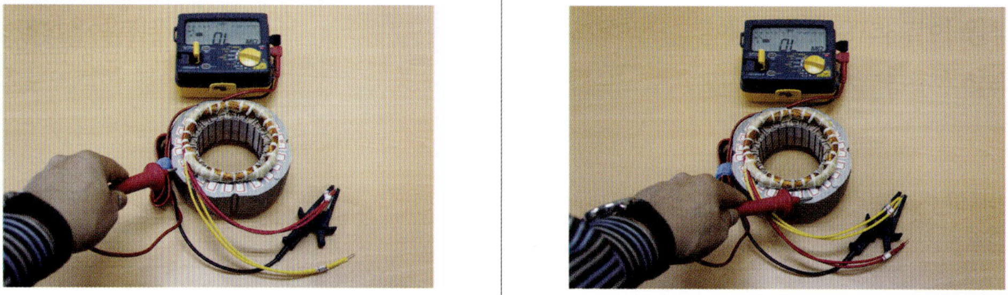

(a) 운전권선 절연저항 측정방법	(b) 기동권선 절연저항 측정방법

그림 4-9 **절연저항 측정방법**

④ 위의 측정 방법이 이상이 없는 경우 전기기계 실험장치에 설치한다.

⑤ 전기기계 테스트용 지그를 분해한다.

⑥ 회전자를 고정자 철심의 중앙에 삽입하여 테스트용 지그에 조립한다.

⑦ 고정자 철심이 움직이지 않도록 고정시킨다.

⑧ 콘덴서를 연결하고 회전자가 잘 회전하는지 확인한다.

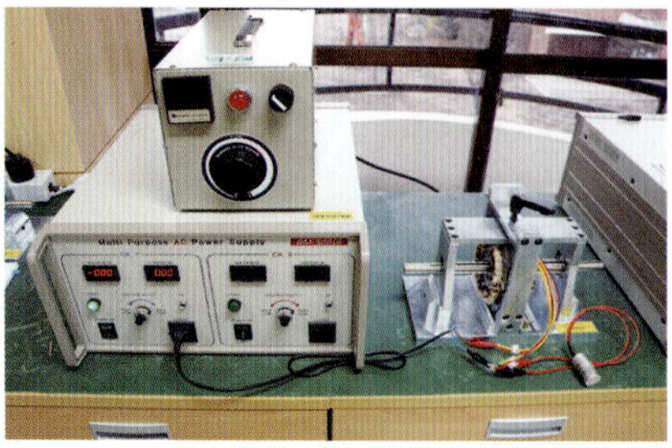

그림 4-10 **전기기계 실험장치 설치방법 및 실험**

⑨ 전원을 연결하여 고정자 사이에 들어 있는 회전자의 동작이 잘 되는지 점검 확인한다.

⑩ 전원을 ON하고 전압공급기의 전원을 서서히 증가시키면서 회전자가 회전하는지 확인한다.

⑪ 운전 도중에 과열과 소손되는 곳이 있는지 확인한다.

⑫ 유도전동기가 이상 없이 동작하면 담당교수 확인하에 평가를 받도록 한다.

6. 실습 완성 사진

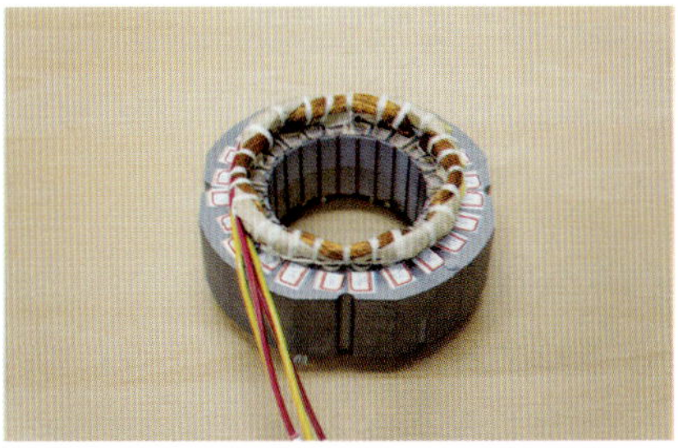

실습 5

24슬롯 단상 4극 콘덴서 런 유도전동기 고정자 권선 3

목 표

1) 콘덴서 런 유도전동기의 동작원리를 설명할 수 있다.
2) 단상 4극 콘덴서 런 유도전동기의 권선 배치도 및 결선도에 따라 전동기를 제작할 수 있다.
3) 단상 4극 콘덴서 기동형 유도전동기의 결선 및 운전을 할 수 있다.

실습 재료

재료명	규격	수량	재료명	규격	수량
고정자철심	24슬롯	1	절연튜브	Φ1mm, Φ3mm, Φ4mm	0.5M
Coil	Φ0.3mm	1Kg	호밍사	면실 Φ2mm	2M
화이바지	0.8t×200×250mm	1장	실납	Φ1.0mm SN(60%)	0.3M
절연지	0.25t×200×1000mm	1장	리드선	1.25㎟, 적, 흑색	2M
절연지	0.12t×200×1000mm	1장			

작업순서

실습 3 작업 순서 참조.

실 습

1. 권선 배치

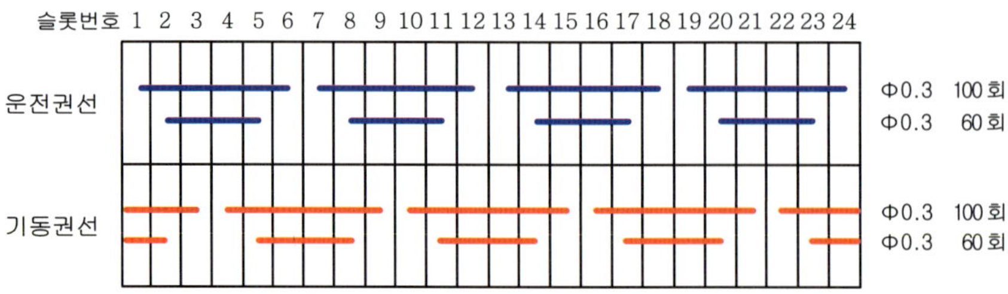

그림 5-1 권선 배치도

2. 권선 결선

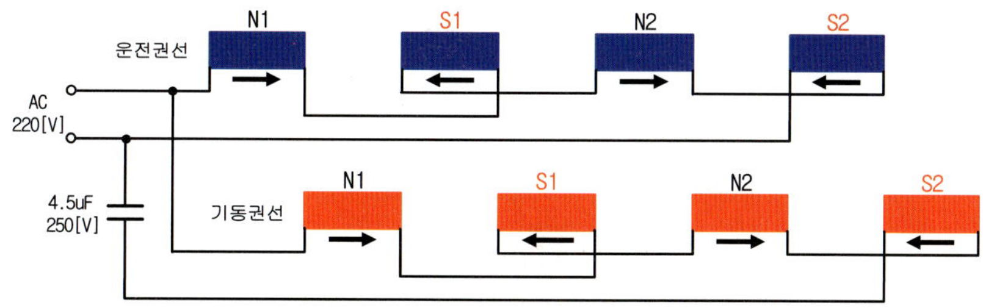

그림 5-2 권선 결선도

3. 권선 삽입 방법

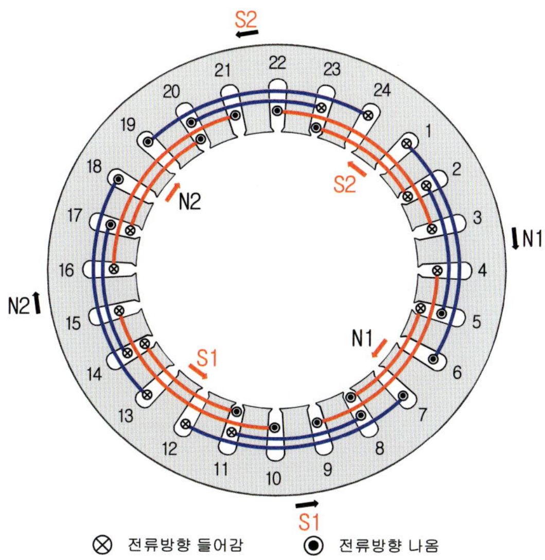

그림 5-3 고정자 철심 권선 배치도

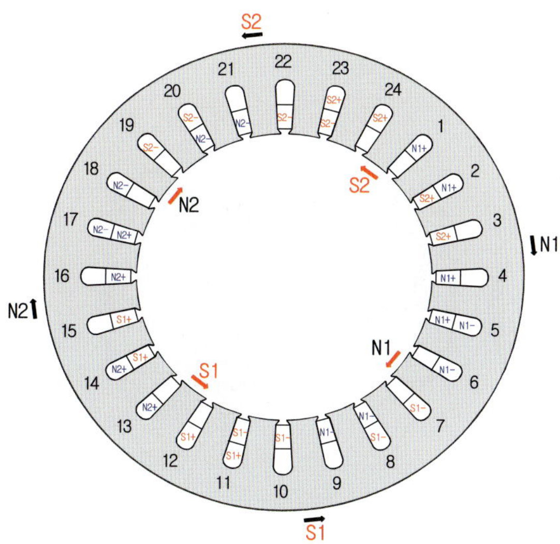

그림 5-4 각 슬롯에 대한 권선체 권선도

각 슬롯에 대한 권선 군(群)은 권선체 권선도를 참고하여 그림 5-5~6과 같이 입 · 출력 단자 및 슬롯 번호를 라벨지에 적어서 부착한다.

운전권선 작업시 권선 군마다 끊지 말고, N1→S1→N2→S2 순으로 연속해서 권선작업을 한다. 또한, 기동권선도 권선 군마다 끊지 말고, N1→S1→N2→S2 순으로 연속해서 권선작업을 한다.

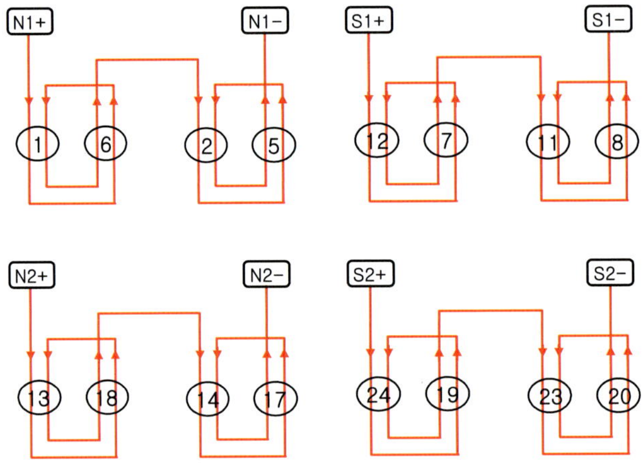

(a) 운전 권선체 권선도

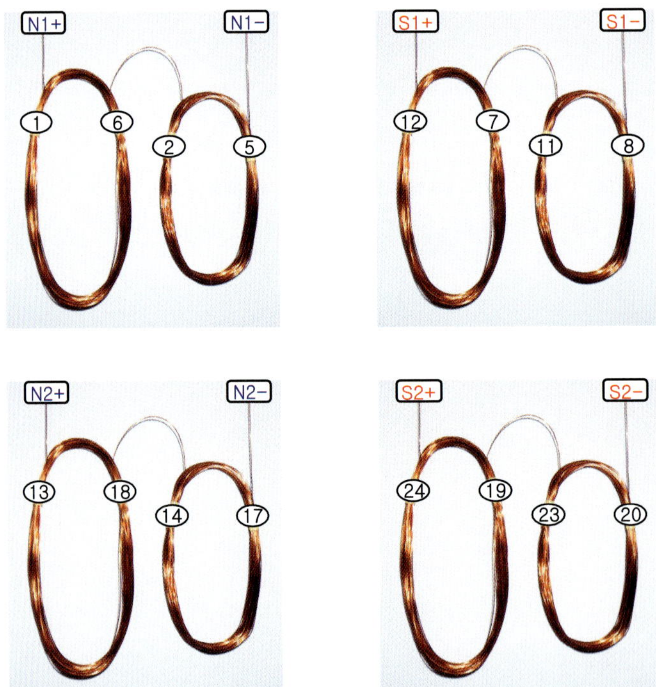

(b) 운전 권선체 라벨 부착 예

그림 5-5 운전 권선체 권선도 및 라벨 부착 예

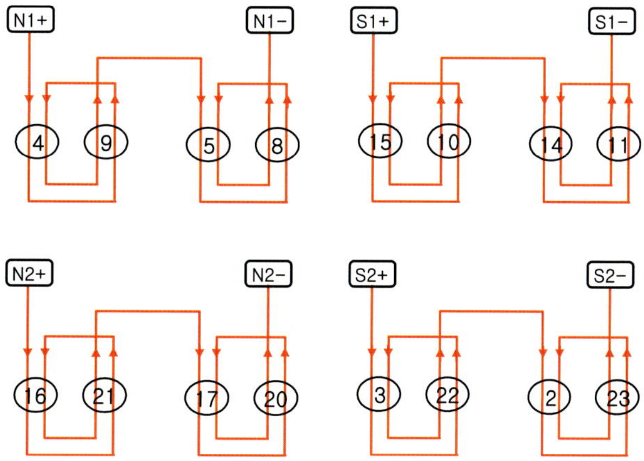

(a) 기동 권선체 권선도

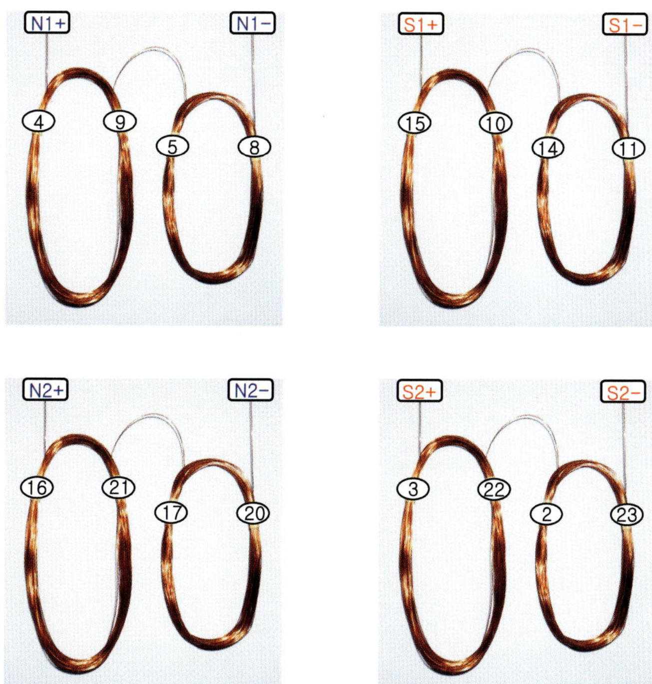

(b) 기동 권선체 라벨 부착 예

그림 5-6 **기동 권선체 권선도 및 라벨 부착 예**

4. 주의 사항

실습 3 주의 사항 참조.

5. 동작시험

① 회로시험기 및 직류 전원공급기에 의한 코일의 단선 및 접속 불량이 있는지 점검한다.

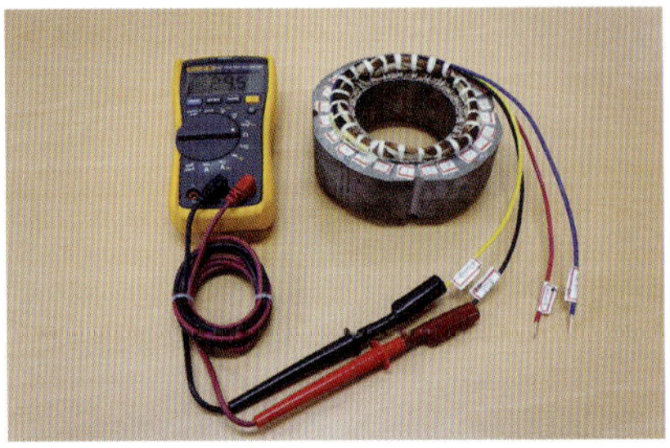

(a) 회로시험기에 의한 방법

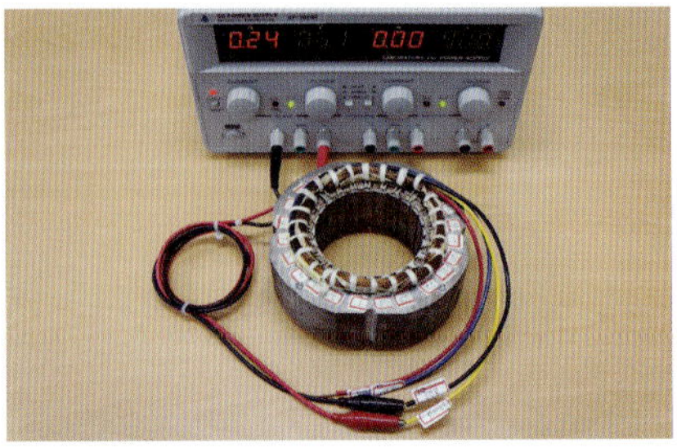

(b) 전원공급기에 의한 방법

그림 5-7 코일의 단선 및 접촉 불량 검사방법

② 각 자극의 극성을 점검한다.

자극의 극성검사는 그림 5-8과 같이 실시한다.

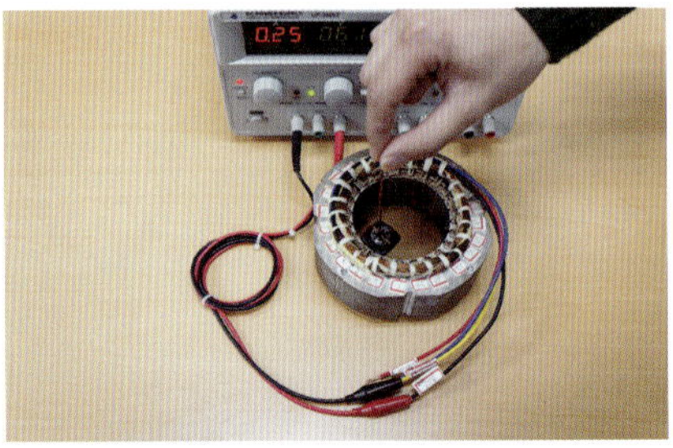

그림 5-8 자극의 극성시험 검사방법

③ 절연저항계로 절연상태를 점검한다.

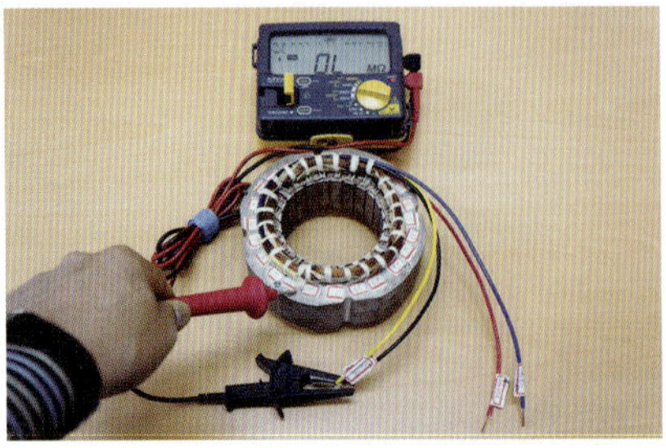

(a) 운전권선 절연저항 측정방법

(b) 기동권선 절연저항 측정방법

그림 5-9 절연저항 측정방법

④ 위의 측정 방법이 이상이 없는 경우 전기기계 실험장치에 설치한다.

⑤ 전기기계 테스트용 지그를 분해한다.

⑥ 회전자를 고정자 철심의 중앙에 삽입하여 테스트용 지그에 조립한다.

⑦ 고정자 철심이 움직이지 않도록 고정시킨다.

⑧ 콘덴서를 연결하고 회전자가 잘 회전하는지 확인한다.

⑨ 전원을 연결하여 고정자 사이에 들어 있는 회전자의 동작이 잘 되는지 점검 확인한다.

⑩ 전원을 ON하고 전압공급기의 전원을 서서히 증가시키면서 회전자가 회전하는지 확인한다.

⑪ 운전 도중에 과열과 소손되는 곳이 있는지 확인한다.

⑫ 유도전동기가 이상 없이 동작하면 담당교수 확인하에 평가를 받도록 한다.

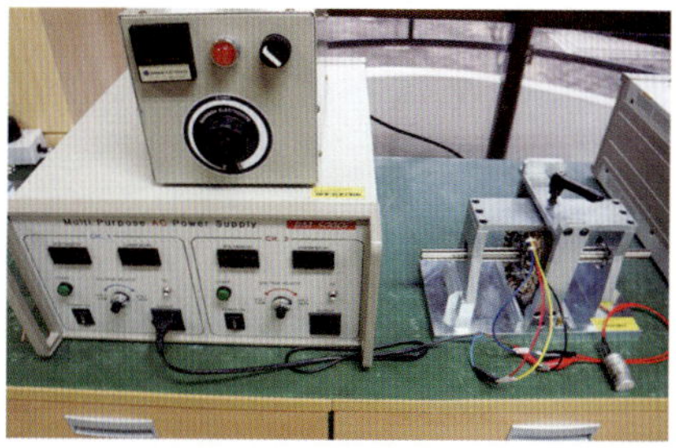

그림 5-10 전기기계 실험장치 설치방법 및 실험

6. 실습 완성 사진

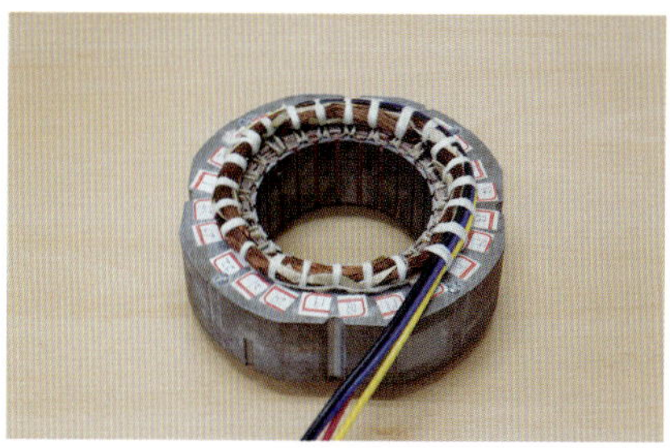

실습 6

24슬롯 단상 4극 콘덴서 런 유도전동기 고정자 권선 4

목 표

1) 콘덴서 런 유도전동기의 동작원리를 설명할 수 있다.
2) 단상 4극 콘덴서 런 유도전동기의 권선 배치도 및 결선도에 따라 전동기를 제작할 수 있다.
3) 단상 4극 콘덴서 런 유도전동기의 결선 및 운전을 할 수 있다.

실습 재료

재료명	규격	수량	재료명	규격	수량
고정자철심	24슬롯	1	절연튜브	Φ1mm, Φ3mm, Φ4mm	0.5M
Coil	Φ0.3mm	1Kg	호밍사	면실 Φ2mm	2M
화이바지	0.8t×200×250mm	1장	실납	Φ1.0mm SN(60%)	0.3M
절연지	0.25t×200×1000mm	1장	리드선	1.25㎟, 적, 흑색	2M
절연지	0.12t×200×1000mm	1장			

작업순서

실습 3 작업 순서 참조.

실 습

1. 권선 배치

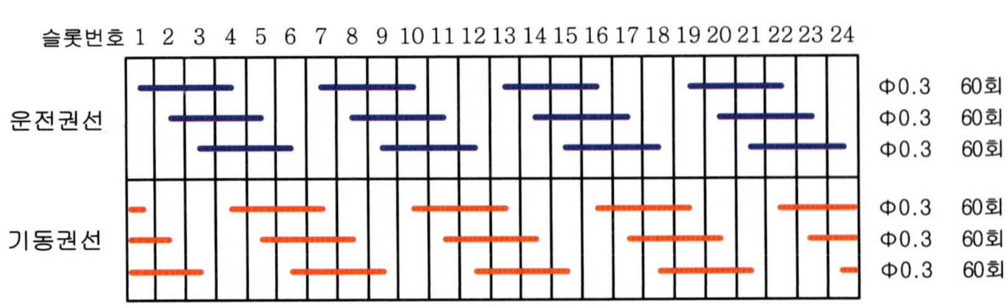

그림 6-1 권선 배치도

2. 권선 결선

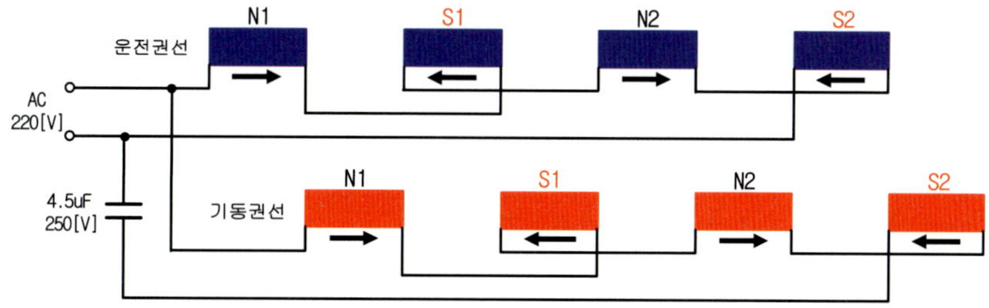

그림 6-2 권선 결선도

3. 권선 삽입 방법

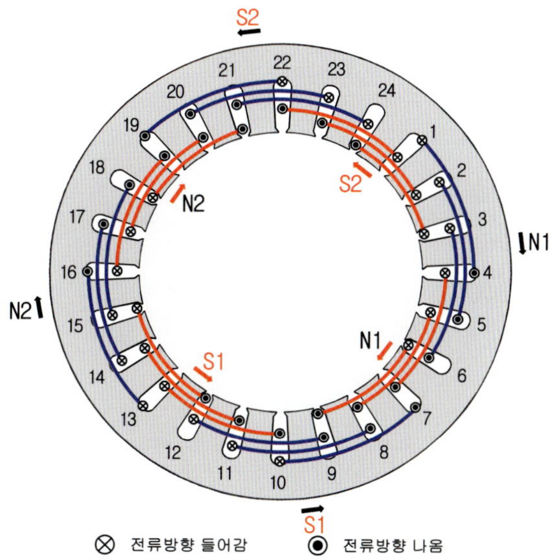

그림 6-3 고정자 철심 권선 배치도

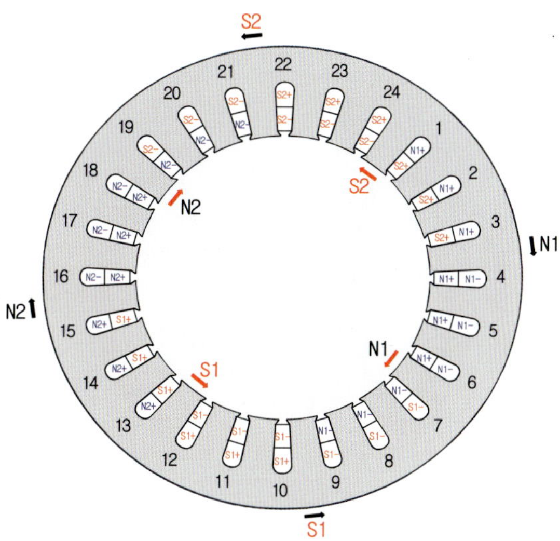

그림 6-4 각 슬롯에 대한 권선체 권선도

각 슬롯에 대한 권선 군(群)은 권선체 권선도를 참고하여 그림 6-5~6과 같이 입 · 출력 단자 및 슬롯 번호를 라벨지에 적어서 부착한다.

운전권선 작업시 권선 군마다 끊지 말고, N1→S1→N2→S2 순으로 연속해서 권선작업을 한다. 또한, 기동권선도 권선 군마다 끊지 말고, N1→S1→N2→S2 순으로 연속해서 권선작업을 한다.

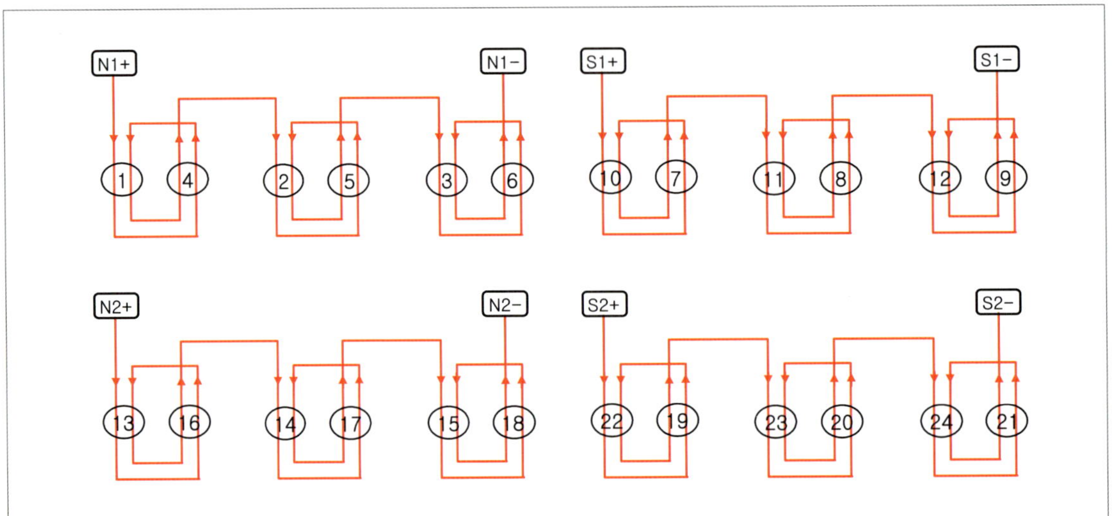

(a) 운전 권선체 권선도

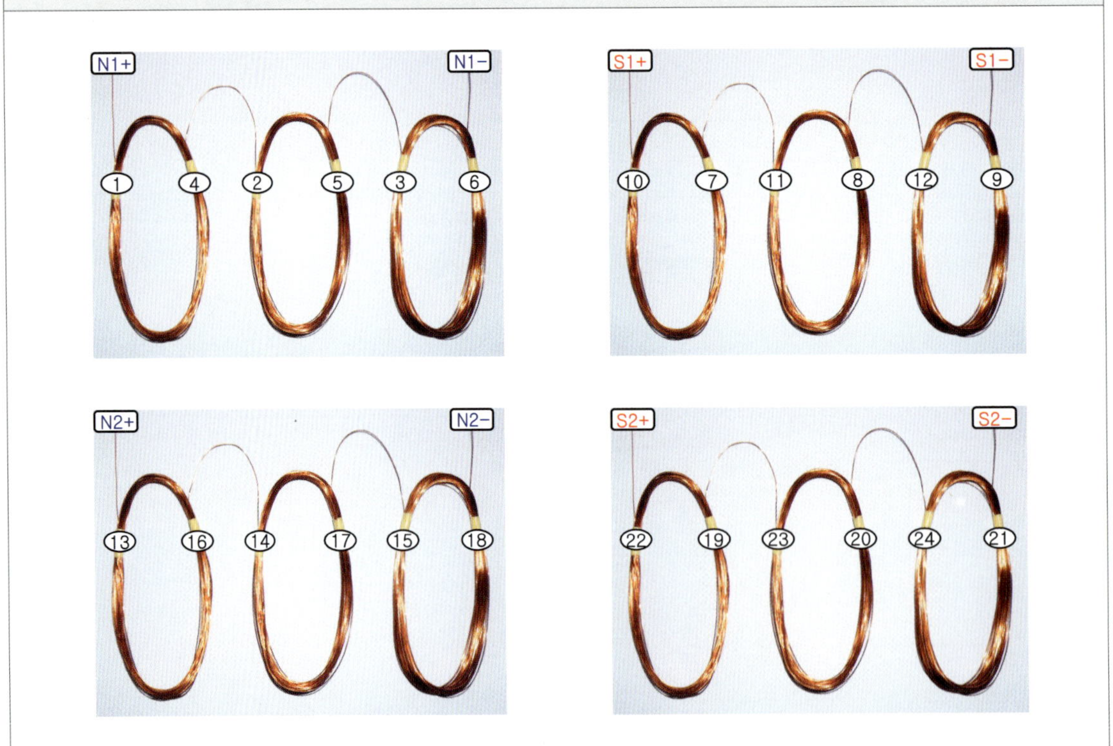

(b) 운전 권선체 라벨 부착 예

그림 6-5 운전 권선체 권선도 및 라벨 부착 예

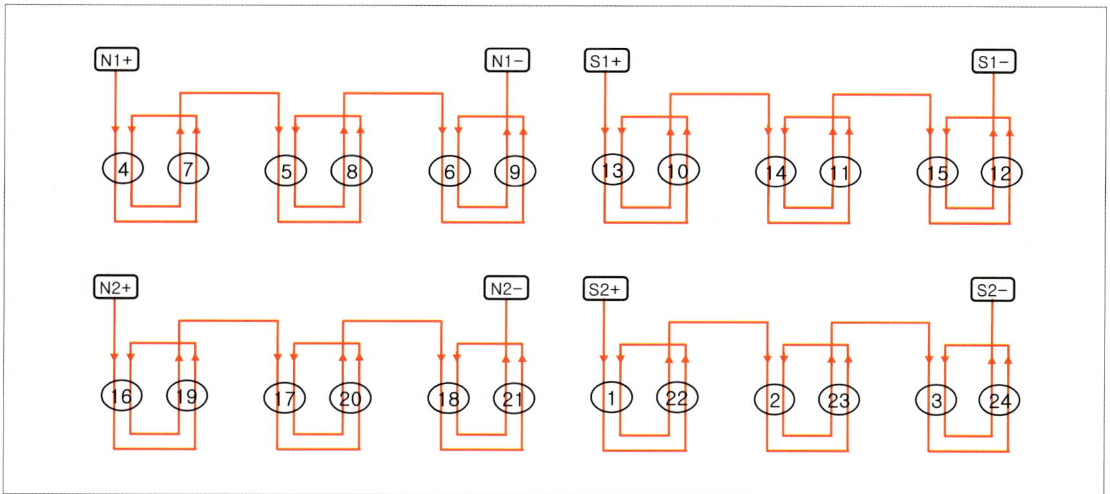

(a) 기동 권선체 권선도

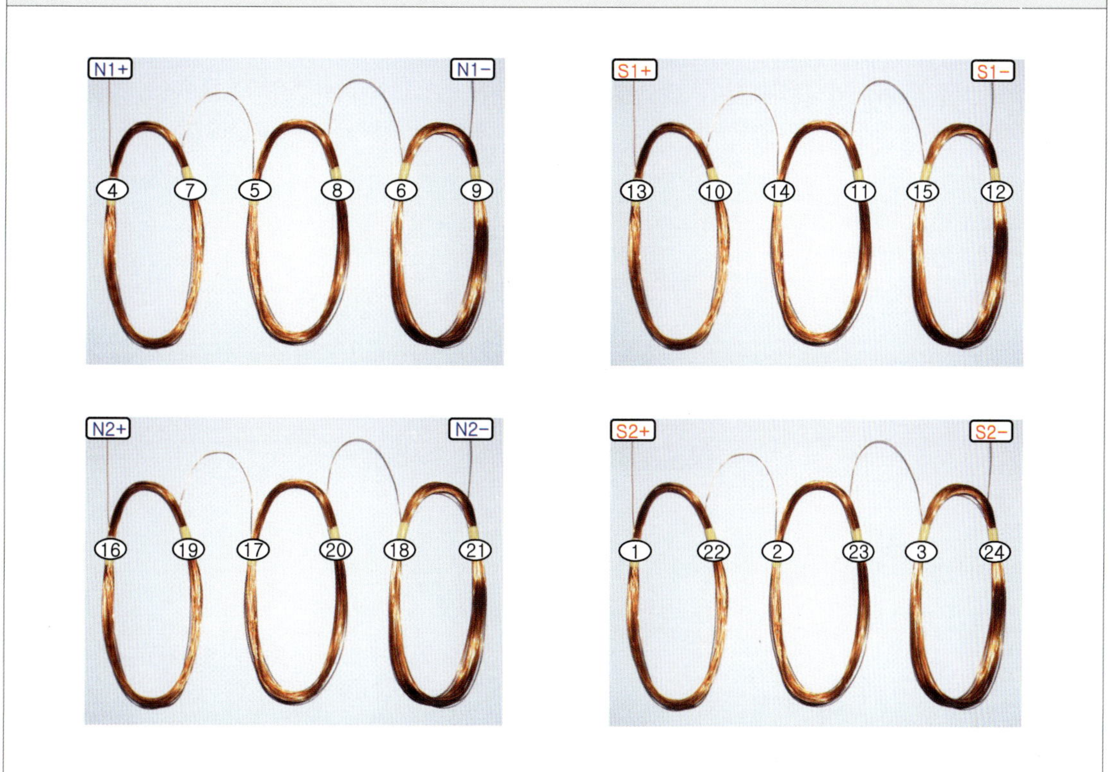

(b) 기동 권선체 라벨 부착 예

그림 6-6 **기동 권선체 권선도 및 라벨 부착 예**

4. 주의 사항

실습 3 주의 사항 참조.

5. 동작시험

① 회로시험기 및 직류 전원공급기에 의한 코일의 단선 및 접속 불량이 있는지 점검한다.

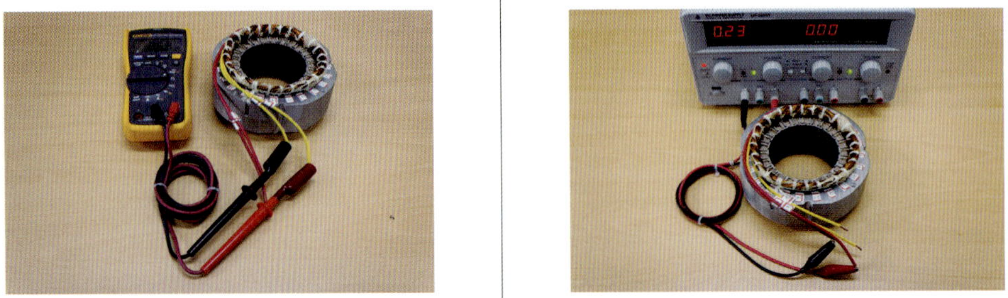

(a) 회로시험기에 의한 방법　　(b) 전원공급기에 의한 방법

그림 6-7 **코일의 단선 및 접촉 불량 검사방법**

② 각 자극의 극성을 점검한다.

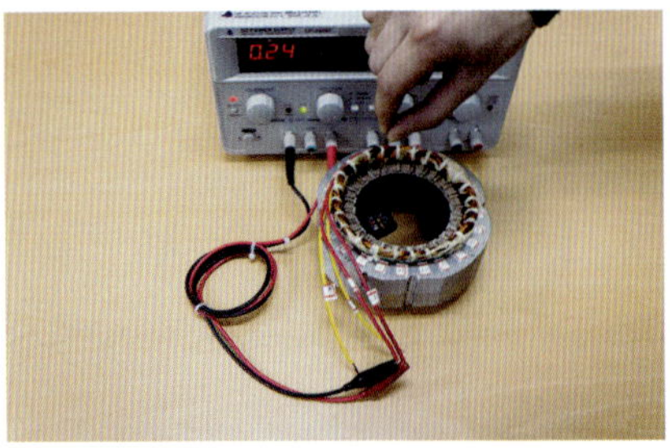

그림 6-8 **자극의 극성시험 검사방법**

③ 절연저항계로 절연상태를 점검한다.
절연저항 측정은 그림 6-9와 같이 실시한다.

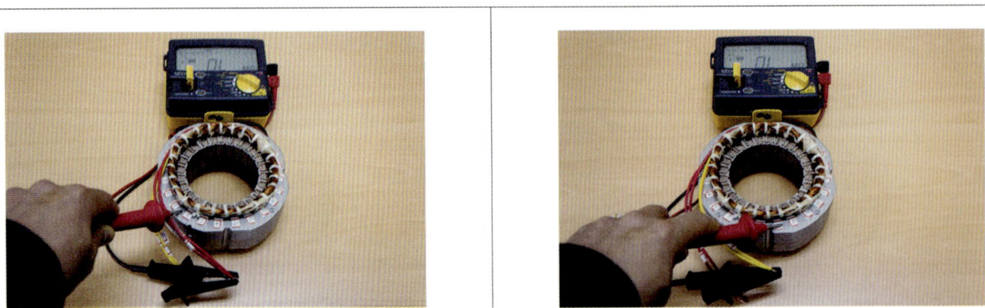

(a) 운전권선 절연저항 측정방법　　(b) 기동권선 절연저항 측정방법

그림 6-9 **절연저항 측정방법**

④ 위의 측정 방법이 이상이 없는 경우 전기기계 실험장치에 설치한다.
⑤ 전기기계 테스트용 지그를 분해한다.
⑥ 회전자를 고정자 철심의 중앙에 삽입하여 테스트용 지그에 조립한다.
⑦ 고정자 철심이 움직이지 않도록 고정시킨다.
⑧ 콘덴서를 연결하고 회전자가 잘 회전하는지 확인한다.
⑨ 전원을 연결하여 고정자 사이에 들어 있는 회전자의 동작이 잘 되는지 점검 확인한다.
⑩ 전원을 ON하고 전압공급기의 전원을 서서히 증가시키면서 회전자가 회전하는지 확인한다.

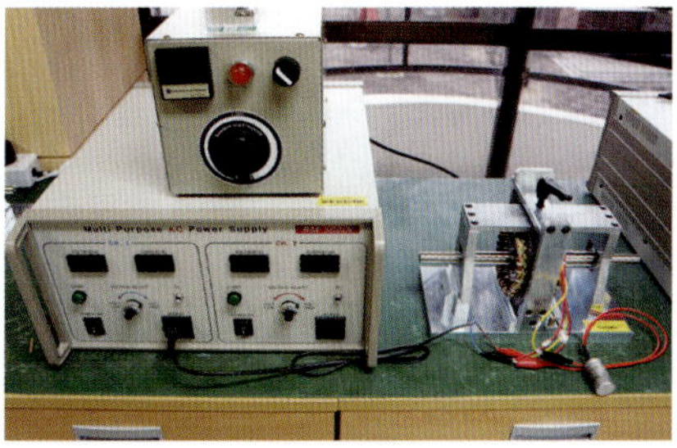

그림 6-10 전기기계 실험장치 설치방법 및 실험

⑪ 운전 도중에 과열과 소손되는 곳이 있는지 확인한다.
⑫ 유도전동기가 이상 없이 동작하면 담당교수 확인하에 평가를 받도록 한다.

6. 실습 완성 사진

실습 7

24슬롯 단상 6극 콘덴서 런 유도전동기 고정자 권선

목 표

1) 단상 6극 콘덴서 런 유도전동기의 권선 배치도 및 결선도를 해석할 수 있다.
2) 권선 배치도 및 결선도에 따라 전동기를 제작할 수 있다.

실습 재료

재료명	규격	수량	재료명	규격	수량
고정자철심	24슬롯	1	절연튜브	Φ1mm, Φ3mm, Φ4mm	0.5M
Coil	Φ0.3mm	1Kg	호밍사	면실 Φ2mm	2M
화이바지	0.8t×200×250mm	1장	실납	Φ1.0mm SN(60%)	0.3M
절연지	0.25t×200×1000mm	1장	리드선	1.25㎟, 적, 흑색	2M
절연지	0.12t×200×1000mm	1장			

작업순서

실습 3 작업 순서 참조.

실 습

1. 권선 배치

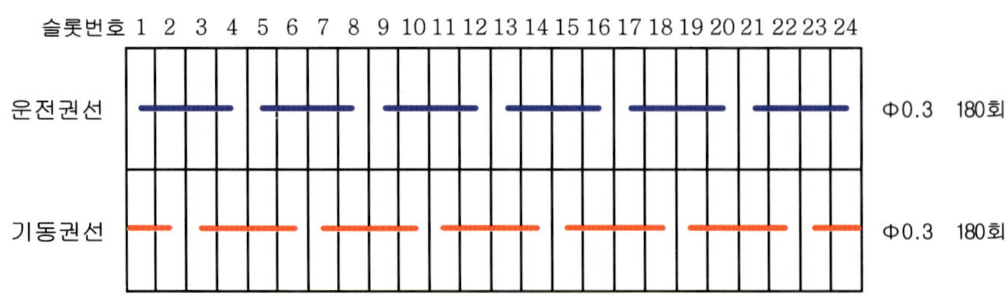

그림 7-1 권선 배치도

2. 권선 결선

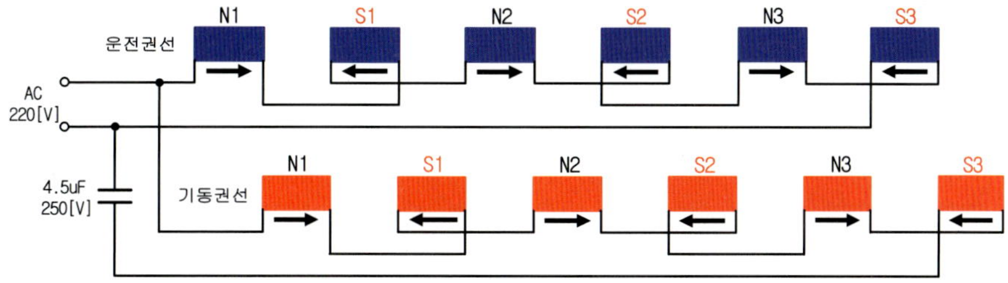

그림 7-2 권선 결선도

3. 권선 삽입 방법

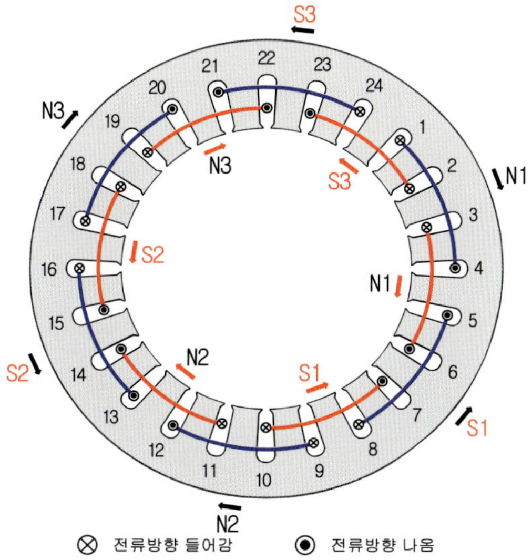

그림 7-3 고정자 철심 권선 배치도

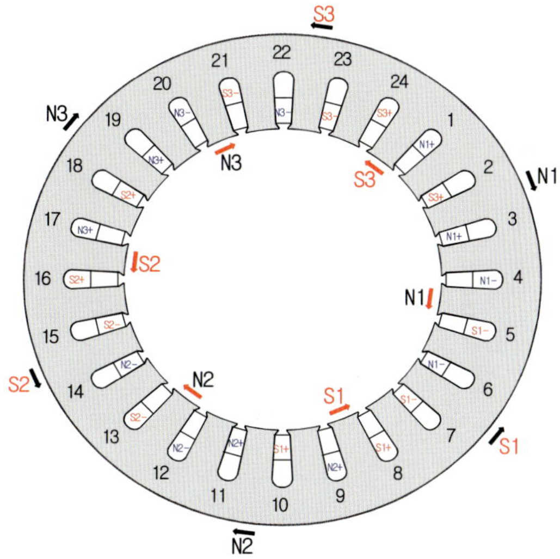

그림 7-4 각 슬롯에 대한 권선체 권선도

각 슬롯에 대한 권선 군(群)은 권선체 권선도를 참고하여 그림 7-5~6과 같이 입 · 출력 단자 및 슬롯 번호를 라벨지에 적어서 부착한다.

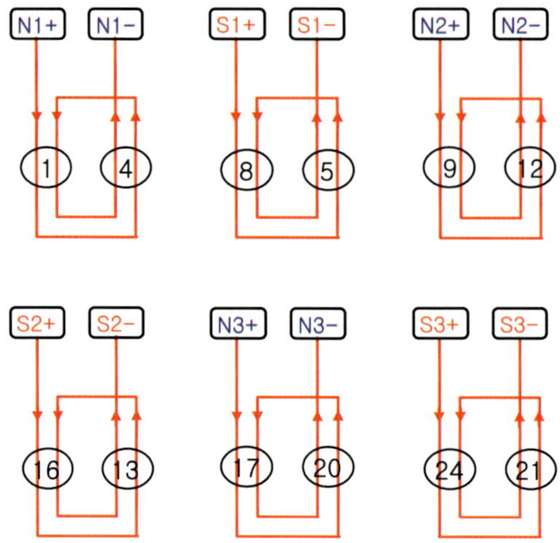

(a) 운전 권선체 권선도

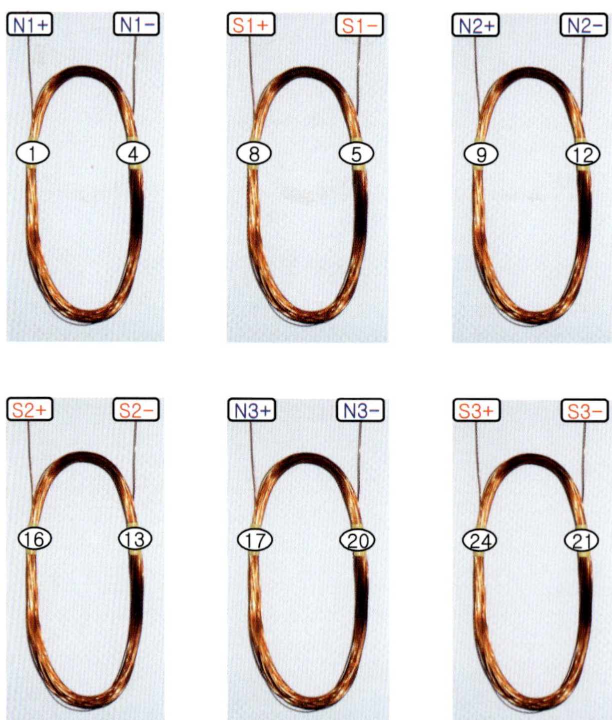

(b) 운전 권선체 라벨 부착 예

그림 7-5 운전 권선체 권선도 및 라벨 부착 예

운전권선 작업시 권선 군마다 끊지 말고, N1→S1→N2→S2 순으로 연속해서 권선 작업을 한다. 또한, 기동권선도 권선 군마다 끊지 말고, N1→S1→N2→S2 순으로 연속해서 권선 작업을 한다.

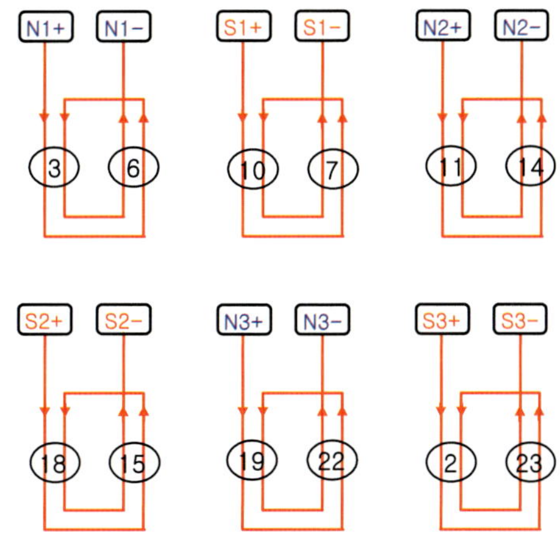

(a) 기동 권선체 권선도

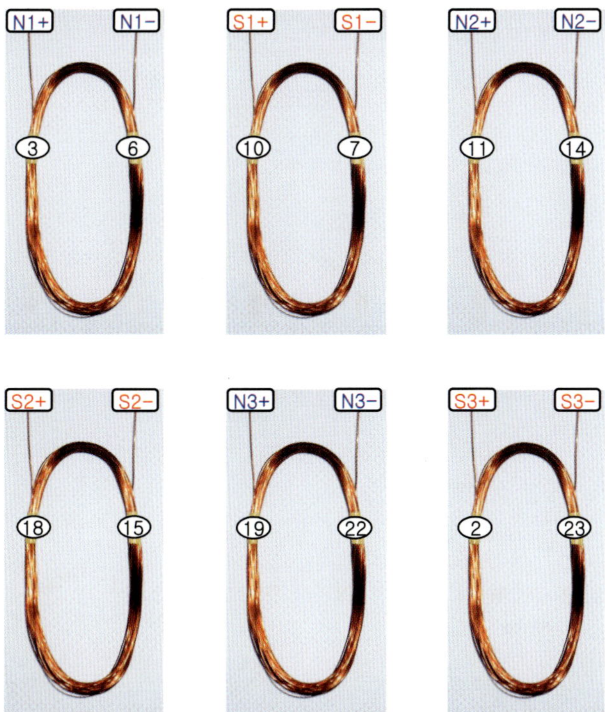

(b) 기동 권선체 라벨 부착 예

그림 7-6 기동 권선체 권선도 및 라벨 부착 예

4. 주의 사항

실습 3 주의 사항 참조.

5. 동작시험

① 회로시험기 및 직류 전원공급기에 의한 코일의 단선 및 접속 불량이 있는지 점검한다.

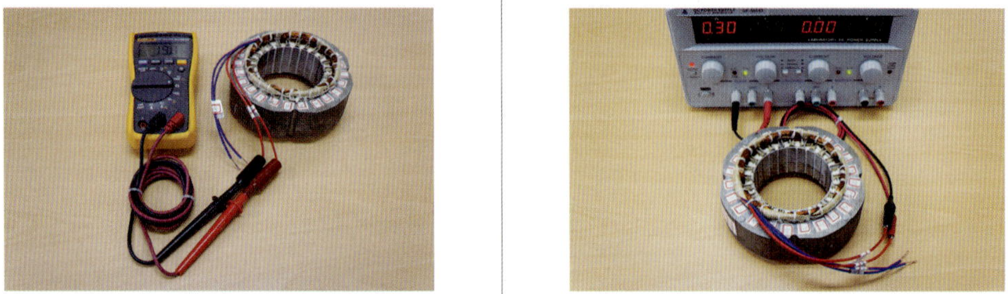

(a) 회로시험기에 의한 방법 | (b) 전원공급기에 의한 방법

그림 7-7 코일의 단선 및 접촉 불량 검사방법

② 각 자극의 극성을 점검한다.
자극의 극성검사는 그림 7-8과 같이 실시한다.

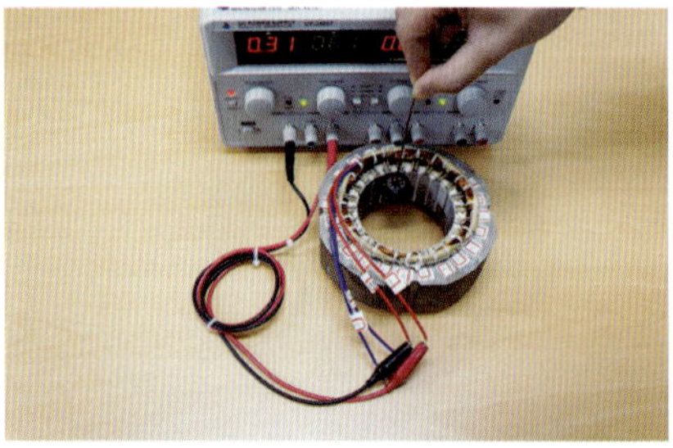

그림 7-8 자극의 극성시험 검사방법

③ 절연저항계로 절연상태를 점검한다.
절연저항 측정은 그림 7-9와 같이 실시한다.

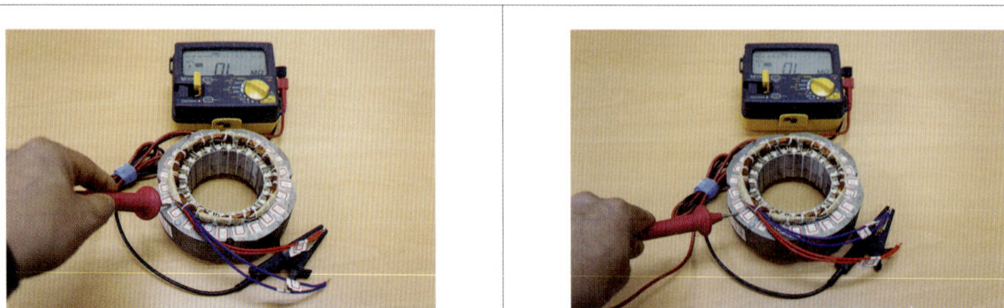

(a) 운전권선 절연저항 측정방법 | (b) 기동권선 절연저항 측정방법

그림 7-9 절연저항 측정방법

④ 위의 측정 방법이 이상이 없는 경우 전기기계 실험장치에 설치한다.

⑤ 전기기계 테스트용 지그를 분해한다.

⑥ 회전자를 고정자 철심의 중앙에 삽입하여 테스트용 지그에 조립한다.

⑦ 고정자 철심이 움직이지 않도록 고정시킨다.

⑧ 콘덴서를 연결하고 회전자가 잘 회전하는지 확인한다.

⑨ 전원을 연결하여 고정자 사이에 들어 있는 회전자의 동작이 잘 되는지 점검 확인한다.

⑩ 전원을 ON하고 전압공급기의 전원을 서서히 증가시키면서 회전자가 회전하는지 확인한다.

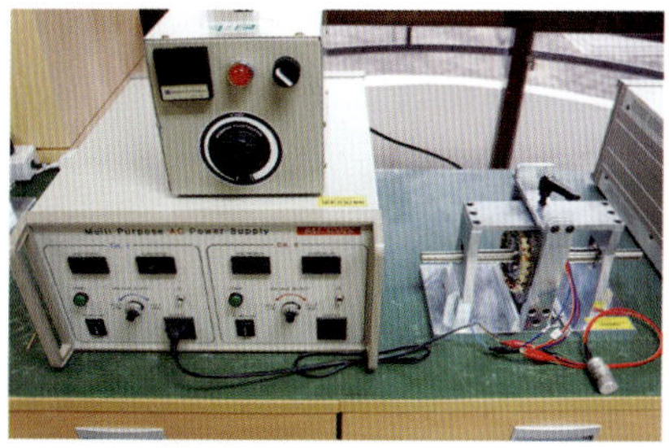

그림 7-10 전기기계 실험장치 설치방법 및 실험

⑪ 운전 도중에 과열과 소손되는 곳이 있는지 확인한다.

⑫ 유도전동기가 이상 없이 동작하면 담당교수 확인하에 평가를 받도록 한다.

6. 실습 완성 사진

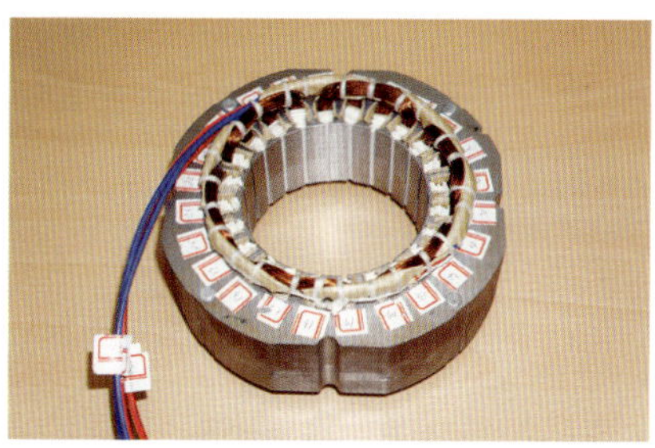

실습 8

24슬롯 단상 2극 콘덴서 런 유도전동기 고정자 권선

목 표

1) 단상 2극 콘덴서 런 유도전동기의 권선 배치도 및 결선도를 해석할 수 있다.
2) 권선 배치도 및 결선도에 따라 전동기를 제작할 수 있다.

실습 재료

재료명	규격	수량	재료명	규격	수량
고정자철심	24슬롯	1	절연튜브	Φ1mm, Φ3mm, Φ4mm	0.5M
Coil	Φ0.35mm	1.5Kg	호밍사	면실 Φ2mm	2M
화이바지	0.8t×200×250mm	1장	실납	Φ1.0mm SN(60%)	0.3M
절연지	0.25t×200×1000mm	1장	리드선	1.25㎟, 적, 흑색	2M
절연지	0.12t×200×1000mm	1장			

작업순서

실습 3 작업 순서 참조.

실 습

1. 권선 배치

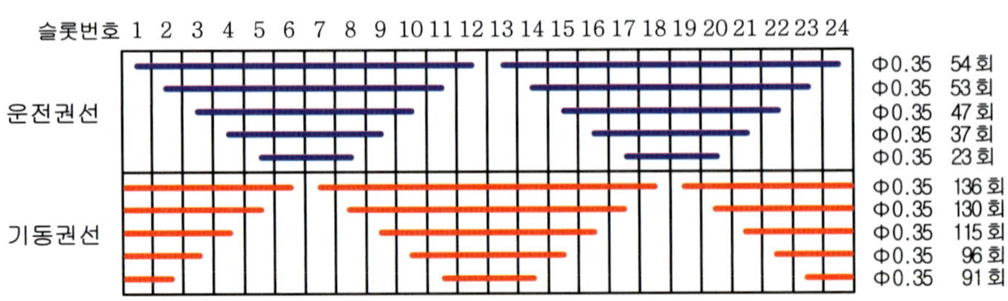

그림 8-1 권선 배치도

2. 권선 결선

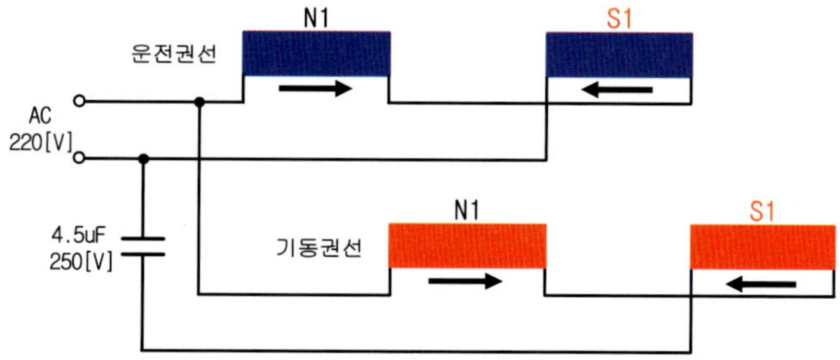

그림 8-2 권선 결선도

3. 권선 삽입 방법

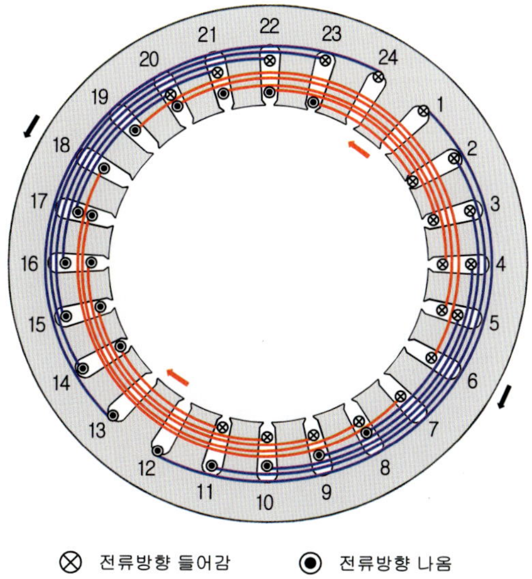

그림 8-3 고정자 철심 권선 배치도

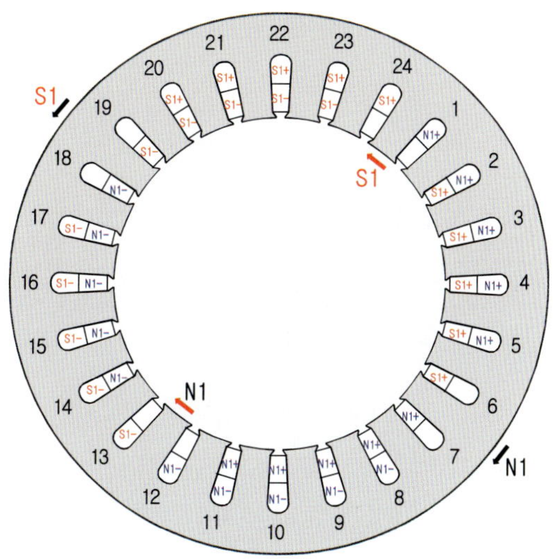

그림 8-4 각 슬롯에 대한 권선체 권선도

각 슬롯에 대한 권선 군(群)은 권선체 권선도를 참고하여 그림 8-5~6과 같이 입 · 출력 단자 및 슬롯 번호를 라벨지에 적어서 부착한다.

운전권선 작업시 권선 군마다 끊지 말고, N1→S1→N2→S2 순으로 연속해서 권선작업을 한다. 또한, 기동권선도 권선 군마다 끊지 말고, N1→S1→N2→S2 순으로 연속해서 권선작업을 한다.

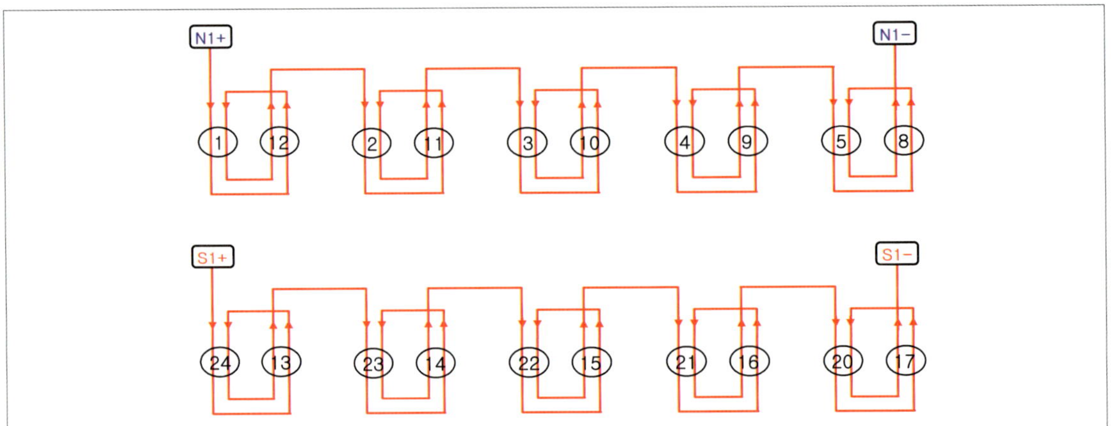

(a) 운전 권선체 권선도

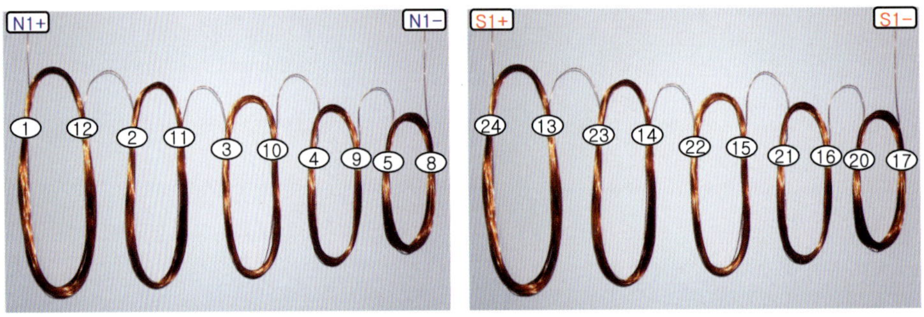

(b) 운전 권선체 라벨 부착 예

그림 8-5 운전 권선체 권선도 및 라벨 부착 예

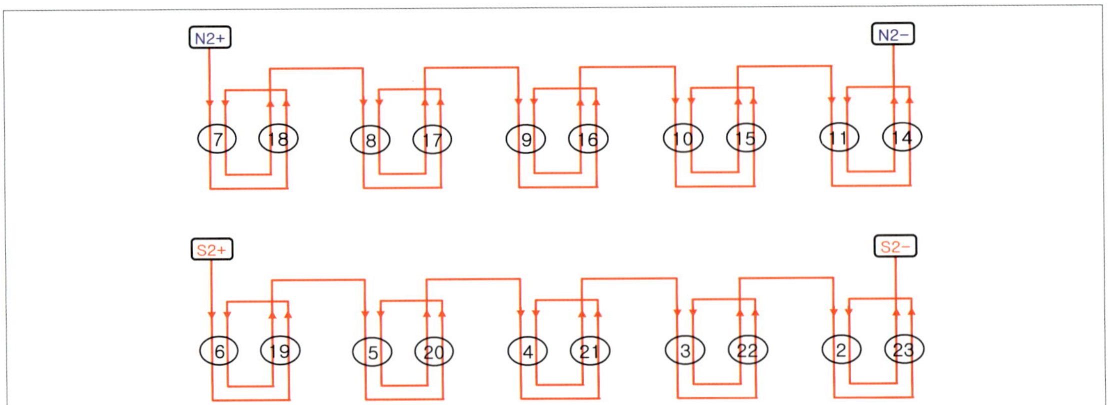

(a) 기동 권선체 권선도

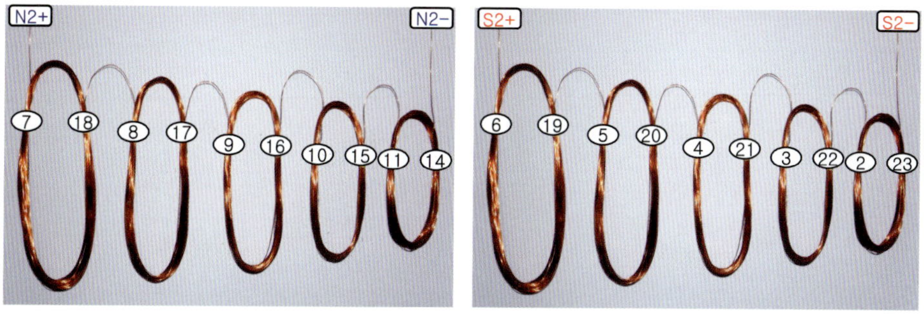

(b) 기동 권선체 라벨 부착 예

그림 8-6 기동 권선체 권선도 및 라벨 부착 예

4. 주의 사항

실습 3 주의 사항 참조.

5. 동작시험

① 회로시험기 및 직류 전원공급기에 의한 코일의 단선 및 접속 불량이 있는지 점검한다.

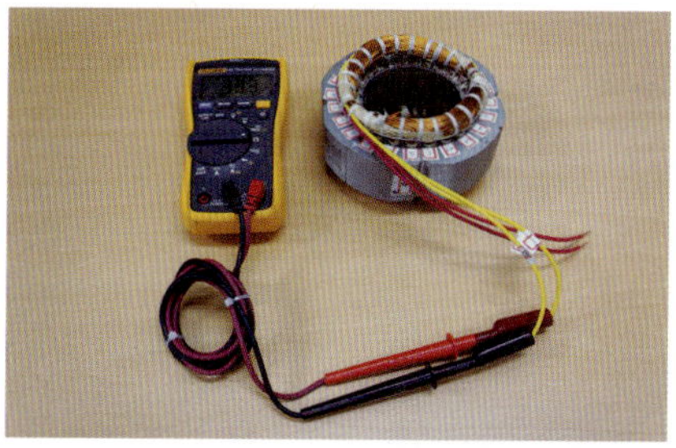

(a) 회로시험기에 의한 방법

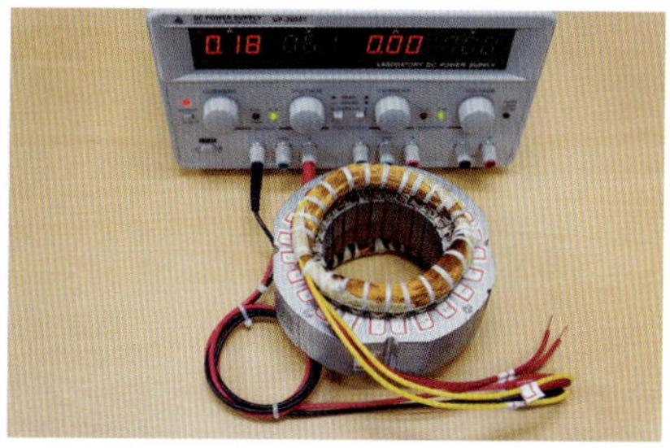

(b) 전원공급기에 의한 방법

그림 8-7 코일의 단선 및 접촉 불량 검사방법

② 각 자극의 극성을 점검한다.

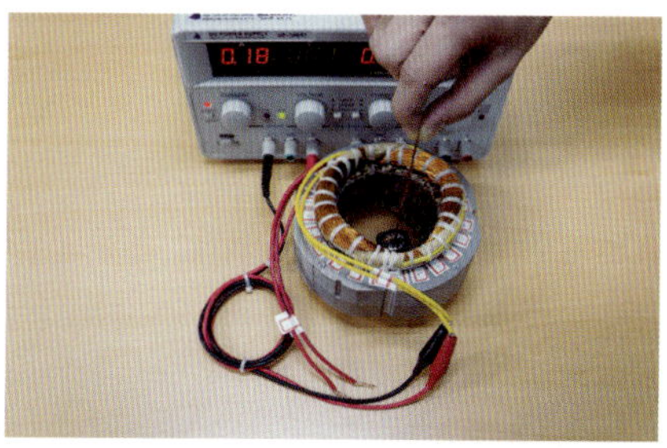

그림 8-8 자극의 극성시험 검사방법

③ 절연저항계로 절연상태를 점검한다.

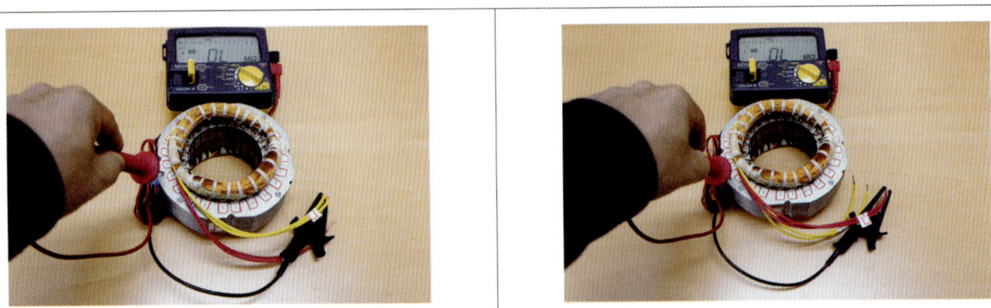

(a) 운전권선 절연저항 측정방법　　(b) 기동권선 절연저항 측정방법

그림 8-9 **절연저항 측정방법**

④ 위의 측정 방법이 이상이 없는 경우 전기기계 실험장치에 설치한다.
⑤ 전기기계 테스트용 지그를 분해한다.
⑥ 회전자를 고정자 철심의 중앙에 삽입하여 테스트용 지그에 조립한다.
⑦ 고정자 철심이 움직이지 않도록 고정시킨다.
⑧ 콘덴서를 연결하고 회전자가 잘 회전하는지 확인한다.
⑨ 전원을 연결하여 고정자 사이에 들어 있는 회전자의 동작이 잘 되는지 점검 확인한다.
⑩ 전원을 ON하고 전압공급기의 전원을 서서히 증가시키면서 회전자가 회전하는지 확인한다.

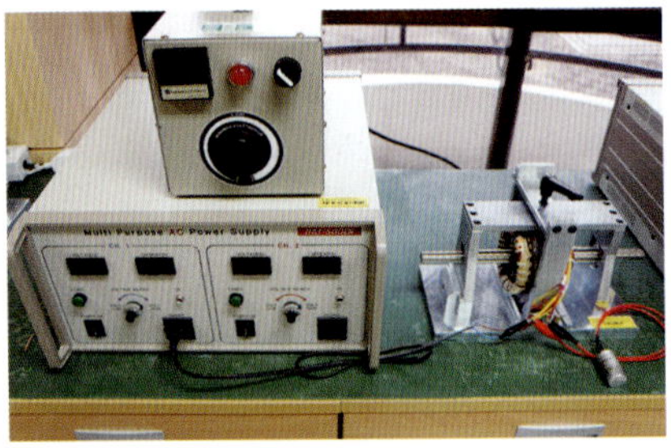

그림 8-10 **전기기계 실험장치 설치방법 및 실험**

⑪ 운전 도중에 과열과 소손되는 곳이 있는지 확인한다.
⑫ 유도전동기가 이상 없이 동작하면 담당교수 확인하에 평가를 받도록 한다.

6. 실습 완성 사진

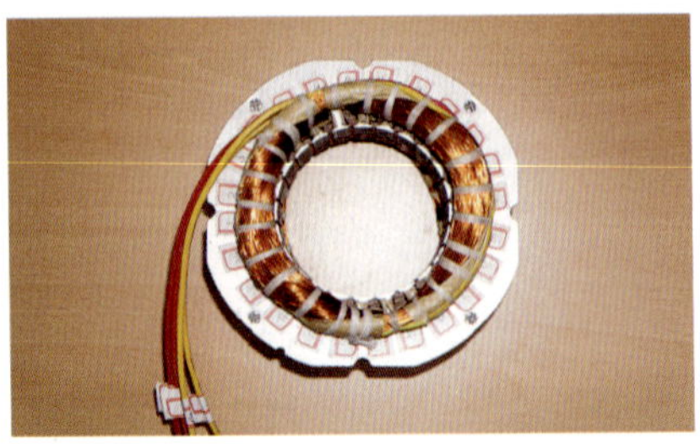

실습 9

24슬롯 단상 4극 110/220[V] 겸용 유도전동기 고정자 권선

목 표

1) 단상 4극 110/220[V] 겸용 유도전동기의 권선 배치도 및 결선도를 해석할 수 있다.
2) 권선 배치도 및 결선도에 따라 전동기를 제작할 수 있다.

실습 재료

재료명	규격	수량	재료명	규격	수량
고정자철심	24슬롯	1	절연튜브	Φ1mm, Φ3mm, Φ4mm	0.5M
Coil	Φ0.35mm	1Kg	호밍사	면실 Φ2mm	2M
화이바지	0.8t×200×250mm	1장	실납	Φ1.0mm SN(60%)	0.3M
절연지	0.25t×200×1000mm	1장	리드선	1.25㎟, 적, 흑색	2M
절연지	0.12t×200×1000mm	1장			

작업순서

실습 3 작업 순서 참조.

실 습

1. 권선 배치

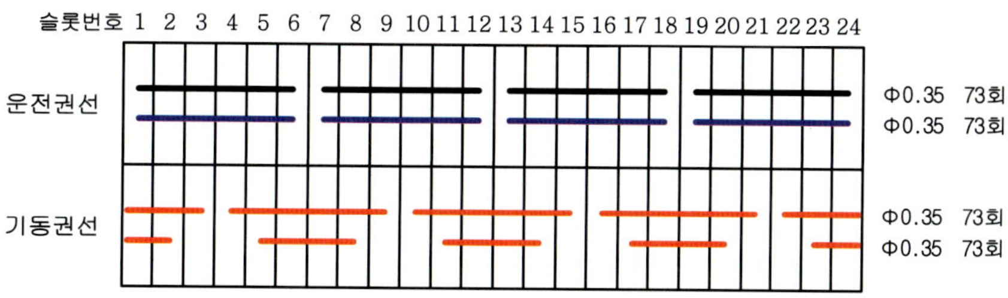

그림 9-1 권선 배치도

2. 권선 결선

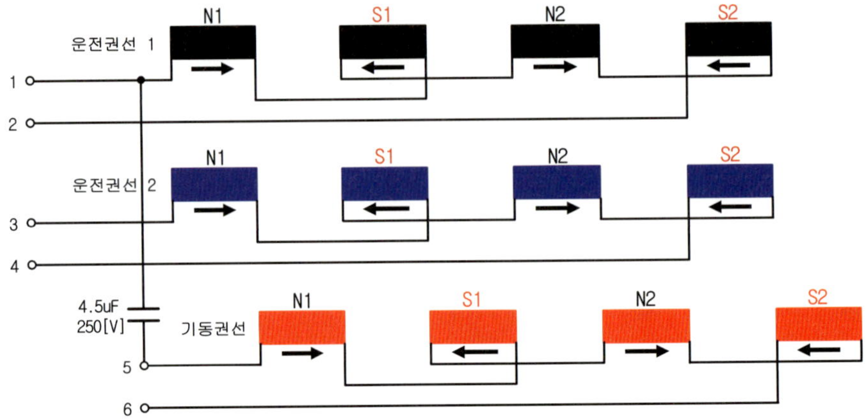

그림 9-2 권선 결선도

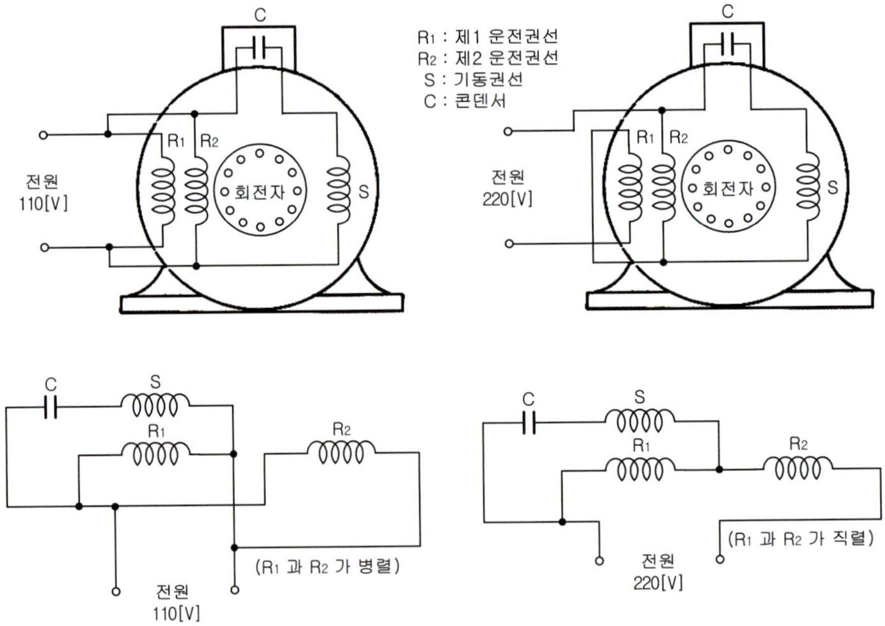

그림 9-3 110[V] 와 220[V] 사용시 고정자 권선 단자 접속법

1번과 3번을 결선하고 2번과 4번을 결선하면 110[V]용이며, 2번과 3번을 결선하고 1번과 4번을 전원으로 이용하면 220[V]용이다.

3. 권선 삽입 방법

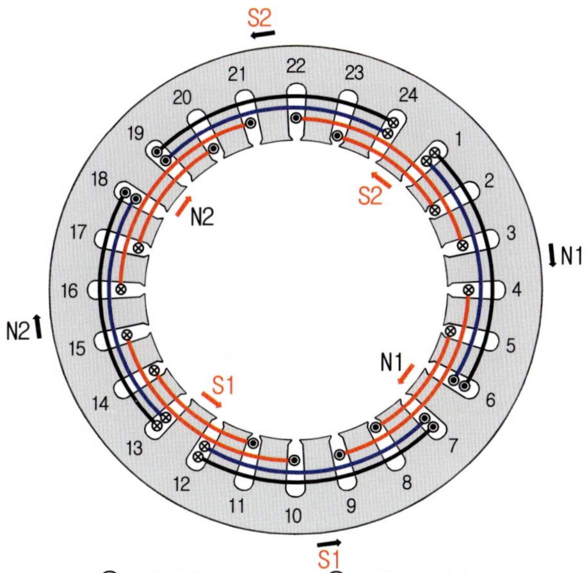

그림 9-4 고정자 철심 권선 배치

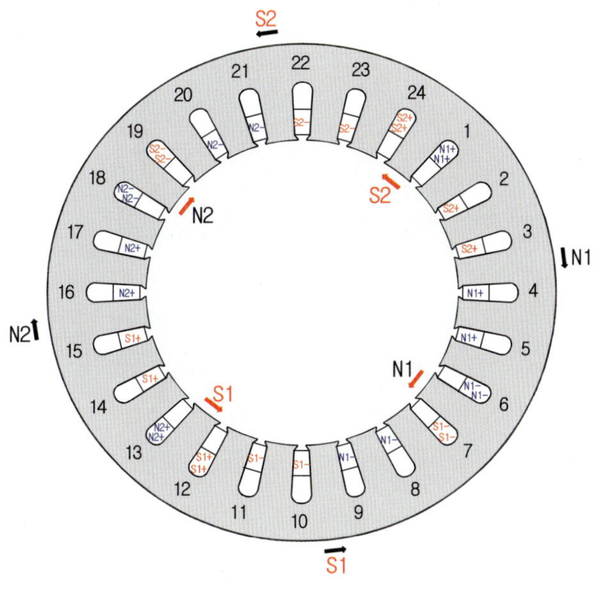

그림 9-5 각 슬롯에 대한 권선체 권선도

각 슬롯에 대한 권선 군(群)은 권선체 권선도를 참고하여 그림 9-6~7과 같이 입 · 출력 단자 및 슬롯 번호를 라벨지에 적어서 부착한다.

운전권선 작업시 권선 군마다 끊지 말고, N1→S1→N2→S2 순으로 연속해서 권선작업을 한다. 또한, 기동권선도 권선 군마다 끊지 말고, N1→S1→N2→S2 순으로 연속해서 권선작업을 한다.

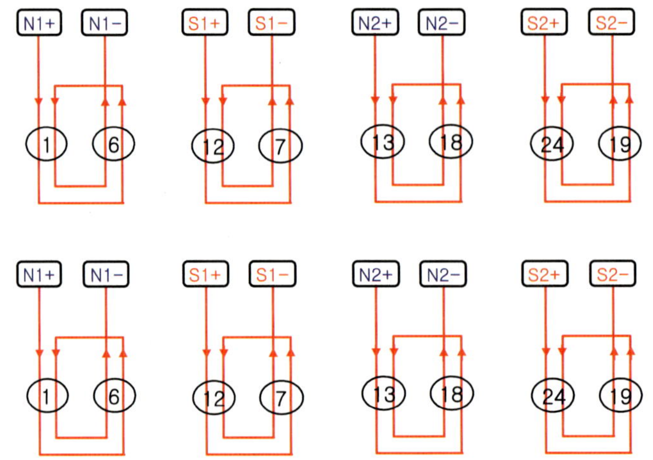

(a) 운전 권선체 권선도

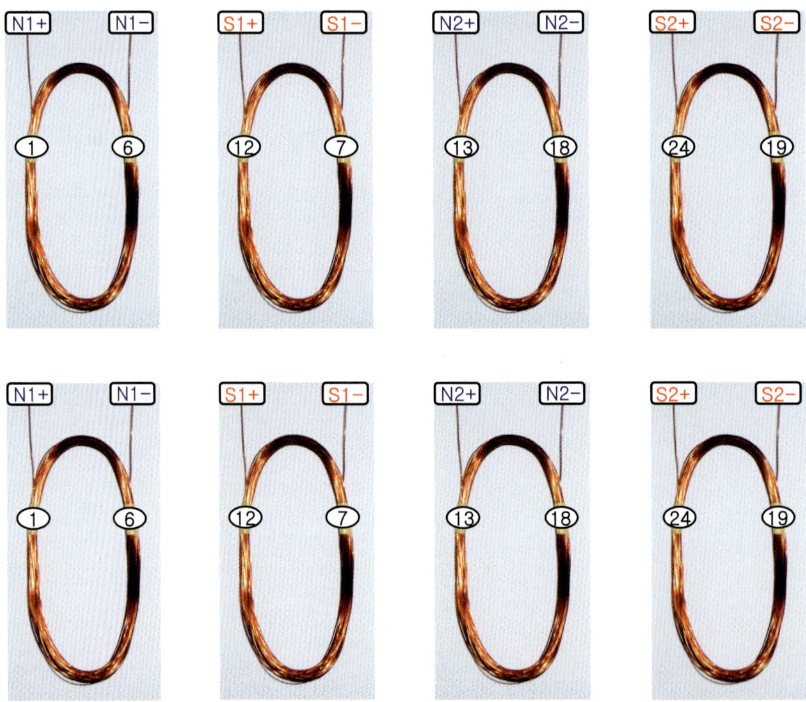

(b) 운전 권선체 라벨 부착 예

그림 9-6 운전 권선체 권선도 및 라벨 부착 예

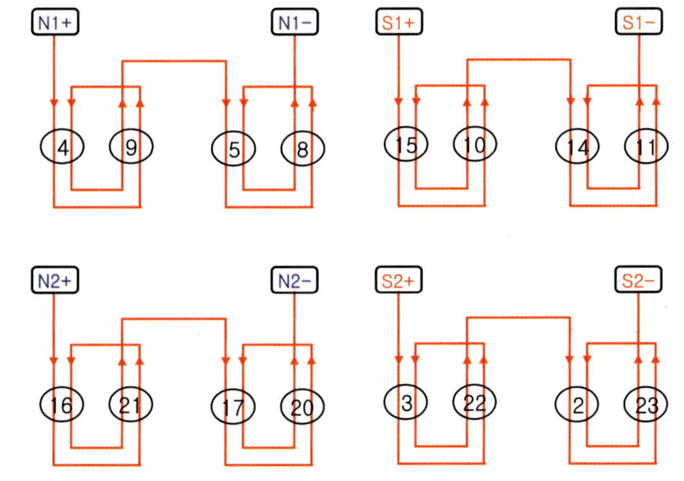

(a) 기동 권선체 권선도

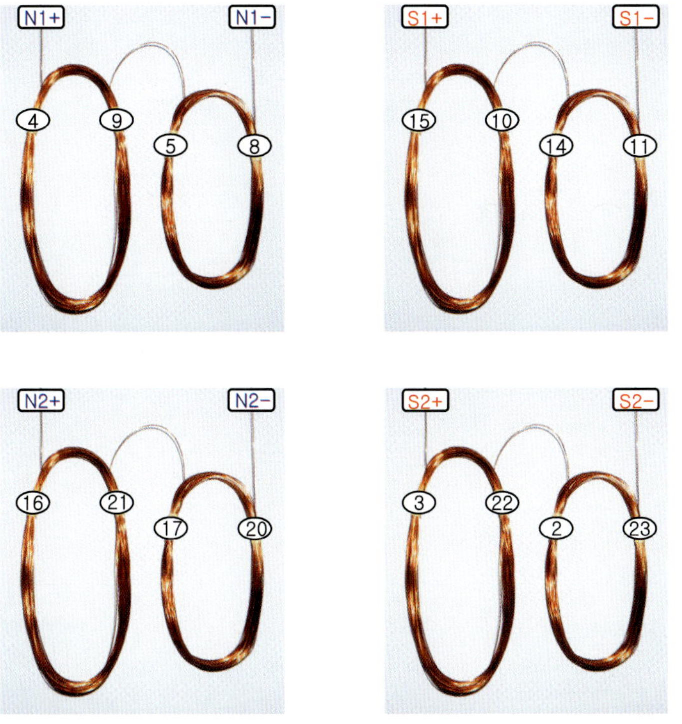

(b) 기동 권선체 라벨 부착 예

그림 9-7 **기동 권선체 권선도 및 라벨 부착 예**

4. 주의 사항

실습 3 주의 사항 참조.

5. 동작시험

① 회로시험기 및 직류 전원공급기에 의한 코일의 단선 및 접속 불량이 있는지 점검한다.

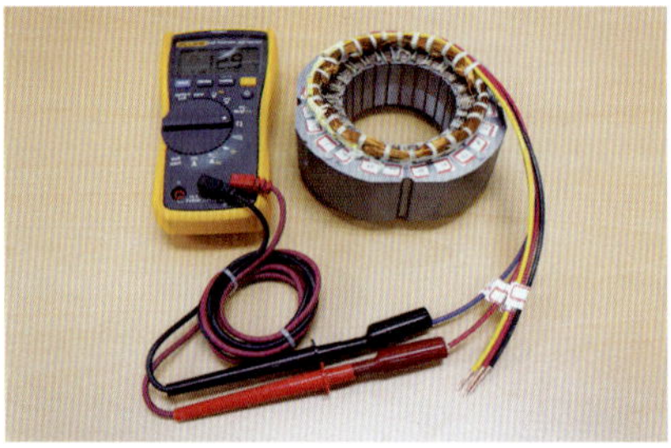

(a) 회로시험기에 의한 방법

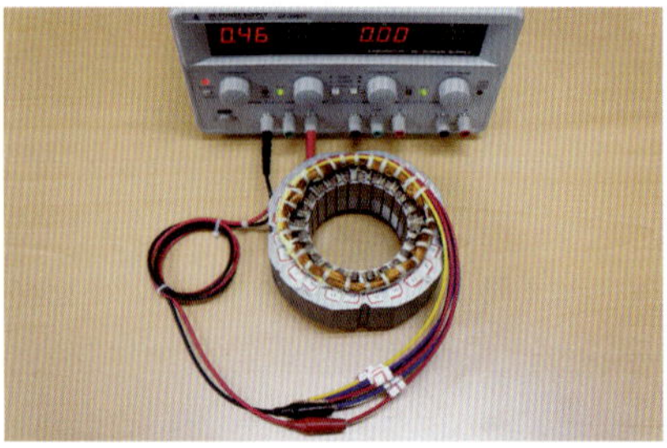

(b) 전원공급기에 의한 방법

그림 9-8 코일의 단선 및 접촉 불량 검사방법

② 각 자극의 극성을 점검한다.

그림 9-9 자극의 극성시험 검사방법

③ 절연저항계로 절연상태를 점검한다.

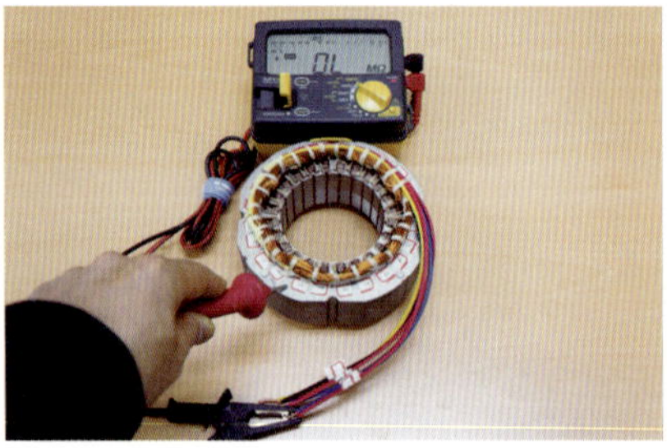

(a) 운전권선 1, 2 절연저항 측정방법

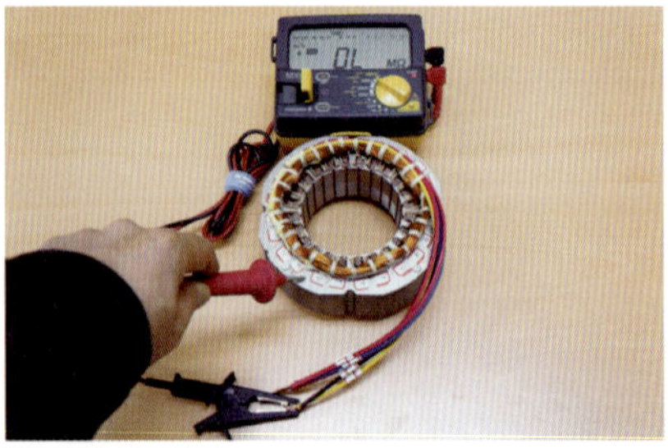

(b) 기동권선 절연저항 측정방법

그림 9-10 절연저항 측정방법

④ 위의 측정 방법이 이상이 없는 경우 전기기계 실험장치에 설치한다.

⑤ 전기기계 테스트용 지그를 분해한다.

⑥ 회전자를 고정자 철심의 중앙에 삽입하여 테스트용 지그에 조립한다.

⑦ 고정자 철심이 움직이지 않도록 고정시킨다.

⑧ 콘덴서를 연결하고 회전자가 잘 회전하는지 확인한다.

⑨ 전원을 연결하여 고정자 사이에 들어 있는 회전자의 동작이 잘 되는지 점검 확인한다.

⑩ 전원을 ON하고 전압공급기의 전원을 서서히 증가시키면서 회전자가 회전하는지 확인한다.

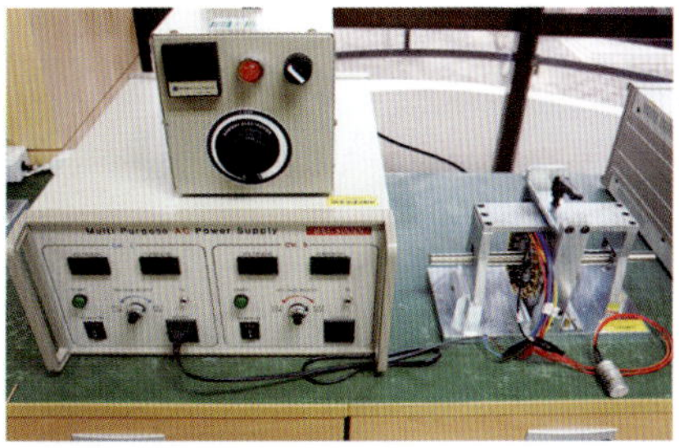

그림 9-11 전기기계 실험장치 설치방법 및 실험

⑪ 운전 도중에 과열과 소손되는 곳이 있는지 확인한다.

⑫ 유도전동기가 이상 없이 동작하면 담당교수 확인하에 평가를 받도록 한다.

6. 실습 완성 사진

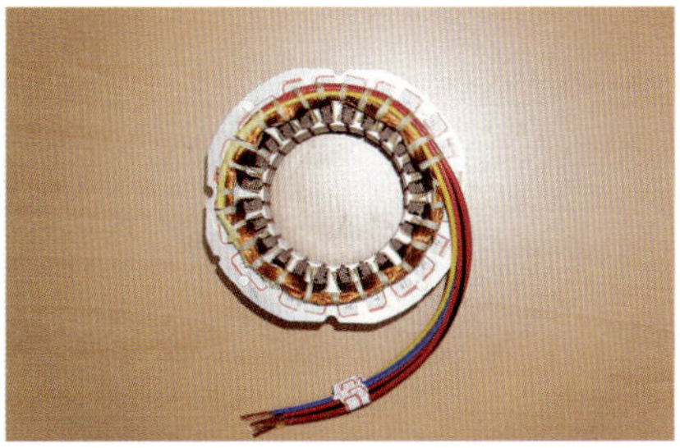

2.4. 셰이딩 코일형 전동기

그림 2-19 (a)와 같이 회전자는 농형이고, 고정자에 몇 개의 돌극을 만들고 운전권선(계자권선)을 감은 다음 자극의 일부분(B부분)에 홈을 파고 단락코일을 형성하는 셰이딩코일(C) 구리고리(동환)를 끼운 다음 집중권으로 운전코일을 권선한다.

단상 교류를 흘리면 셰이딩 코일에 생기는 자속이 단락전류의 반작용 자장으로 말미암아 위상이 뒤지므로 자속이 Φm에서Φs쪽으로 이동자기장이 생겨 회전자에 맴돌이 전류가 흐르고, 이동자기장의 방향으로 토크가 생긴다. 그림 (b)는 셰이딩 코일 1주기 자속의 변화를 나타낸 것이다. 1주기의 자속변화를 4구간으로 나누어 동작원리를 살펴보면 다음과 같다.

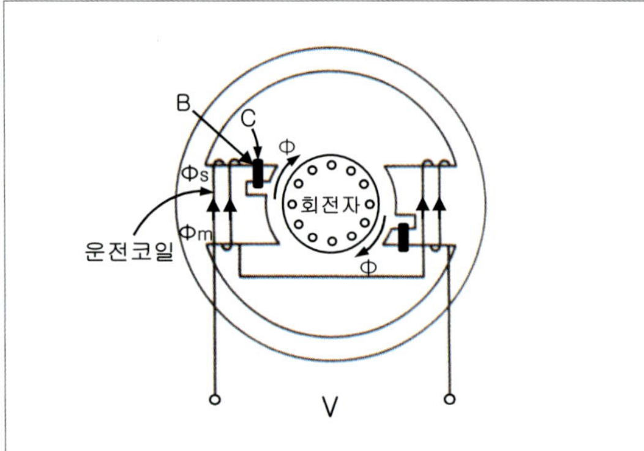

(a) 접속도

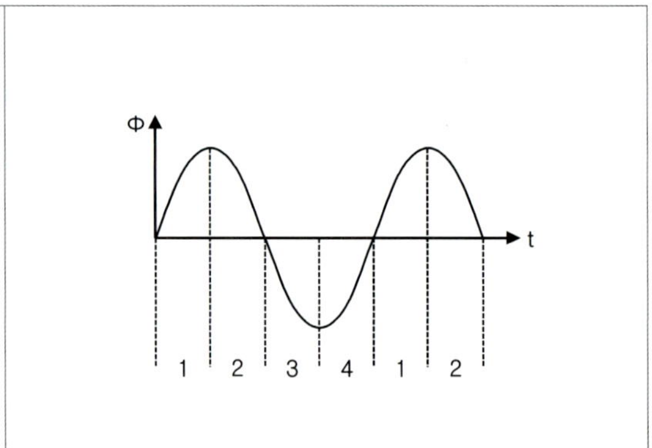

(b) 셰이딩코일 1주기 자속변화

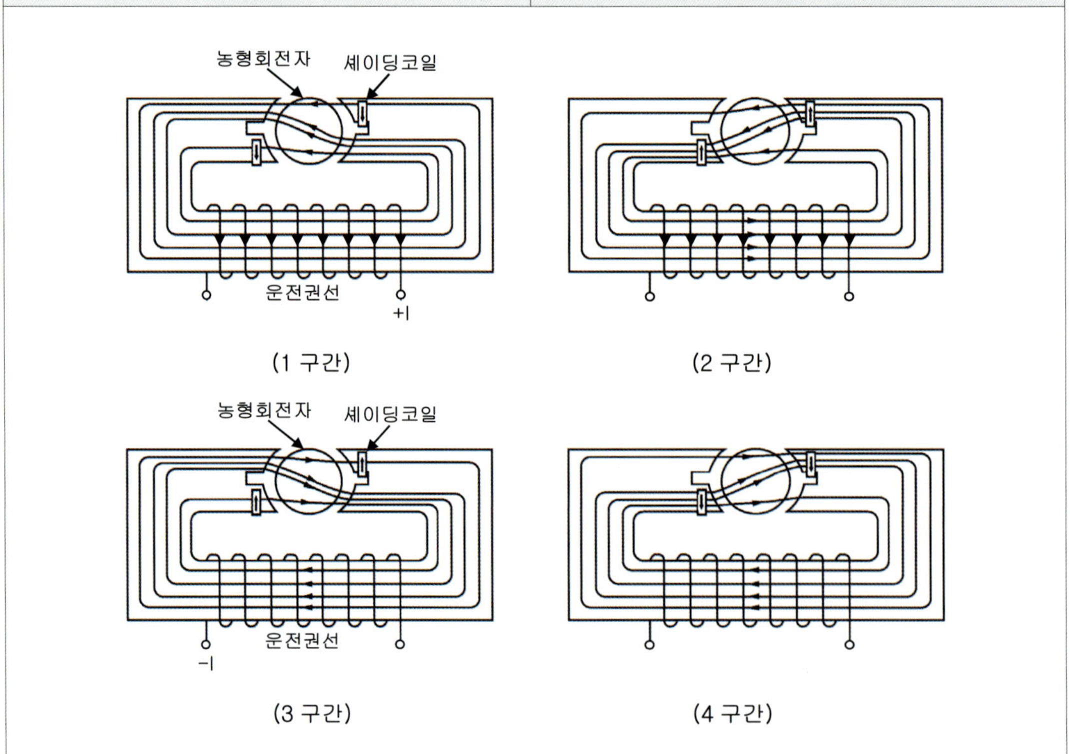

(c) 회전자 통과하는 자속의 변화

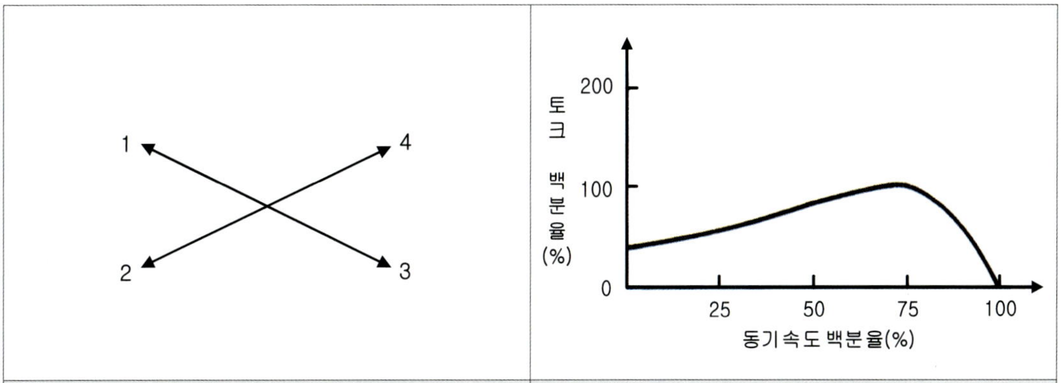

(d) 회전자에 작용하는 자계의 방향 | (e) 토크–속도 특성

그림 2-19 셰이딩 코일형 전동기 동작원리

그림 (c)의 1구간과 같이 셰이딩 코일의 전류는 자속의 흐름을 방해하기 때문에 자속의 대부분은 셰이딩 코일이 없는 쪽으로 흐르고, 회전자에 작용하는 자계의 방향은 (d)의 1이다. 2구간 자속의 흐름은 1구간과 동일하지만 감소하기 때문에 셰이딩 코일의 전류는 자속을 증가시키는 방향으로 흐르게 되고, 대부분의 자속은 셰이딩 코일이 있는 쪽으로 흐르게 된다. 이 때 회전자의 자계는 회전한다 ((d)의 2). 3구간, 4구간에서의 자속의 흐름은 1구간 및 2구간과 반대로 되기 때문에 회전자를 통과하는 자계는 1회전을 하게 된다. 따라서 이 전동기는 셰이딩 코일이 없는 부분에서 셰이딩 코일이 있는 부분으로 회전함을 알 수 있다. 그림 (d)는 셰이딩 코일형 전동기의 전형적인 토크–속도 특성이다.

이 전동기는 회전방향을 바꿀 수 없고, 기동토크가 작고, 효율과 역률이 좋지 않으며 속도 변동률이 크다. 그러나 구조가 간단하고 견고하기 때문에 선풍기, 전축, 수십 kW이하의 전동기에 널리 사용된다.

1) 셰이딩 코일형 단상 유도전동기의 고정자 권선 및 수리

① 고정자 권선법

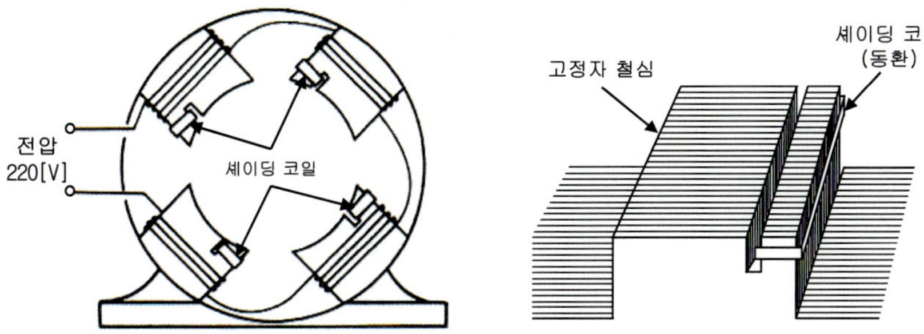

(a) (b)

그림 2-20 계자극을 직렬 접속한 4극 셰이딩 코일형 전동기

① 셰이딩 코일형 단상 유도전동기는 2, 4, 6, 8극 등이 있으며, 인접한 계자극은 극성을 서로 달리하도록 접속한다. 그림 2-20 (a)는 4극 집중권 계자를 사용한 셰이딩 코일형 전동기의 결선도이다. 그림 (b)에서의 집중 권선식 계자에서 사용한 동환 대신 셰이딩 코일을 슬롯에 권선한다.

셰이딩 코일형 전동기 중에는 분상 전동기의 고정자 구조와 비슷하게 제작한 것이 있으며, 분포권을 사용한 셰이딩 코일형 전동기이면 분상 전동기와 같이 고정자에 슬롯을 만들고 운전권선과 셰이딩 코일(단락 보조권선)을 권선한다. 이 때 운전권선과 셰이딩 코일은 전기각도로 90[°]이내가 되도록 띄우는 것이 보통이다.

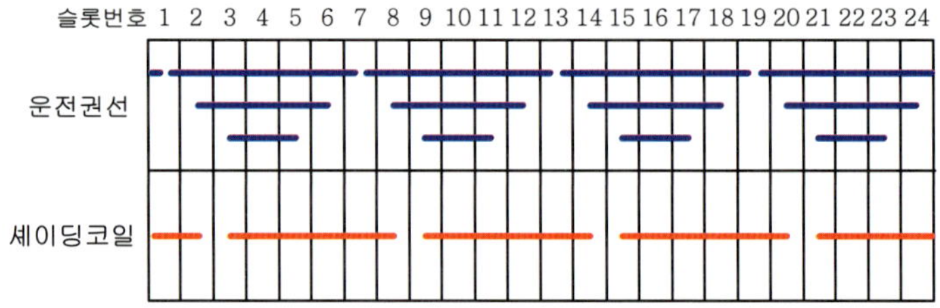

그림 2-21 24슬롯 4극 분포 셰이딩 코일형 전동기의 권선 데이터 기록 방식

② 그림 2-21은 24슬롯 4극 분포 셰이딩 코일형 전동기의 권선 배치도이며, 그림 2-22는 이것의 원형 결선도이다. 이 경우 셰이딩 코일은 폐회로를 구성하고 있고, 인접 자극은 극성이 서로 반대가 되도록 접속해야 한다.

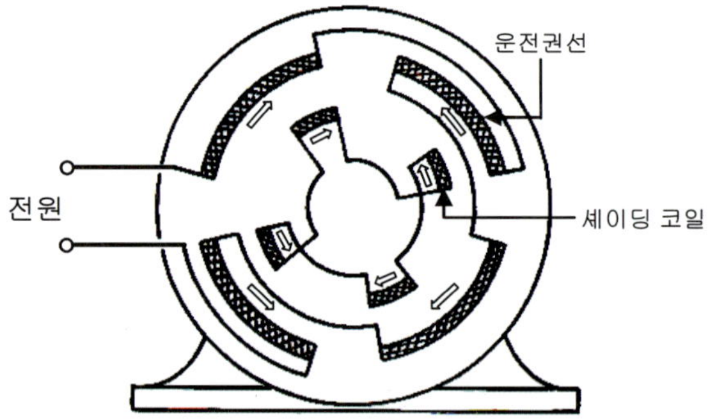

그림 2-22 4극 분포 셰이딩 코일형 전동기의 원형 결선도

2) 셰이딩 코일형 전동기의 회전방향 변경

셰이딩 코일형 전동기는 먼저 권선작업 후 조립하면 회전방향을 바꿀 수 없고 다시 분해하여 고정자의 위치를 바꾸어 끼운 후 조립해야 하므로 외부에서 회전방향을 바꿀 수 있는 전동기로 하려면 2가지가 있다.

① 계자극을 운전권선 한 개와 서로 떼어 놓은 셰이딩 코일 두 개로 구성되어 있다. 이 전동기는

고정자에 권선이 가능하도록 슬롯이 만들어져있다. 운전권선은 보통의 경우, 슬롯 여러 개에 분포하여 권선하고 자극마다 코일 한 개씩만을 가지게 한다.

셰이딩 코일이 두 개씩 설치한 전동기일지라도 운전 시에는 한 개의 셰이딩 코일만 이 회로에 접속한다. 그림 2-23은 이것을 표시한 것이고, 주자극 한 개는 운전코일 한 개와 셰이딩 코일 두 개에 의해 구성된다.

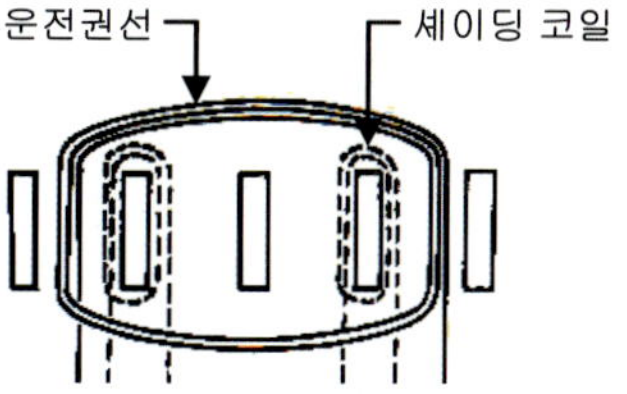

그림 2-23 12슬롯 가역식 셰이딩 코일형 전동기의 한 자극

그림 2-24는 12슬롯, 4극인 전동기의 권선 분포도이며, 그림 2-25는 전동기의 결선도이다. 역회전시는 직렬 접속한 두 셰이딩 코일 중 하나는 개방하고, 하나는 폐로하여 주자극의 상에서의 셰이딩 코일에 의한 자극의 위치가 반대가 되도록 한다.

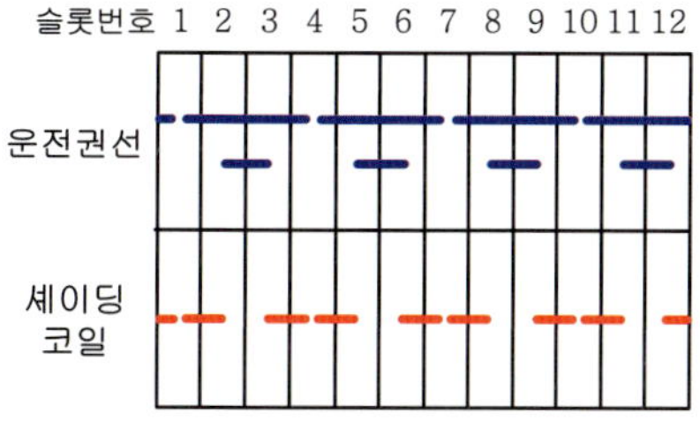

그림 2-24 가역식 셰이딩 코일형 전동기의 권선 배치

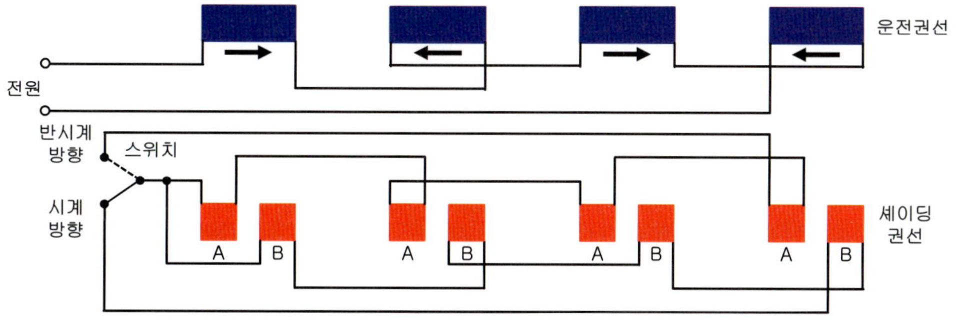

그림 2-25 가역식 셰이딩 코일형 전동기의 결선도(이 전동기를 역회전하려면 직렬 접속한 두 셰이딩 코일 중 하나를 개방하고 나머지 셰이딩 코일 쪽은 폐로하여 준다)

② 다음은 운전권선이 두 개 셰이딩 코일이 한 개인 경우로도 역회전이 가능하다. 그림 2-26

은 이러한 권선 2개의 극을 도시한 것이며, 그림 2-27은 12슬롯, 4극인 전동기 권선 배치 도이다.

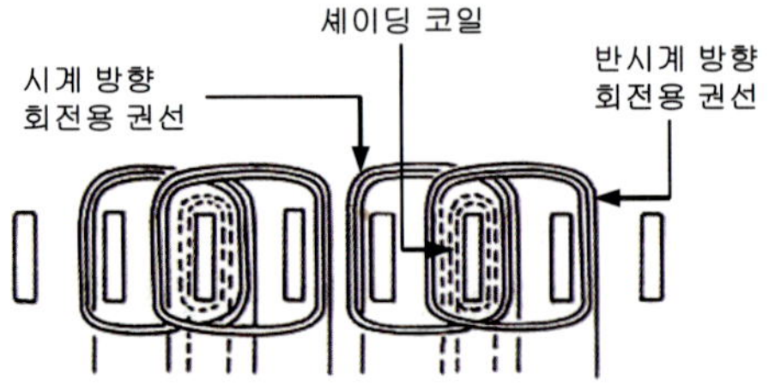

그림 2-26 각 셰이딩 코일마다 운전권선이 2개인 분포권 가역식 셰이딩 코일형 전동기

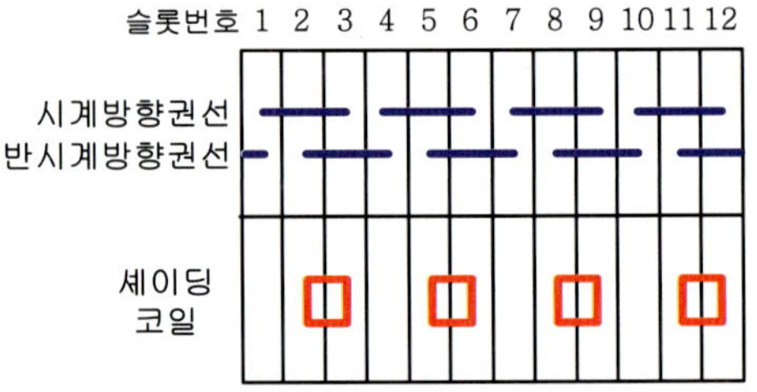

그림 2-27 주자극이 2조로 된 12슬롯 4극 가역식 셰이딩 코일형 전동기의 코일 배치 기록 방법

시계방향으로 회전시는 운전권선 한 개만 사용하고, 다른 권선은 개로상태로 둔다.

반시계방향으로 회전 시는 폐로했던 운전권선은 개로하고, 개로했던 운전권선은 폐로한다.

3. 단상 유도전동기의 회전방향 변경

앞의 전동기 중 분상 기동형, 콘덴서 기동형, 영구 콘덴서, 셰이딩 코일형, 2중 콘덴서 전동기는 운전 권선이나 기동권선의 어느 한 권선의 단자접속을 반대로 하면 된다.

4. 단상 유도전동기의 비교

표 2.3 여러 가지 단상 유도전동기의 비교

종류	구조	가격	기동		특성	적용 출력 [W]
			토크	전류		
분상 기동형	원심력 스위치 부착	싸다	125[%] 이상	500[%] 이하	효율이낮다	40~200
콘덴서 기동형	콘덴서, 원심력 스위치 부착	중간 정도	250[%] 이상 (0.4[W]의 것은 200[%] 이상)	500[%] 이하	효율이낮다	80~400

종류	구조	가격	기동		특성	적용 출력 [W]
			토크	전류		
영구 콘덴서	원심력 스위치는 없고 운전용 콘덴서 부착	-	20~100[%]	-	효율이 높다	100~750
셰이딩 코일형	셰이딩 코일 부착	싸다	40~80[%]	-	효율이 나쁨	매우 작은 것 ~ 80
2중 콘덴서 전동기	운전용 콘덴서 부착	중간 정도	40~100[%]	400~500[%]	역률이 좋다	매우 작은 것 ~ 200
반발 기동형	정류자, 브러시 단락 장치 부착	비싸다	300[%] 이상	300[%] 이하	-	100~800

표 2.4 여러 가지 단상 유도전동기의 용도

목적	전동기 종별
냉 장 고	콘덴서 기동형
연 삭 기	분상 기동형, 콘덴서 기동형
공업용 재봉틀	콘덴서 기동형, 분상 기동형
농 사 용	반발 기동형, 콘덴서 기동형
펌 프	반발 기동형, 콘덴서 기동형, 분상 기동형
세 탁 기	2중 콘덴서 전동기
선풍기, 작은 용량의 송풍기	2중 콘덴서 전동기, 셰이딩 코일형

5. 유도전동기의 명판

전동기 명판에 기재된 내용은 매우 중요하며, 명판을 보기만 하면 전동기의 종류, 출력, 전압, 최대부하시의 속도는 물론, 교류용 또는 직류용, 전부하 전류, 형식, 제조번호 등을 알 수 있다. 특히, 유도전동기를 수리하거나 설치할 때는 먼저 전동기의 명판에 기재되어 있는 사항을 검토해야 한다. 제조 번호는 새부품을 주문할 필요가 있을 때에 대단히 중요하다.

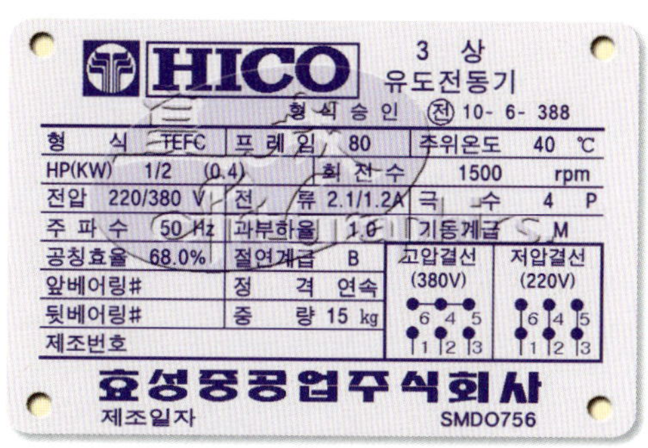

그림 2-28 전동기 명판 예

명판에 기재되는 내용이나 형식은 전동기 생산업체에 따라 차이가 있다. 그 이유는 전동기 명판에 대한 KS규격이나, NEMA규격 또는 IEC 규격에서 최소한의 필요사항에 대하여 표기하도록 규정되어 있고 또한, 생산업체에서 임의로 내용을 추가하는 경우가 있기 때문이다.

(1) KS 규격에서 규정하고 있는 내용

KS 규격에서 전동기 명판에 기재하도록 규정되어 있는 사항은 기기의 명칭, 제조자명, 제조 번호, 제조 년, 형식, 보호방식의 기호, 냉각방식의 기호, 정격출력, 정격전압, 정격회전수, 상수 및 주파수, 정격의 종류, 절연의 종류 또는 온도상승 한도, 냉매온도, 단자기호, 접속명판 등이 있다.

(2) 전동기 명판에 기재되는 내용 및 관련 사항

1) 전압(Volt)

정격전압(rated voltage)을 의미하며, 전동기가 운전되도록 설계된 전압을 말한다.

2) 주파수(Frequency)

정격주파수(rated frequency)를 의미하며, 전동기가 운전되도록 설계된 주파수를 말한다. 입력전원의 주파수는 통상 50Hz 또는 60Hz이다.

3) 상(Phase)

전동기에 가해지는 개별 전압의 수로 통상 단상 또는 삼상이다.

4) 전류(Current)

정격전류(rated load current)를 의미하며, 정격주파수와 정격전압에서 정격 출력 시에 필요한 전류를 암페어(ampere)로 표시한 것이다.

5) 기동전류(Locked-Rotor Amps(L.R.A) or Inrush Current)

전동기 기동시에 전동기에 필요한 전류 또는 정격전압이 가해지고 있지만 회전자는 회전하고 있지 않는(locked) 순간에 전동기에 흐르는 전류.

6) 기동 계급(KVA CODE)

마력 당 기동전류를 나타내는 알파벳 코드로 A에서 먼 알파벳일수록 마력 당 기동전류가 크다. 즉 “kVA CODE K”인 전동기보다 ”KVA CODE L”의 전동기 기동전류 값이 크다.

7) 제조 형식

제조 형식은 업계 표준이 없기 때문에 전동기 생산업체에 따라 표기 방법이 다양하다.

8) 역률(Power Factor (P.F))

역률은 전압과 전류의 위상차를 나타내는 계수라고 말할 수 있으며, 전압과 전류사이의 위상차를 θ라 하고, 실제로 일을 하는 유효전력(active power)을 W라고 하면 역률 P.F는 아래의 식으로 표시된다.

표 2.5 kVA CODE

CODE LETTER	kVA/HP	kVA/kW	CODE LETTER	kVA/HP	kVA/kW
A	0.00 – 3.14	0.0 – 4.2	L	9.0 – 9.99	12.1 – 13.4
B	3.15 – 3.54	4.2 – 4.8	M	10.0 – 11.19	13.4 – 15.0
C	3.55 – 3.99	4.8 – 5.4	N	11.2 – 12.49	15.0 – 16.8
D	4.0 – 4.49	5.4 – 6.0	P	12.5 – 13.99	16.8 – 18.8
E	5.0 – 5.59	6.7 – 7.5	S	16.0 – 17.99	21.5 – 24.1
F	5.6 – 6.29	7.5 – 8.4	T	18.0 – 19.99	24.1 – 26.8
G	6.3 – 7.09	8.4 – 9.5	U	20.0 –22.39	26.8 – 30.0
H	7.1 – 7.99	9.5 – 10.7	V	22.4 이상	30.0 이상
I	8.0 – 8.99	10.7 – 12.1			

$$PF = \frac{\text{유효전력}}{\text{피상전력}} = \frac{W}{VA}$$

피상전력 (apparent power) = VA

유효전력(W) = VAcosθ

무효전력(reactive power) = VAsinθ

역률은 1(100%)에 가까울수록 좋으며, 일반적으로 전동기 용량이 클수록 역률이 커진다. 또 전동기의 역률은 전동기의 부하에 따라서 변하기 때문에 전동기 명판에는 전부하 시의 역률을 표시하며, 역률을 개선하기 위하여 진상용 콘덴서를 사용하는 경우도 많이 있다.

9) 출력(kW, HP)

출력은 전동기의 기계적인 정격출력을 표시하는 하나의 척도로, 정격출력은 정격전압과 정격주파수 조건 아래서 연속적으로 발생되는 출력으로, 전동기가 단위 시간당 수행할 수 있는 일의 양을 나타낸다. 전동기의 출력은 (회전수)×(토크) 값으로 결정되며, 단위는 kW나 HP로 표기한다.

10) 정격회전수(RPM at rated load (RPM))

정격회전수는 전동기에 정격부하를 걸고 정격출력을 낼 때의 회전수를 말하며 전부하 속도(full-load speed)라고도 하며, 명판에는 주로 RPM으로 표시한다. RPM은 분당 회전수를 나타낸다.

속도와 관련된 용어에는 동기속도(synchronous speed)와 슬립(slip)이 있다.

동기속도는 전동기의 권선방법과 주파수에 의해서 생성되는 회전자기장의 속도와 같은 속도를 말하며, 아래 수식에 의해서 결정된다. 전동기에 부하를 걸지 않고 회전시킬 때의 속도(무부하 속도)는 동기속도보다 20~60[rpm]정도 낮으며, 유도전동기의 속도는 항상 동기속도보다 작고 부하가 증가할수록 속도가 떨어진다.

$$N_S = \frac{120f}{P}$$

N_S : 동기속도[rpm], f : 주파수(Hz), P : 전동기의 극수

슬립은 속도를 표시하는 다른 방법으로 아래 수식으로 표현한다.

$$S = \frac{Ns - N}{Ns}$$

S : Slip, N_S :동기속도[rpm], N : 회전자의 속도[rpm]

11) Design

토크, 기동전류 및 슬립과 관련지어 전동기의 표준성능특성을 나타내기 위해 NEMA(National Electrical Manufacturers Association)에 의해서 지정된 문자로 A, B, C, D의 4가지 범주가 있으며, 대부분의 전동기는 Design B 이다. Design에 관해서는 NEMA MG1-1.16에 규정되어 있다. 전동기 명판에는 보통 "Des", "NEMA Design" 이나 "Design"으로 표시한다.

Design B 전동기를 사용하던 곳에 Design A 전동기를 사용하게 되면, 토크 특성은 A와 B가 비슷하기 때문에 별문제가 없으나 전류특성에서 A의 기동전류가 크기 때문에 회전자 용량의 문제를 일으킬 수 있다.

12) 효율(Efficiency)

효율은 일반적으로 출력에 대한 입력의 비율로서 %로 표시되며, 전동기의 효율도 마찬가지이다. 입력에서 손실을 뺀 나머지가 출력이므로 (입력) - (손실) = (출력)의 관계가 있으며, 효율(%)을 구하는 식은 아래와 같다.

$$\text{효율} = \frac{\text{출력}}{\text{입력}} \times 100\% = \frac{\text{입력} - \text{손실}}{\text{입력}} \times 100\%$$

13) 과부하율 (Service Factor(S.F.))

Service factor는 정격전압과 정격주파수 및 허용온도(Max. ambient temperature) 아래서 허용할 수 있는 과부하 용량(overload capacity)을 얻기 위해서 정격출력에 곱하는 계수를 말하며 SF가 1 이상이면 전동기 명판에 표시하도록 NEMA에 규정되어 있다. SF값 1.15나 1.25의 전동기는 흔히 있으며, 1.4나 이보다 더 큰 값의 전동기도 있다. 전동기를 허용 과부하용량으로 운전할 때의 기대운전전류(expected running amps)를 전동기 명판에 "SF MAX AMPS" 또는 "MAX A"라고 표시하는 경우도 있다.

14) Duty(Rating)

전동기가 과열되지 않고 안전하게 명판상에 기재된 정격출력을 낼 수 있는 시간을 말한다. 명판상에는 DUTY, RATING, TIME RATING, DUTY CYCLE 등으로 표시한다.

15) 절연계급(Insulation Class(INSULCLASS, INS))

절연계급은 전동기가 주어진 운전온도에서 수명 20,000시간을 달성할 수 있도록 권선의 절연이 얼마나 잘 되어있으며 절연이 얼마나 오래 견딜 수 있는지를 표시하는 지정 문자를 의미하며 각 계급에서의 최대운전온도는 표 2.6과 같다(KS 기준).

표 2.6 절연계급

절연의 종류	허용최고 온도[℃]	온도상승 한도[℃]	비고
Y	90	50	
A	105	65	
E	120	80	
B	130	90	
F	155	110	
H	180	135	
C	180초과		

주의 : 허용최고 온도는 정격상태에서 절연 종별의 온도상승한도 + 기준주위온도(40[℃])로 제한된다.

16) Maximum Ambient Temperature(MAX AMB, AMB)

전동기가 설치되어 있는 주위 공간의 온도를 말한다. 통상적인 전동기 max. ambient temperature는 40[℃]이다.

17) 고도(Altitude)

전동기 명판에 기록된 성능을 내면서 온도상승 또한 명판에 기록된 한도내에 있을 수 있는 최대 고도를 나타낸다. 고도가 높아지면 공기의 밀도가 감소하여 냉각성능이 저하하기 때문에 고지대에서는 중요한 성능요인이 된다.

18) Enclosure(ENCL)

통상적으로 Enclosure는 외피를 의미하며, NEMA에서의 Enclosure는 전동기를 주위 환경으로부터 보호하는 정도와 전동기를 냉각시키는 방법에 의해서 전동기의 외피를 분류할 때 사용하는 용어이다. Enclosure type으로는 ODP, TENV, TEFC, TEAO와 EXP들이 있다. 전동기 명판에는 통상 "ENCL"로 표시한다.

* ODP : Open drip proof의 약자. 방적형(防滴形).

* TENV : Totally Enclosed Non-Ventilated의 약자. 전폐자냉형(全閉自冷形).

* TEFC : Totally Enclosed Fan Cooled의 약자. 전폐외선형(全閉外扇).
* TEAO : Totally Enclosed Air Over의 약자.
* EXP : Explosion Proof를 의미. 방폭형(防爆形).

19) 결선도(Connection Diagram)

결선도는 KS와 IEC에서는 의무사항이나, NEMA에서는 언급이 없다. 그러나 대부분의 농형 유도 전동기 명판에는 Connection Diagram이 표시되어 있다.

6. 전동기 분해 조립

전동기에 문제가 발생한 경우, 원인분석 과정을 통해서 권선의 소손 또는 단락임이 판명되면 전동기를 분해하여 다시 권선을 해주어야 한다. 이 경우 나중에 조립할 때를 생각하여 센터 펀치로 엔드 플레이트와 프레임상에는 (.)을, 또 다른 한 쪽 엔드 플레이트와 프레임 상에는 (..)을 표시하면 된다. 그것이 끝나면 해체하고 수리를 시작한다.

7. 유도전동기의 점검 및 고장과 대책

(1) 유도전동기의 점검과 보수

유도전동기는 그 사용 방법과 보수 방법을 잘못하면 고장이 생기고 이로 인하여 전기재해 등 심한 손해가 생긴다. 유도전동기의 운전 취급에는 다음과 같은 점을 주의하여 점검해야 한다.

1) 기동 전의 일반 점검

① 전압 ② 퓨즈는 적당한가 ③ 전원과의 접속 및 접지선의 이상 유무 ④ Y-△ 기동기 및 기동 저항기의 경우 핸들이 시동 위치에 있는가 ⑤ 부하와의 연결 양호 ⑥ 개폐기류나 배선의 이상

2) 운전 중의 점검

① 전류계 지시 ② 전동기의 각 부의 온도 ③ 베어링의 급유상태 ④ 진동 및 소음 여부

3) 일상 점검

① 외관 점검 ② 온도 상승 ③ 진동 ④ 이상 음향 ⑤ 윤활유 상태 ⑥ 슬립링, 브러시의 마모

4) 정기 점검

정기검사는 유도전동기를 분해하여 실시하고 다음과 같이 조사한다.

① 고정자의 점검 ② 고정자 권선의 절연 검사 ③ 회전자

(2) 유도전동기의 고장 원인과 대책

현 상	원인 또는 진단	대 책
① 기동 토크의 부족 ㉮ 무부하시에는 기동하나 부하시에는 기동하지 않거나 잡음이 많음	• 단자 전압의 저하 • 1, 2차 권선 중 1상의 극성이 반대 • 1, 2차 권선의 상간 단락 또는 같은 상에서 단락 • 부하 또는 마찰손의 과대 • 기동 보상기 탭 전압 과소	• 전압 일정 공급 • 전동기 교체 • 전동기 교체 • 부하 또는 벨트 조정 및 활동부 급유 • 기동 보상기 탭 조정
② 기동 상태 불량 ㉮ 전압 강하 과대 • 자속 감소 • 여자 전류 감소 • 동손 증가 • 토크, 출력 감소	• 단자 전압 측정	• 배전 선로 개량 • 기동기 설치 • 기동 전류가 작은 전동기를 선택
㉯ 공급 전압의 불평형	• 각 상전압 또는 선간전압의 측정	• 전력 회사에 연락 • 자체 부하의 평형 확인
㉰ 권선의 단선	• 개폐기의 퓨즈 점검 • 1, 2차 권선의 통전 시험 • 리이드의 접속 상태 점검 • 브러시의 접촉 점검	• 퓨즈 교체 • 전동기 권선 수리 • 리이드 및 브러시 스프링 보수
㉱ 기동 장치 고장	• 기동기의 접촉 불량 또는 잘못 접촉	• 접촉 개소 보수
③ 슬립이 너무 클 때 ㉮ 회전 속도가 올라가지 않는다.	• 주파수 저하 • 슬립 링과 브러시, 단락 장치, 기동기 등의 접촉 불량	• 접촉점의 보수
㉯ 크로올링이 생긴다.	• 고주파에 의한 영향	• 부하 조정 • 전동기 교체
④ 온도가 너무 상승할 때 ㉮ 전체적 과열 ㉯ 국부적 과열	• 전압이 높거나, 낮을 때 • 코일의 층간 단락	• 전압 측정 • 코일 교체
⑤ 축받이의 고장 ㉮ 축받이 과열	• 급유 불량, 윤활유 열화 • 전동기 축과 작업 기계 • 축의 연결 상태 불량	• 기름 통로 청소, 윤활유 교체, 윤활유 충전 • 축 연결 조정
⑥ 역률, 효율 감소할 때	• 주파수가 저하 영향	• 전력 회사 연락

실 습 10

24슬롯 단상 4극 셰이딩 코일형 유도전동기 고정자 권선(집중권)

목 표

1) 단상 셰이딩 코일형 유도전동기의 절연지를 올바르게 삽입 할 수 있다.
2) 단상 셰이딩 코일형 유도전동기의 권선과 운전을 올바르게 할 수 있다.

실습 재료

재료명	규격	수량	재료명	규격	수량
고정자철심	24슬롯	1	절연튜브	Φ1mm, Φ3mm, Φ4mm	0.5M
Coil	Φ0.35mm	1Kg	호밍사	면실 Φ2mm	2M
화이바지	0.8t×200×250mm	1장	실납	Φ1.0mm SN(60%)	0.3M
절연지	0.25t×200×1000mm	1장	리드선	1.25㎟, 적, 흑색	2M
절연지	0.12t×200×1000mm	1장			

작업순서

실습 3 작업 순서 참조.

실 습

1. 권선 배치

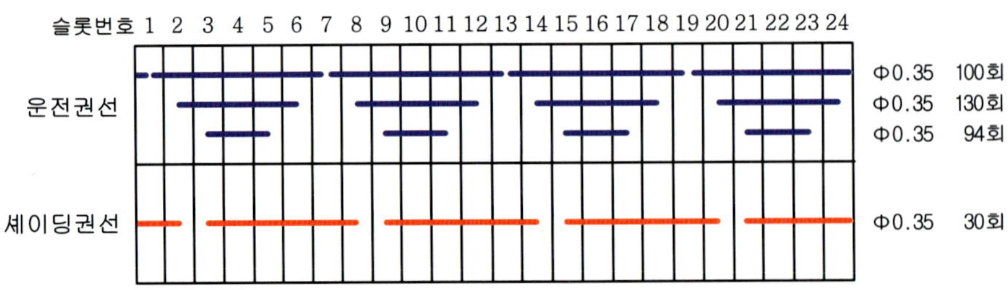

그림 10-1 권선 배치도

2. 권선 결선

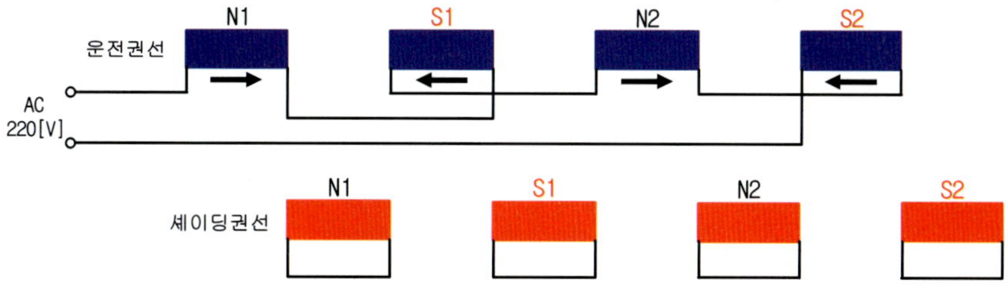

그림 10-2 권선 결선도(집중권)

3. 권선 삽입 방법

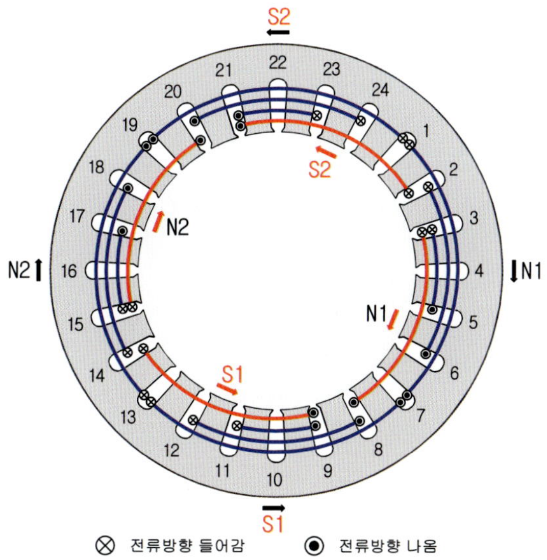

그림 10-3 고정자 철심 권선 배치도

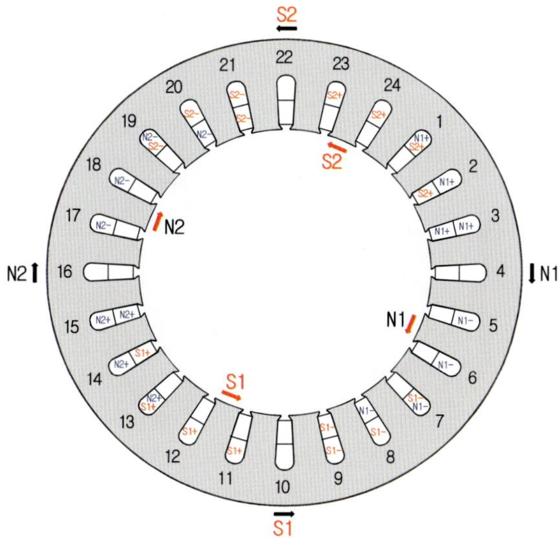

그림 10-4 각 슬롯에 대한 권선체 권선도

각 슬롯에 대한 권선 군(群)은 권선체 권선도를 참고하여 그림 10-5~6과 같이 입 · 출력 단자 및 슬롯번호를 라벨지에 적어서 부착한다.

운전권선 작업시 권선 군마다 끊지 말고, N1→S1→N2→S2 순으로 연속해서 권선작업을 한다. 셰이딩 권선은 권선 군 마다 끊어서 권선작업을 한다.

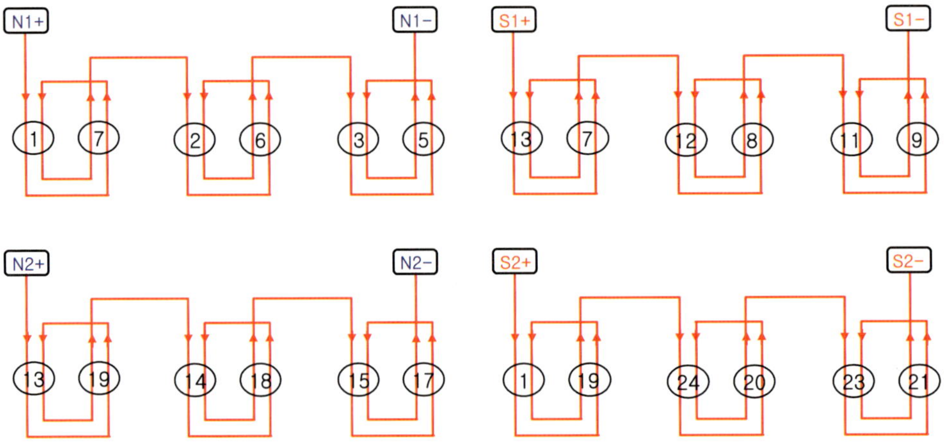

(a) 운전 권선체 권선도

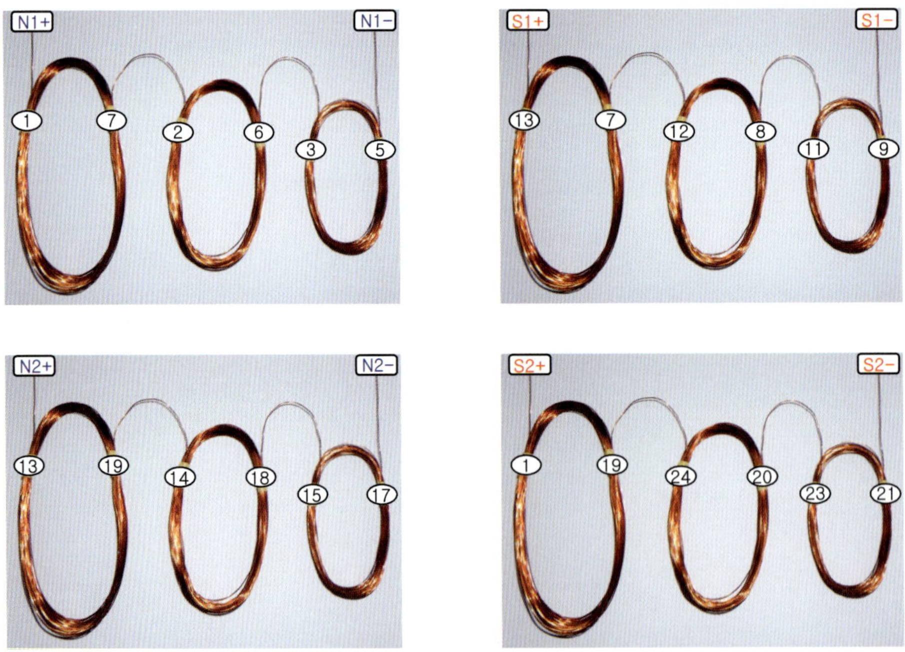

(b) 운전 권선체 라벨 부착 예

그림 10-5 운전 권선체 권선도 및 라벨 부착 예

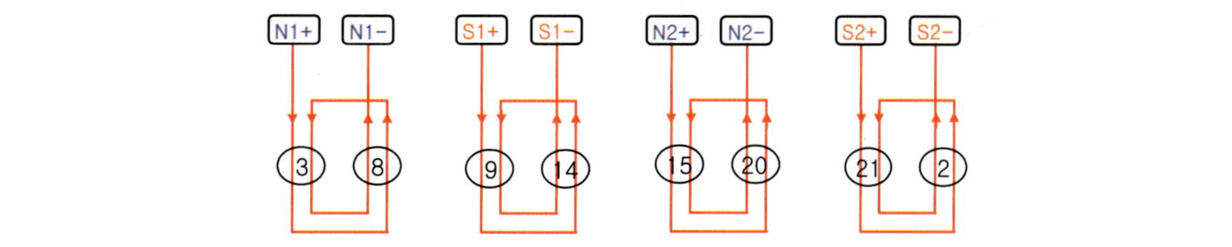

(a) 셰이딩 권선체 권선도

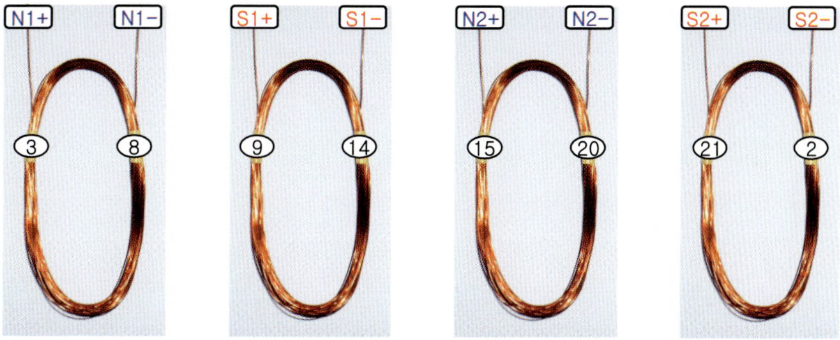

(b) 셰이딩 권선체 라벨 부착 예

그림 10-6 **셰이딩 권선체 권선도 및 라벨 부착 예**

4. 주의 사항

실습 3 주의 사항 참조.

5. 동작시험

① 회로시험기 및 직류 전원공급기에 의한 코일의 단선 및 접속 불량이 있는지 점검한다.
코일의 단선 및 접촉 불량 검사방법은 그림 10-7과 같이 실시한다.

(a) 회로시험기에 의한 방법

(b) 전원공급기에 의한 방법

그림 10-7 **코일의 단선 및 접촉 불량 검사방법**

② 각 자극의 극성을 점검한다.
자극의 극성검사는 그림 10-8과 같이 실시한다.

그림 10-8 자극의 극성시험 검사방법

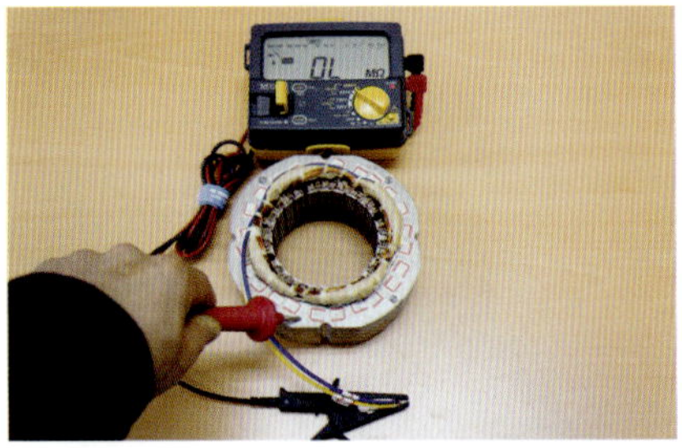

그림 10-9 운전권선 절연저항 측정방법

③ 절연저항계로 절연상태를 점검한다.

④ 위의 측정 방법이 이상이 없는 경우 전기기계 실험장치에 설치한다.

⑤ 전기기계 테스트용 지그를 분해한다.

⑥ 회전자를 고정자 철심의 중앙에 삽입하여 테스트용 지그에 조립한다.

⑦ 고정자 철심이 움직이지 않도록 고정시킨다.

⑧ 회전자가 잘 회전하는지 확인한다.

⑨ 전원을 연결하여 고정자 사이에 들어 있는 회전자의 동작이 잘 되는지 점검 확인한다.

⑩ 전원을 ON하고 전압공급기의 전원을 서서히 증가시키면서 회전자가 회전하는지 확인한다.

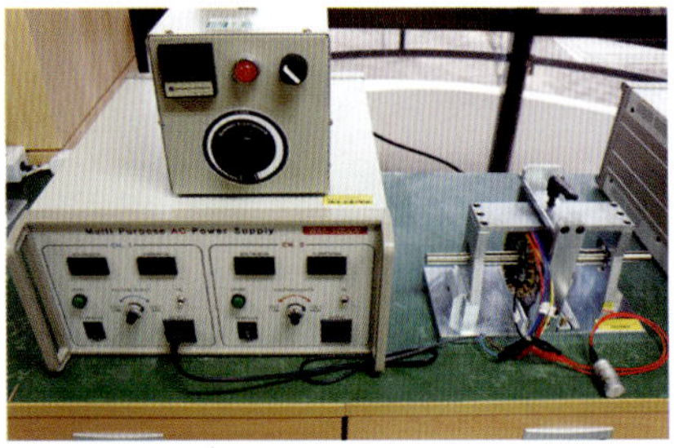

그림 10-10 전기기계 실험장치 설치방법 및 실험

⑪ 운전 도중에 과열과 소손되는 곳이 있는지 확인한다.

⑫ 유도전동기가 이상 없이 동작하면 담당교수 확인하에 평가를 받도록 한다.

6. 실습 완성 사진

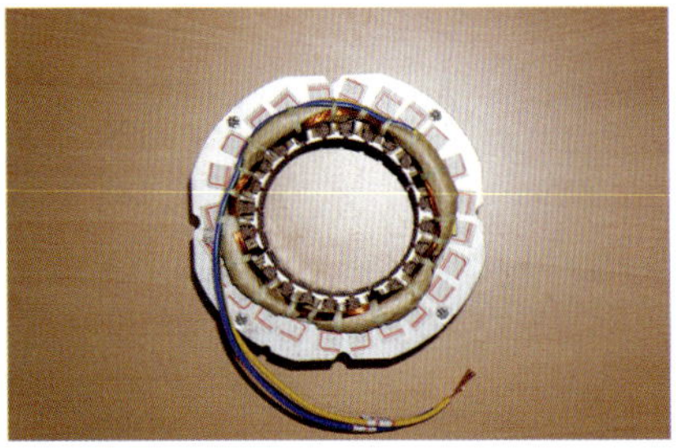

실습 11

24슬롯 단상 4극 셰이딩 코일형 유도전동기 고정자 권선(분포권)

목 표

1) 단상 셰이딩 코일형 유도전동기의 절연지를 올바르게 삽입할 수 있다.
2) 단상 셰이딩 코일형 유도전동기의 권선과 운전을 올바르게 할 수 있다.

실습 재료

재료명	규격	수량	재료명	규격	수량
고정자철심	24슬롯	1	절연튜브	Φ1mm, Φ3mm, Φ4mm	0.5M
Coil	Φ0.35mm	1Kg	호밍사	면실 Φ2mm	2M
화이바지	0.8t×200×250mm	1장	실납	Φ1.0mm SN(60%)	0.3M
절연지	0.25t×200×1000mm	1장	리드선	1.25㎟, 적, 흑색	2M
절연지	0.12t×200×1000mm	1장			

작업순서

실습 3 작업 순서 참조.

실 습

1. 권선 배치

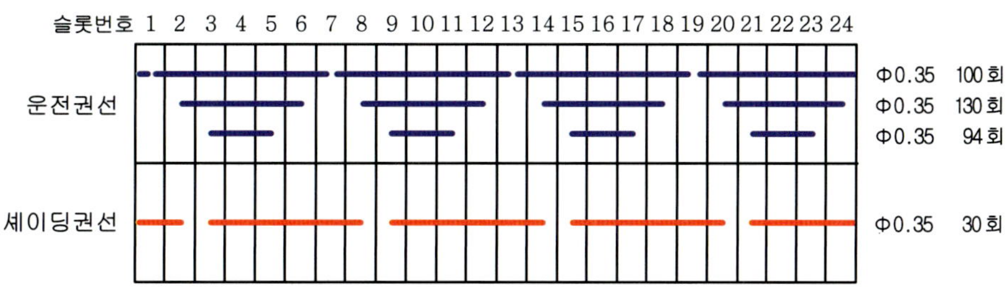

그림 11-1 권선 배치도

단상 유도전동기

2. 권선 결선

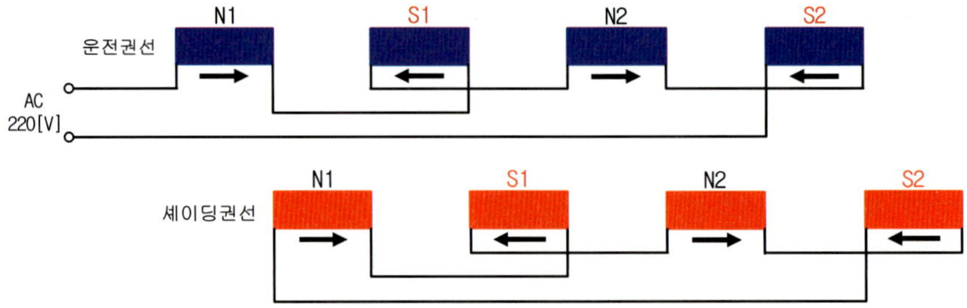

그림 11-2 권선 결선도(분포권)

3. 권선 삽입 방법

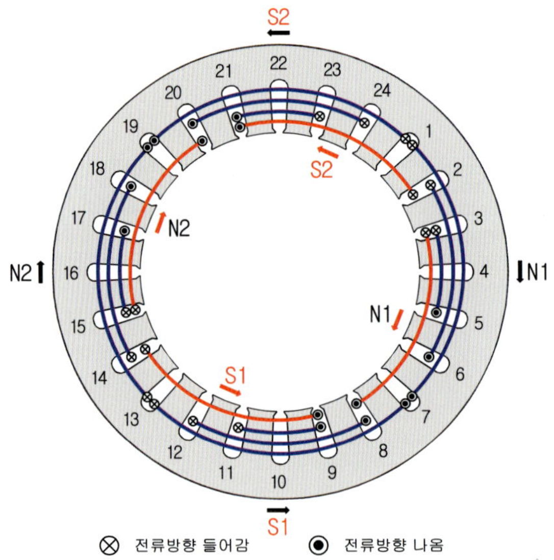

그림 11-3 고정자 철심 권선 배치도

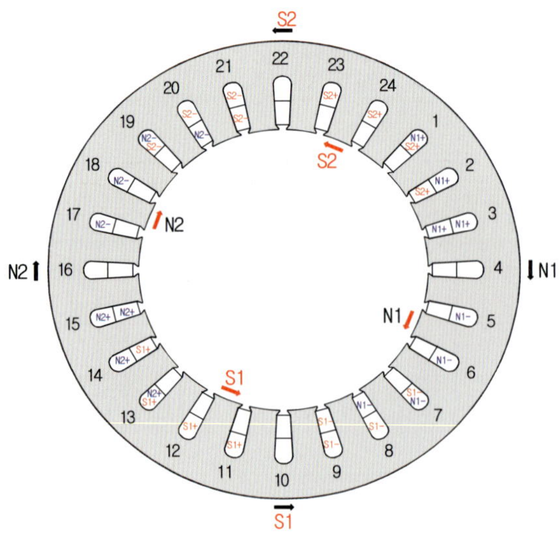

그림 11-4 각 슬롯에 대한 권선체 권선도

각 슬롯에 대한 권선 군(群)은 권선체 권선도를 참고하여 그림 11-5~6과 같이 입 · 출력 단자 및 슬롯 번호를 라벨지에 적어서 부착한다.

운전권선 작업시 권선 군마다 끊지 말고, N1→S1→N2→S2 순으로 연속해서 권선작업을 한다. 또한, 셰이딩권선도 권선 군마다 끊지 말고, N1→S1→N2→S2 순으로 연속해서 권선작업을 한다.

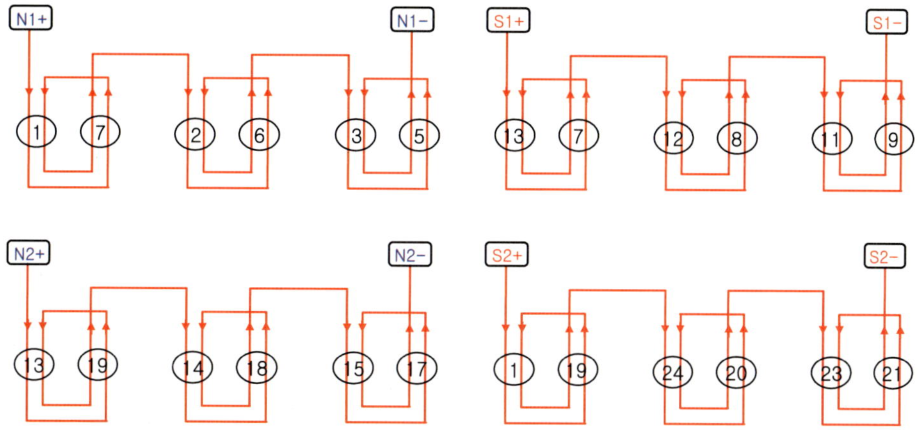

(a) 운전 권선체 권선도

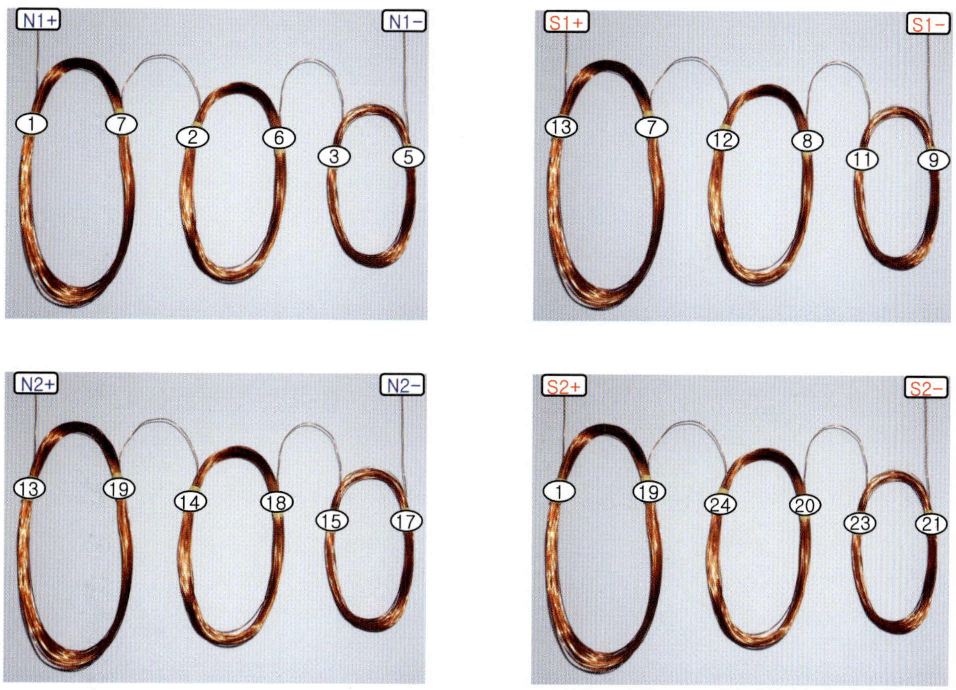

(b) 운전 권선체 라벨 부착 예

그림 11-5 운전 권선체 권선도 및 라벨 부착 예

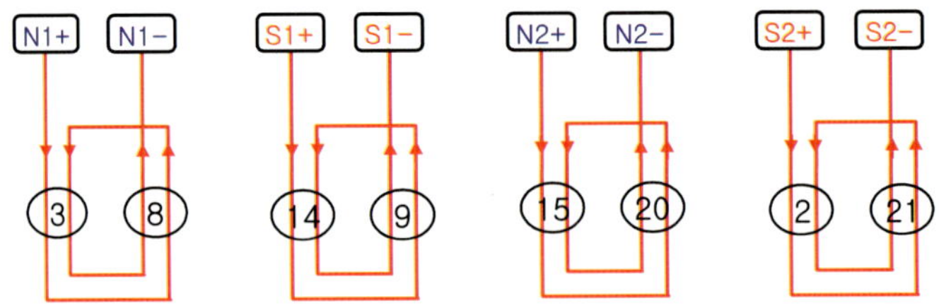

(a) 셰이딩 권선체 권선도

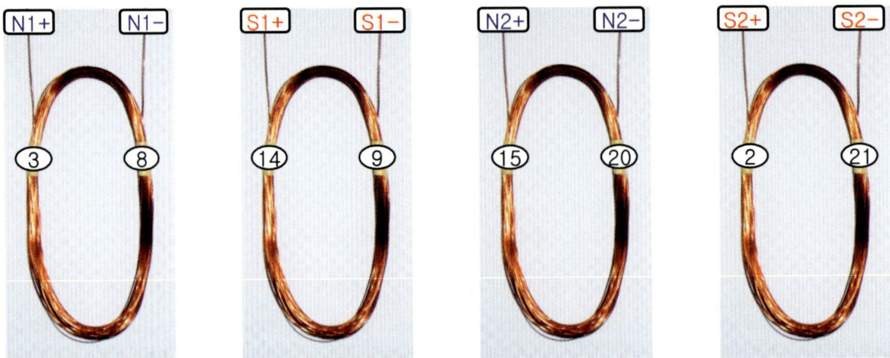

(b) 셰이딩 권선체 라벨 부착 예

그림 11-6 셰이딩 권선체 권선도 및 라벨 부착 예

4. 주의 사항

실습 3 주의 사항 참조.

5. 동작시험

① 회로시험기 및 직류 전원공급기에 의한 코일의 단선 및 접속 불량이 있는지 점검한다.

(a) 회로시험기에 의한 방법

(b) 전원공급기에 의한 방법

그림 11-7 코일의 단선 및 접촉 불량 검사방법

② 각 자극의 극성을 점검한다.

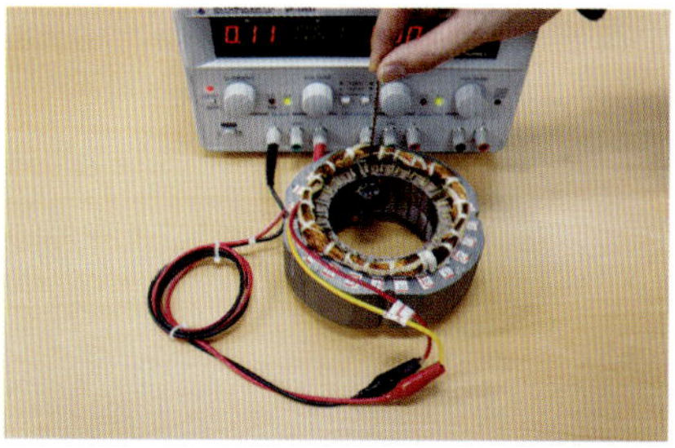

그림 11-8 자극의 극성시험 검사방법

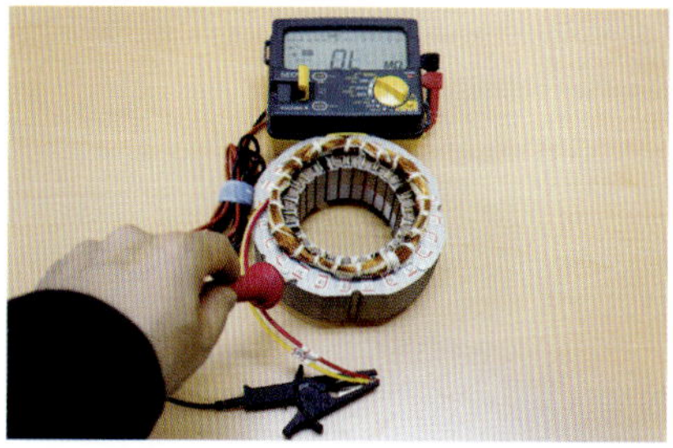

그림 11-9 운전권선 절연저항 측정방법

③ 절연저항계로 절연상태를 점검한다.

④ 위의 측정 방법이 이상이 없는 경우 전기기계 실험장치에 설치한다.

⑤ 전기기계 테스트용 지그를 분해한다.

⑥ 회전자를 고정자 철심의 중앙에 삽입하여 테스트용 지그에 조립한다.

⑦ 고정자 철심이 움직이지 않도록 고정시킨다.

⑧ 콘덴서를 연결하고 회전자가 잘 회전하는지 확인한다.

⑨ 전원을 연결하여 고정자 사이에 들어 있는 회전자의 동작이 잘 되는지 점검 확인한다.

⑩ 전원을 ON하고 전압공급기의 전원을 서서히 증가시키면서 회전자가 회전하는지 확인한다.

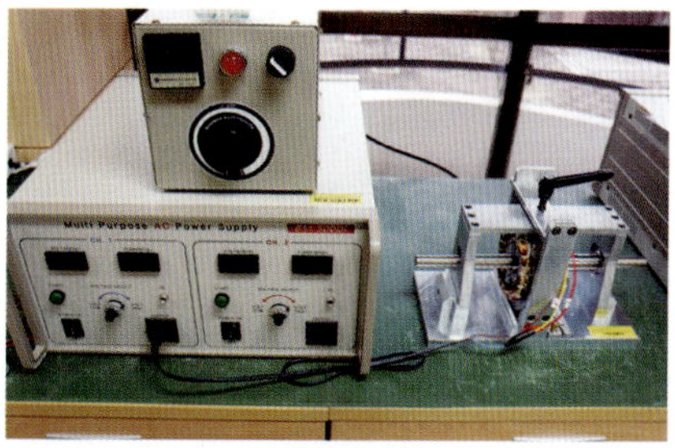

그림 11-10 전기기계 실험장치 설치방법 및 실험

⑪ 운전 도중에 과열과 소손되는 곳이 있는지 확인한다.

⑫ 유도전동기가 이상 없이 동작하면 담당교수 확인하에 평가를 받도록 한다.

6. 실습 완성 사진

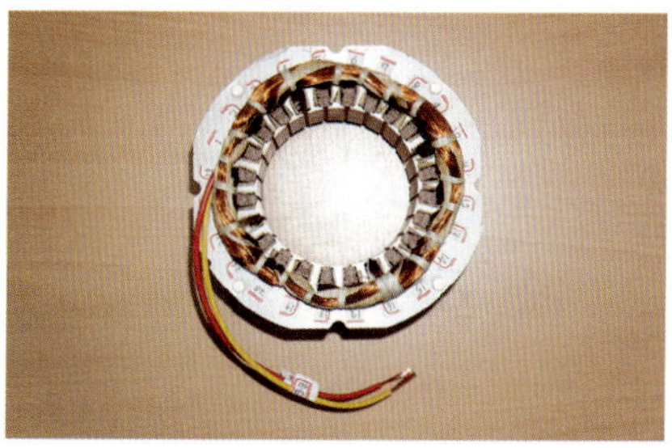

실 습 12

24슬롯 단상 2극 셰이딩 코일형 유도전동기 고정자 권선

목 표

1) 단상 2극 셰이딩 코일형 유도전동기의 권선 배치도 및 결선도를 해석할 수 있다.
2) 권선 배치도 및 결선도에 따라 전동기를 제작할 수 있다.

실습 재료

재료명	규격	수량	재료명	규격	수량
고정자철심	24슬롯	1	절연튜브	Φ1mm, Φ3mm, Φ4mm	0.5M
Coil	Φ0.35mm	1.5Kg	호밍사	면실 Φ2mm	2M
화이바지	0.8t×200×250mm	1장	실납	Φ1.0mm SN(60%)	0.3M
절연지	0.25t×200×1000mm	1장	리드선	1.25㎟, 적, 흑색	2M
절연지	0.12t×200×1000mm	1장			

작업순서

실습 3 작업 순서 참조.

실 습

1. 권선 배치

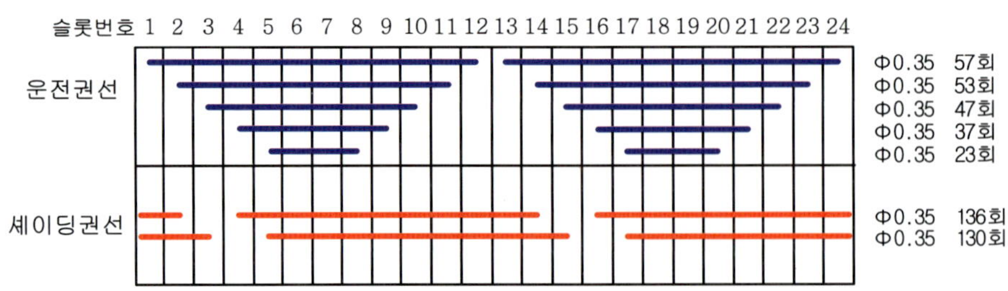

그림 12-1 권선 배치도

2. 권선 결선

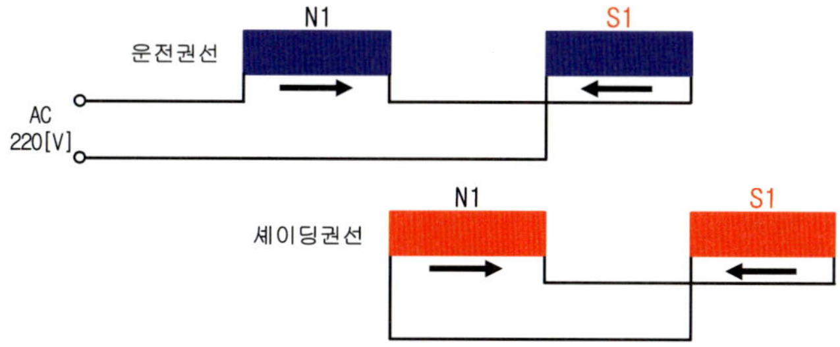

그림 12-2 권선 결선도

3. 권선 삽입 방법

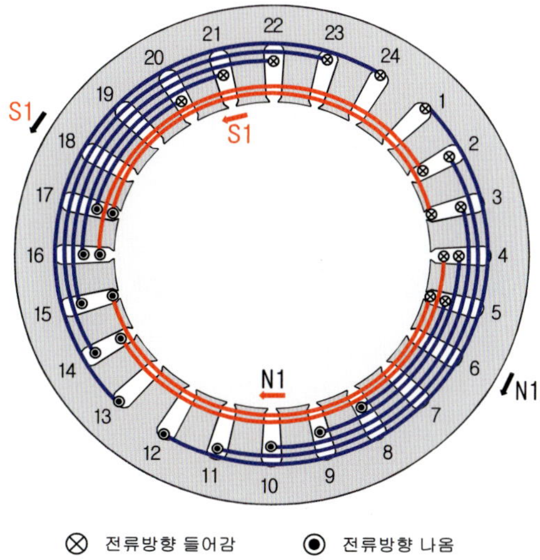

그림 12-3 고정자 철심 권선일 배치도

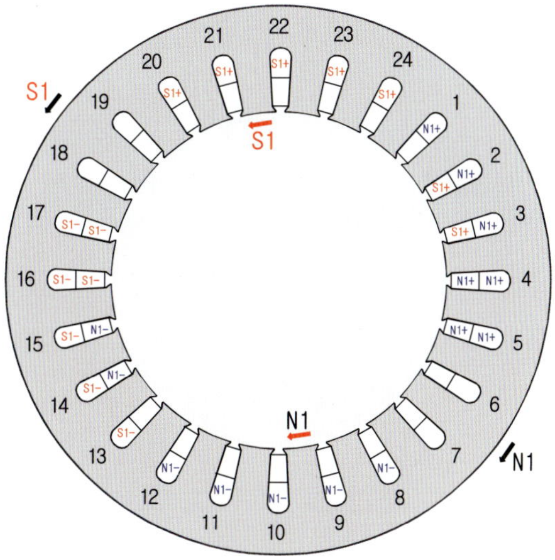

그림 12-4 각 슬롯에 대한 권선체 권선도

각 슬롯에 대한 권선 군(群)은 권선체 권선도를 참고하여 그림 12-5~6과 같이 입 · 출력 단자 및 슬롯번호를 라벨지에 적어서 부착한다.

운전권선 작업시 권선 군마다 끊지 말고, N1→S1 순으로 연속해서 권선 작업을 한다. 또한, 셰이딩권선도 권선 군 마다 끊지 말고, N1→S1 순으로 연속해서 권선 작업을 한다.

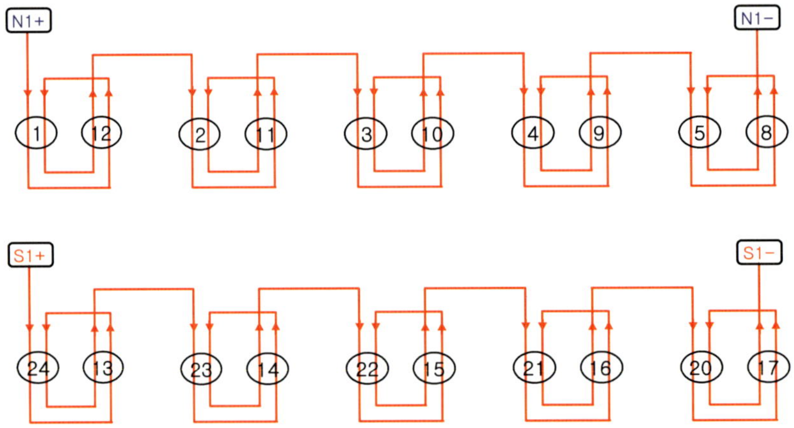

(a) 운전 권선체 권선도

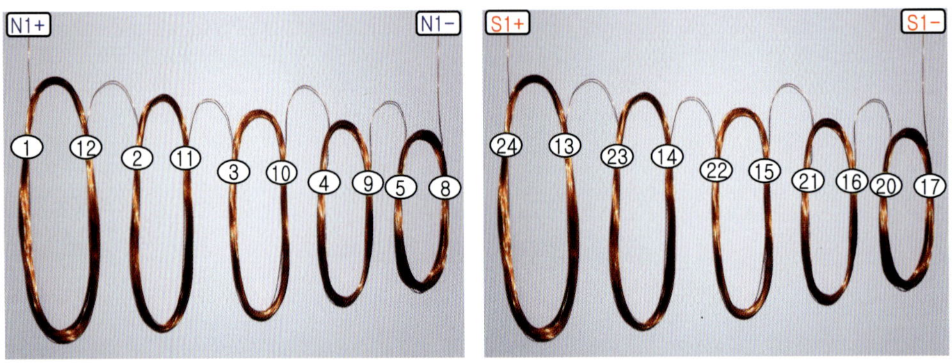

(b) 운전 권선체 라벨 부착 예

그림 12-5 운전 권선체 권선도 및 라벨 부착 예

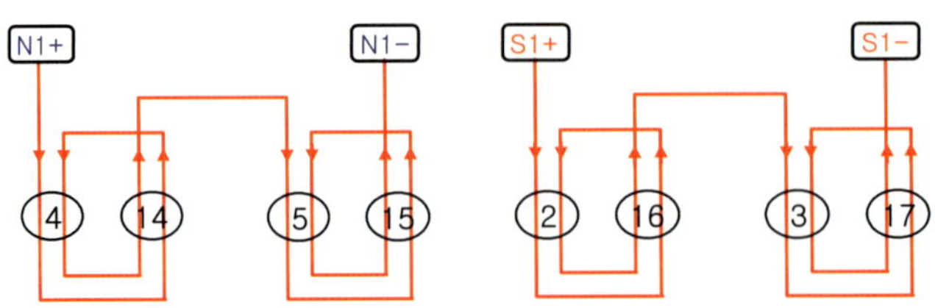

(a) 셰이딩 권선체 권선도

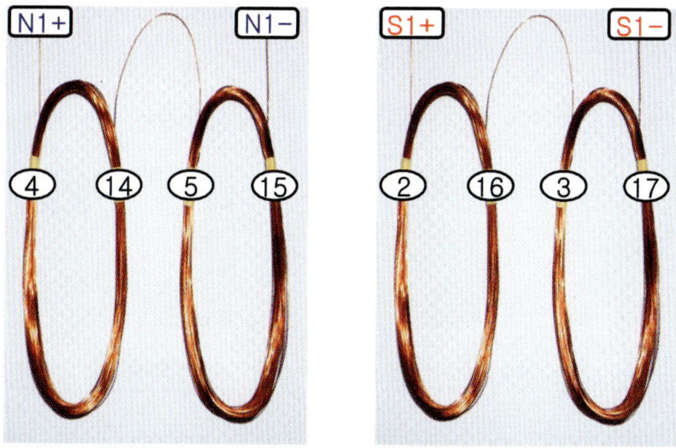

(b) 셰이딩 권선체 라벨 부착 예

그림 12-6 **셰이딩 권선체 권선도 및 라벨 부착 예**

4. 주의 사항

실습 3 주의 사항 참조.

5. 동작시험

① 회로시험기 및 직류 전원공급기에 의한 코일의 단선 및 접속 불량이 있는지 점검한다.
코일의 단선 및 접촉 불량 검사방법은 그림 12-7과 같이 실시한다.

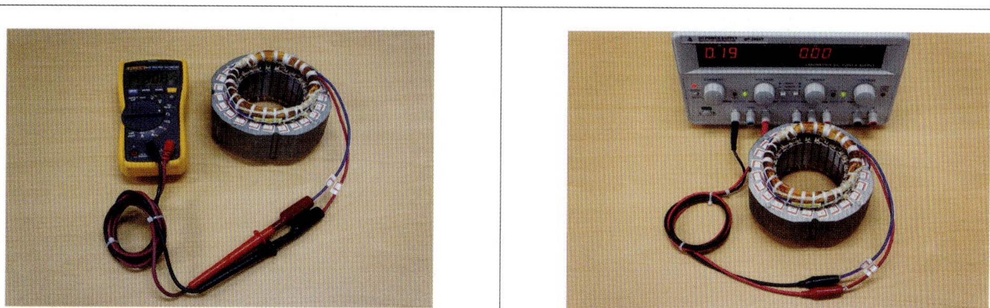

(a) 회로시험기에 의한 방법 | (b) 전원공급기에 의한 방법

그림 12-7 **코일의 단선 및 접촉 불량 검사방법**

② 각 자극의 극성을 점검한다.
자극의 극성검사는 그림 12-8과 같이 실시한다.

③ 절연저항계로 절연상태를 점검한다.
절연저항 측정은 그림 12-9와 같이 실시한다.

④ 위의 측정 방법이 이상이 없는 경우 전기기계 실험장치에 설치한다.

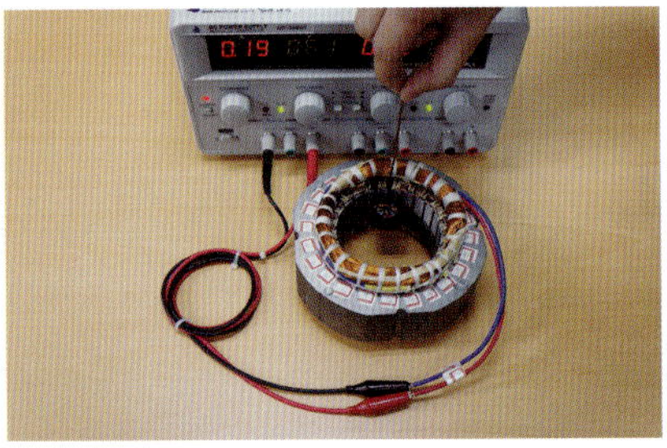

그림 12-8 자극의 극성시험 검사방법

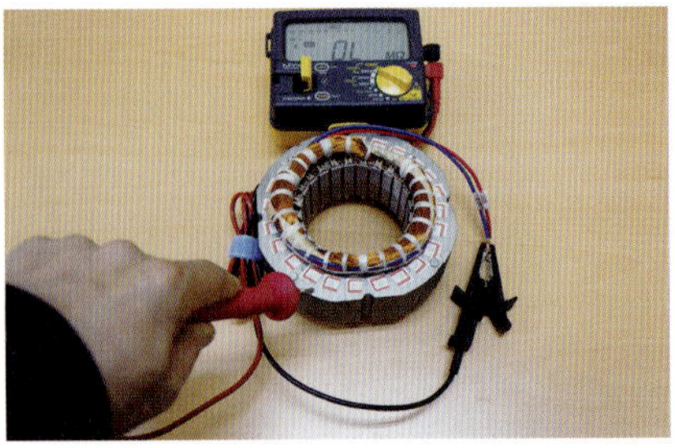

그림 12-9 운전권선 절연저항 측정방법

⑤ 전기기계 테스트용 지그를 분해한다.

⑥ 회전자를 고정자 철심의 중앙에 삽입하여 테스트용 지그에 조립한다.

⑦ 고정자 철심이 움직이지 않도록 고정시킨다.

⑧ 회전자가 잘 회전하는지 확인한다.

⑨ 전원을 연결하여 고정자 사이에 들어 있는 회전자의 동작이 잘 되는지 점검 확인한다.

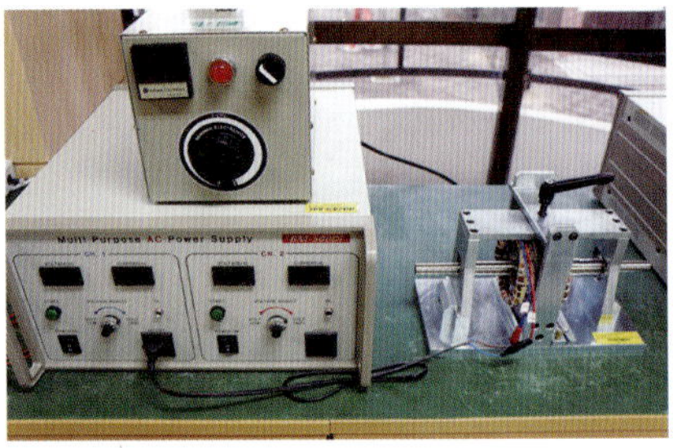

그림 12-10 전기기계 실험장치 설치방법 및 실험

⑩ 전원을 ON하고 전압공급기의 전원을 서서히 증가시키면서 회전자가 회전하는지 확인한다.

⑪ 운전 도중에 과열과 소손되는 곳이 있는지 확인한다.

⑫ 유도전동기가 이상 없이 동작하면 담당교수 확인하에 평가를 받도록 한다.

6. 실습 완성 사진

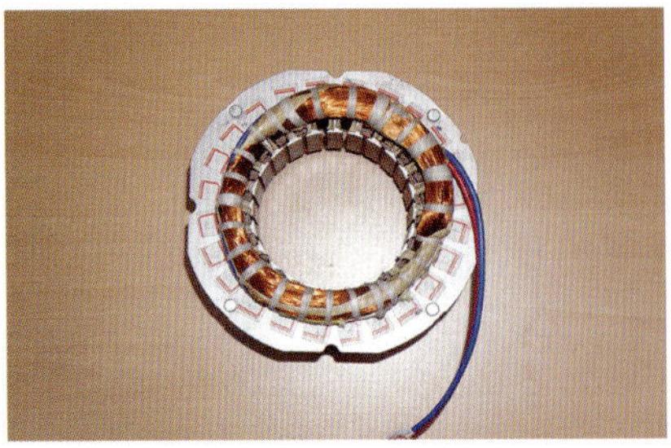

제 3 장 3상 유도전동기

1. 3상 유도전동기의 구조

(1) 고정자

그림 3-1은 고정자의 구조이며, 고정자 프레임과 철심으로 구성된다.

① 고정자 철심

소형은 둥근 모양으로 잘라 낸 규소강판을 성층하고, 대형은 부채꼴의 규소강판으로 조립한다.

② 고정자 프레임

전동기의 가장 바깥에 있는 부분으로 이것에 고정자 철심을 붙인다.

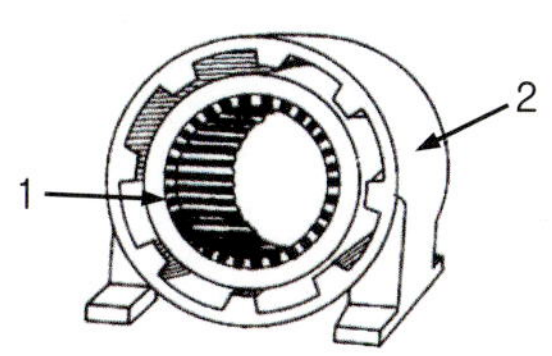

그림 3-1 3상 유도전동기의 고정자

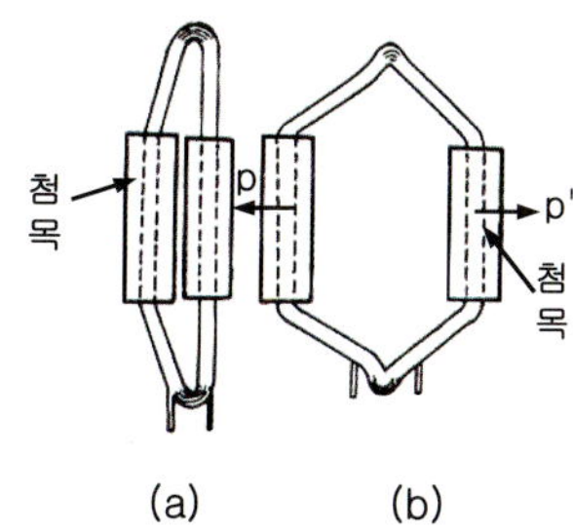

그림 3-2 고정자 권선

(2) 고정자 권선

저압 소형일 때에는 에나멜 코일을 그림 3-2와 같이 (a)모양으로 감은 후 (b)모양으로 만들어 홈 속에 집어 놓으며, 보통 1개의 홈에 2개의 코일변이 들어 있는 2층권으로 한다.

(3) 회전자

회전자는 축, 회전자 철심, 권선의 세 주요 부분으로 되어 있다.

① **회전자 철심**

소형은 고정자 철심과 같이 원형의 규소강판을 성층하여 만들고, 대형은 부채꼴의 철판을 스파이더 위에 포개어 만든다.

② **농형 회전자**

11[kw]이하의 소형 유도전동기로서 1개의 홈 속에 1개의 도체를 넣고 홈의 끝에서 굵은 단락환으

로 그림 3-3과 같이 접속한 것으로 간단하고 튼튼하나 기동토크가 작은 것이 단점이며, 슬롯 수를 적당히 선정하지 않으면 고정자와 회전자의 치(이)가 서로 마주보는 위치가 되어 기동이 곤란하므로 슬롯 1개의 간격만큼 비스듬히 만들어 기동을 용이하게 한다.

그림 3-4는 경사진 슬롯의 모양을 나타낸 것이다.

③ **권선형 회전자**

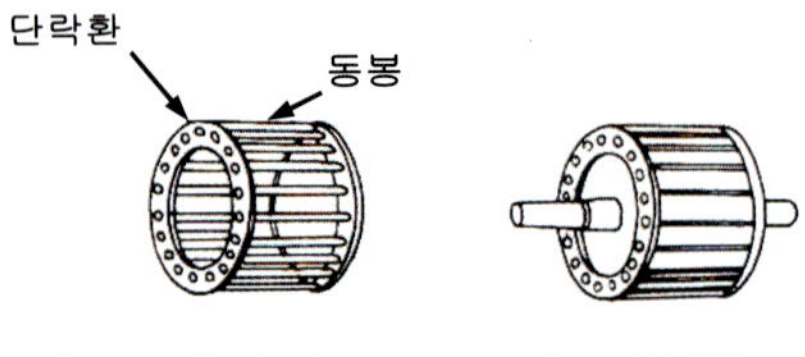

(a) 회전자 도체 (b) 회전자

그림 3-3 농형 회전자의 구조

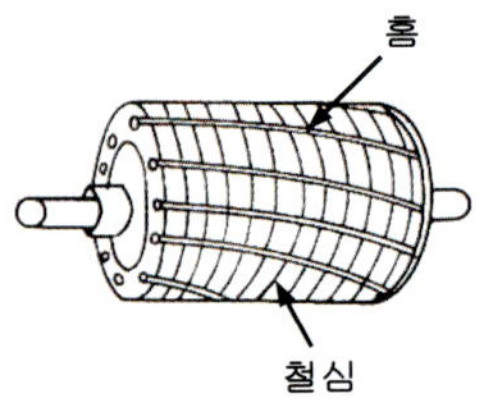

그림 3-4 경사진 슬롯

회전자에 Y결선의 코일을 감고, 그림 3-5와 같이 코일 3개의 단자에 슬립링을 접속하고 브러시를 통해서 외부의 기동용 또는 속도 제어용의 저항기에 접속한다. 효율은 농형에 비해 떨어지나 큰 부하를 연결한 상태로 기동이 가능하고, 속도조정이 자유로운 이점이 있으므로 대용량에 사용한다.

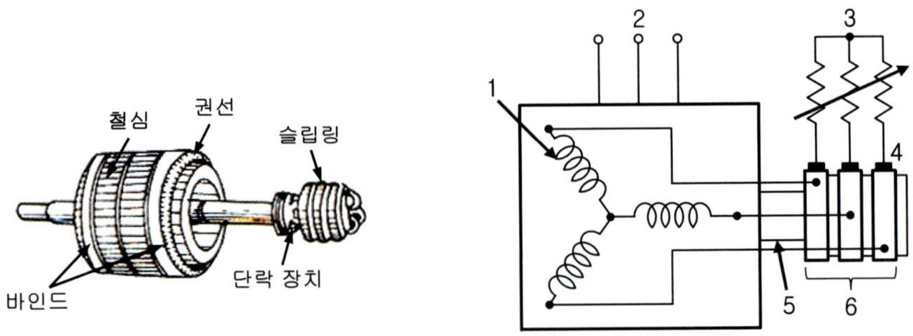

1. 2차 권선, 2. 1차 단자, 3. 기동 저항기, 4. 브러시, 5. 축 6. 슬립 링

(a) (b)

그림 3-5 회전자 권선과 슬립 링

④ **공극**

고정자와 회전자 사이의 간격이며, 철심에 비해 자기저항이 크므로 일반적으로 0.3~2.5[mm]정도 좁게 만들어 역률이 떨어지지 않게 한다.

2. 3상 유도전동기의 기동법

(1) 농형 유도전동기

① **전전압 기동**

3.7[kW]까지는 기동장치 없이 직접 정격전압을 걸어 기동한다.

② Y-Δ 기동

10~15[kW]이하의 전동기로써 그림 3-6과 같이 3상 쌍투 스위치를 사용하여 기동시에는 왼쪽으로 하여 Y로 기동하고, 운전시에는 오른쪽으로 하여 △로 운전한다. 이 방법은 1차 각 상에 정격전압의 $\frac{1}{\sqrt{3}}$이 가해지고 기동전류가 전전압 기동에 비해 $\frac{1}{3}$이 되므로 전부하 전류의 200~250[%]로 제한되고, 기동 토크도 $\frac{1}{3}$로 줄어든다.

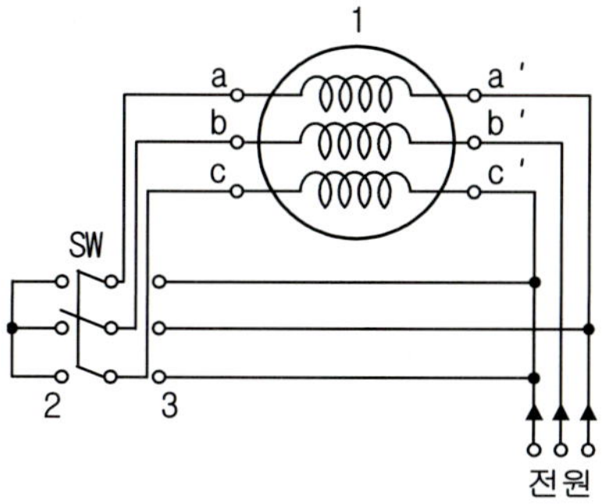

1. 고정자 2. 기동 쪽 3. 운전 쪽

그림 3-6 Y-Δ 기동 방법

③ 리액터 기동법

전동기의 1차측에 직렬로 철심이 든 리액터를 설치하고 그 리액턴스의 값을 조정하여 전동기에 인가되는 전압을 제어함으로서 기동전류 및 토크를 제어하는 방식으로 전동기에 걸리는 전압을 저하시켜 기동전류를 제한하는 감압 방식이다.

기동 후에는 단락시키는 방식으로 기동 보상기에 의한 기동에 비하여 기동조작이 간단하며, 리액터 기동기는 기동보상기와 함께 광범위하게 농형유도전동기의 기동에 사용되고 있다.

④ 기동 보상기법

15[kW]이상의 전동기를 기동시 사용하며 3상 단권변압기를 써서 기동전압을 떨어뜨려 공급함으로써 기동전류를 제한하도록 한다.

(2) 권선형 유도전동기

① 기동 저항기법

슬립링을 통하여 그림 3-7과 같이 외부에서 조정할 수 있는 저항기를 접속해 기동시 저항을 조정하여 기동전류를 억제하고, 속도가 커짐에 따라 저항을 원위치 시킨다.

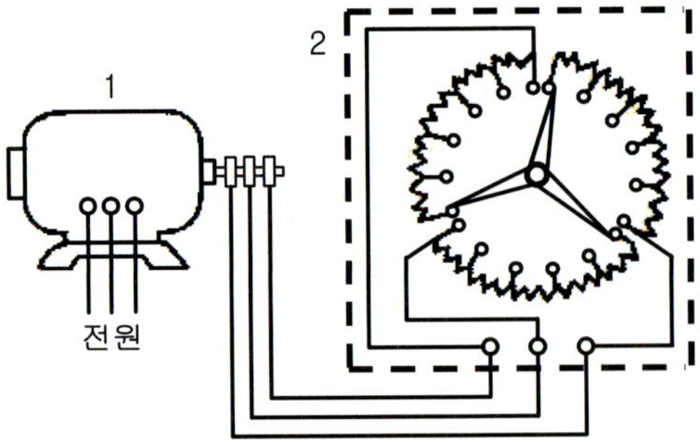

그림 3-7 권선형 전동기의 기동 방법

3. 회전 방향을 바꾸는 법

전원에 접속된 3개의 단자 중 어느 2개를 서로 바꾸어 접속하면 1차 권선에 흐르는 3상 교류의 상회전이 반대가 되므로 자장의 회전방향도 바뀌어 역회전한다.

4. 속도 제어법

(1) 2차 회로의 저항을 조정하는 방법

권선형 유도전동기의 2차 회로에 저항을 넣어 저항변화에 의한 토크–속도특성의 비례추이를 응용한 것이다.

(2) 전원의 주파수를 바꾸는 방법

동기속도 $n_s = \frac{120f}{P}$ 이므로 회전속도는 $n = n_s(1-S) = \frac{120f}{P}(1-S)$가 된다. 이 식에서 주파수 f을 바꾸는 방법으로 가변주파수의 전원이 있어야 하므로 설비비가 많이 들어 특수한 곳에만 적용한다.

(3) 극수를 바꾸는 방법

농형 유도전동기의 1차 권선의 극수를 바꾸는 방법

(4) 2차 여자 방법

권선형 유도전동기의 2차 회로에 2차 주파수와 같은 주파수의 적당한 크기의 전압을 가하는 방법이며, 전동기의 속도를 동기속도보다 크게 할 수도 작게할 수도 있다.

5. 3상 유도전동기의 결선

(1) 고정자 권선의 성형(Y)결선

그림 3–8은 3상 4극 직렬 Y결선 유도전동기의 결선도를 나타낸 것이다.

24슬롯, 3상 4극 Y결선 유도전동기를 예를 들어 설명하면 다음과 같다.

① 코일을 군으로 결선한다. 각 군에는 네 개의 코일이 있으며, 각 군의 코일은 직렬로 결선된다.

② A상의 군들은 그림 3-9 처럼 함께 결선한다. 이 때 전류는 A상의 제1군이 시계방향(→)으로, 제2군이 반시계방향(←)으로 흐르도록 군들이 결선되어야 한다. 그 결과 A상에 속하는 군에는 N자극이, B상에 속하는 군에는 S자극이 교대로 형성되게 결선한다.

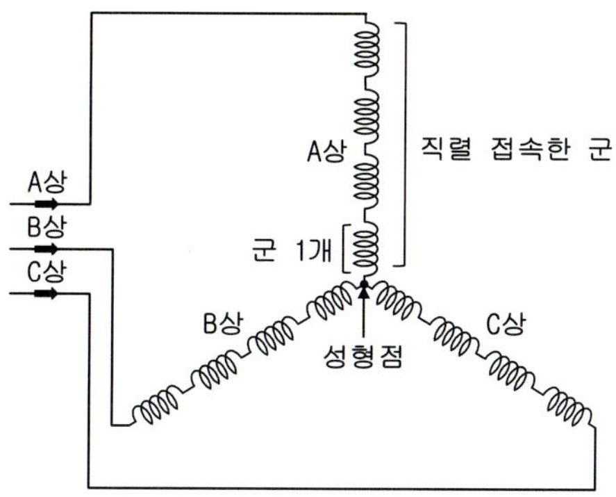

그림 3-8 3상 4극 직렬 Y결선 유도전동기의 결선도

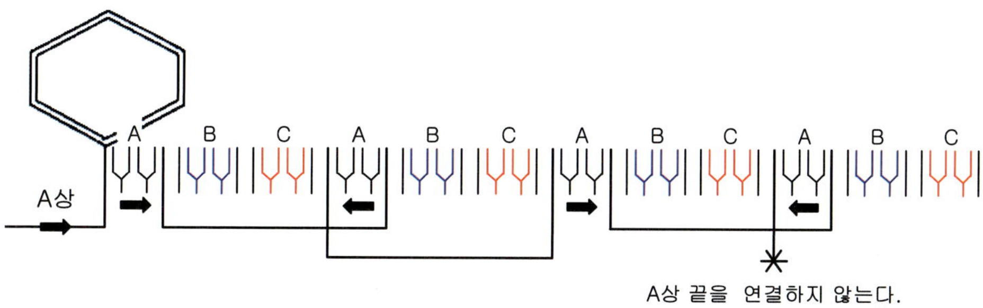

그림 3-9 A상에 대한 군 결선

③ C상도 A상과 동일하게 그림 3-10과 같이 결선한다. 접속을 쉽게 하기 위해 B상보다 C상을 먼저 한다.

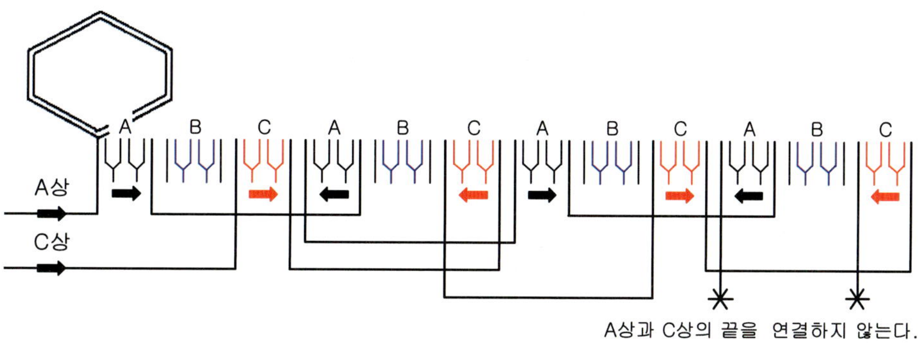

그림 3-10 C상에 대한 군 결선

④ A상과 C상을 결선한 것과 동일한 요령으로 B상을 결선한다. 그림 3-11은 B상의 시작점이 제5군에서 출발하였음을 표시한다. B군 하나를 건너뛰고, 다음 상부터 결선을 시작하는 형식을 **군 건너뛰기 결선**(Skip-group connection)이라 한다.

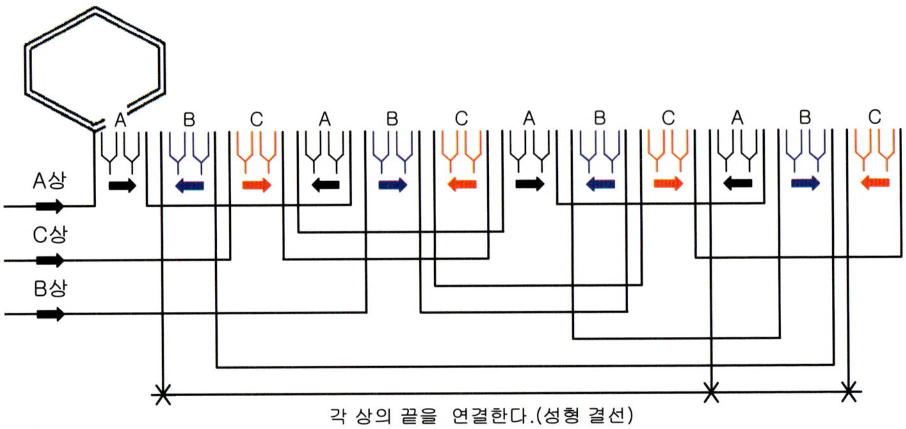

그림 3-11 각 상의 끝점을 하나로 묶어 접속하고 중심점을 만듦

그림 3-11에서 각 군의 아래쪽에 위치한 화살표는 서로 반대방향을, 둘째 화살표는 반시계방향을, 셋째 화살표는 시계방향을, 넷째 화살표는 반시계방향을 나타낸다. 이것은 각 군의 극성이 정당한가를 검사하는 한 가지 좋은 방법이다. 이러한 도면의 표시를 간단히 하기 위해서 각 군을 그림 3-12에서 처럼 4각형으로 표시할 수 있다. 군 건너뛰기 하지 않고, 그림 3-13과 같이 결선해도 동일한 효과이나 현장에서는 결선작업이 비교적 간편한 군 건너뛰기 결선을 많이 사용한다.

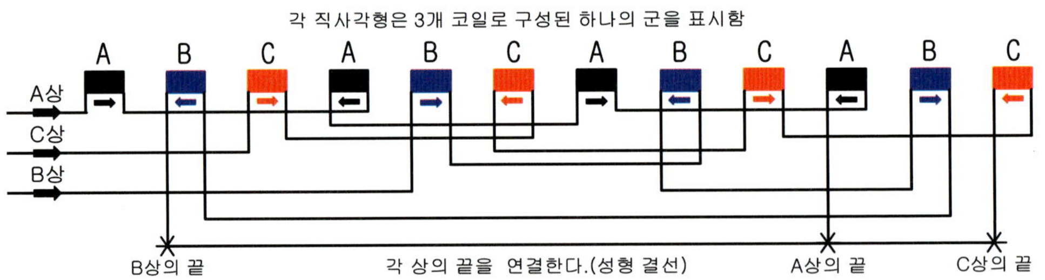

그림 3-12 각 코일을 직사각형으로 표시한 이외는 그림 3-11의 결선과 동일함

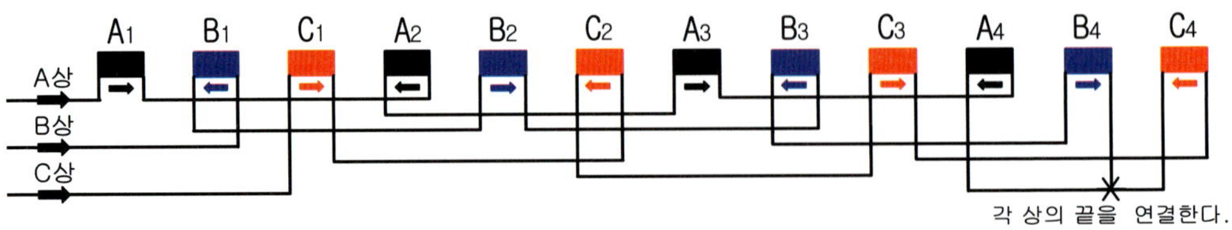

그림 3-13 A상, B상, C상의 순서로 접속한 3상 4극 직렬 Y결선

그림 3-13은 3상 4극 직렬 Y결선 유도전동기의 고정자 권선 결선도를 나타낸 것이다.

⑤ 일반적으로는 그림 3-14에서 처럼 원형도로 표시하는 경우가 많다. 이 그림에서는 각 상은 4개의 군을 형성하고 있다. 이 부분은 전동기의 극수를 결정하는 요소가 된다. 만약, 각 상마다 4개의 군을 가지고 있으면 이것은 4극 전동기가 된다. 결선도를 검토해보면 어느 한 상의 군수를 헤아려 봄으로써 전동기의 극수를 알아낼 수 있다. 성형점은 그 전동기가 Y결선한 전동기임을 나타낸다.

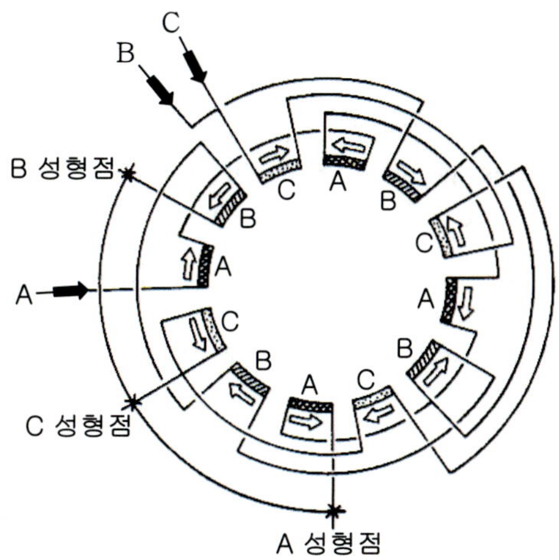

그림 3-14 3상 4극 직렬 Y결선 원형도

그림 3-14는 그림 3-8 3상 4극 직렬 Y결선 유도전동기 내에서 각 코일 군이 위치하고 있는 실제 위치를 표시한 원형도이며, 그림 3-15와 같이 전원에 연결된다.

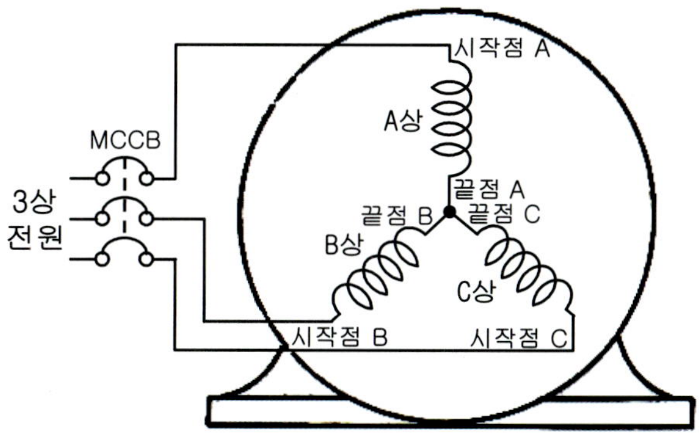

그림 3-15 3상 4극 직렬 Y결선 유도전동기 결선도

그림 3-16에 의해 코일 삽입 순서도를 그리면 표 3.1과 같다.

표 3.1 24슬롯 3상 4극 코일 삽입 순서도

상층 코일변 번호	1'	2'	3'	4'	5'	6'	7'	8'	9'	10'	11'	12'	13'	14'	15'	16'	17'	18'	19'	20'	21'	22'	23'	24'
하층 코일변 번호	6	7	8	9	10	11	12	13	14	15	16	17	18	19	20	21	22	23	24	1	2	3	4	5
극당 상수 번호	A_1		B_1		C_1		A_2		B_2		C_2		A_3		B_3		C_3		A_4		B_4		C_4	
극수 번호	1극						2극						3극						4극					

주의 : 1에서 5번까지는 상층 코일변은 슬롯에 넣지 않고 모아 두었다가 하층 코일변을 먼저 넣은 후 그 위에 넣는다.

그림 3-16은 24슬롯 3상 4극 코일 배치도이며, 이를 Y결선한 것이 그림 3-12의 그림이다.

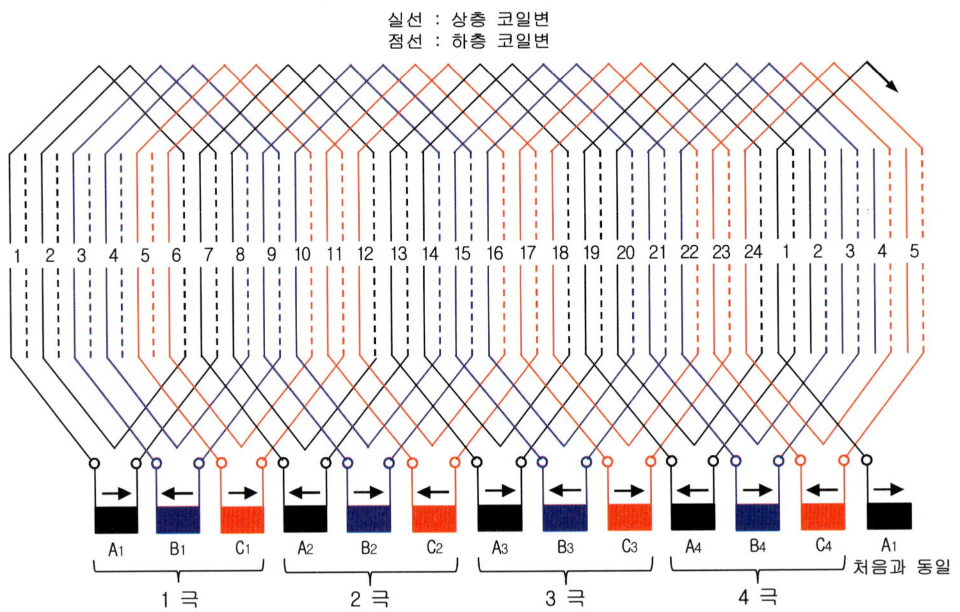

그림 3-16 24슬롯 3상 4극 코일 배치도 (앞피치 : 6−2=4, 뒤피치 : 6−1=5)

(2) 고정자 권선의 △결선

그림 3-17의 3상 4극 직렬 △결선 결선도를 검토해보면 △결선을 좀 더 잘 이해할 수 있다. 이 결선도를 살펴보면 각 상에 4개의 권선 군으로 직렬로 결선되어 있으므로 이 유도전동기는 4극 전동기이다. 또한, 이 유도전동기는 성형점이 없으며, 또한 A상의 끝점을 C상의 시작점에 결선하고 C의 끝점은 B상의 시작점에 결선하며, B상의 끝점은 A상의 시작점에 결선한다. 이 유도전동기는 3상 4극 직렬 △결선 유도전동기라 한다.

결선작업의 첫 단계는 Y결선에서와 마찬가지로 코일을 군으로 결선하는 것이다. 이 전동기는 3상 4극 유도전동기 이므로, 네 개의 코일이 하나의 군으로 형성한다. 군의 수는 3상×4극=12 군이 된다. 군 결선을 도면으로 표시하려면 군 기호 위에 상을 표시하고, 그 기호 밑에는 전류의 방향을 표시하는 화살표를 표기하면 이해하기가 쉽다.

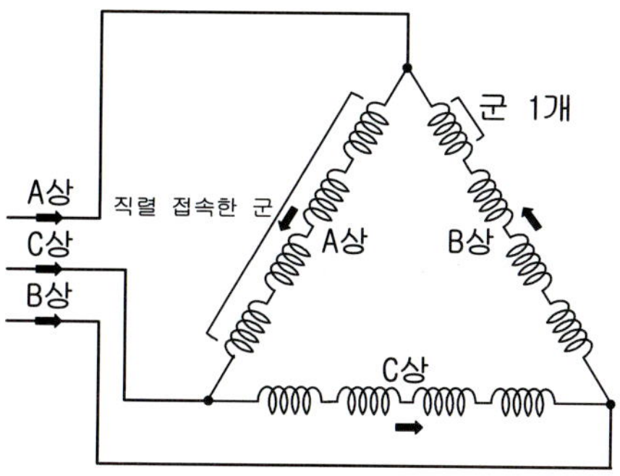

그림 3-17 3상 4극 직렬 △결선 유도전동기의 결선도

그림 3-18은 3상 4극 직렬 △결선 유도전동기 각 상간 결선도를 나타낸 것이다. 그림 3-18 (a)는 A상의 군을 적절한 극성을 갖도록 결선한 것으로 제1군의 화살표는 시계방향, 제2군의 화살표는 반시계 방향, 제3군의 화살표는 시계방향, 제4군의 화살표는 반시계방향의 극성을 갖도록 결선한다. B상의 군과 C상의 군도 전류의 방향과 동일한 방향이 되도록 결선한다.

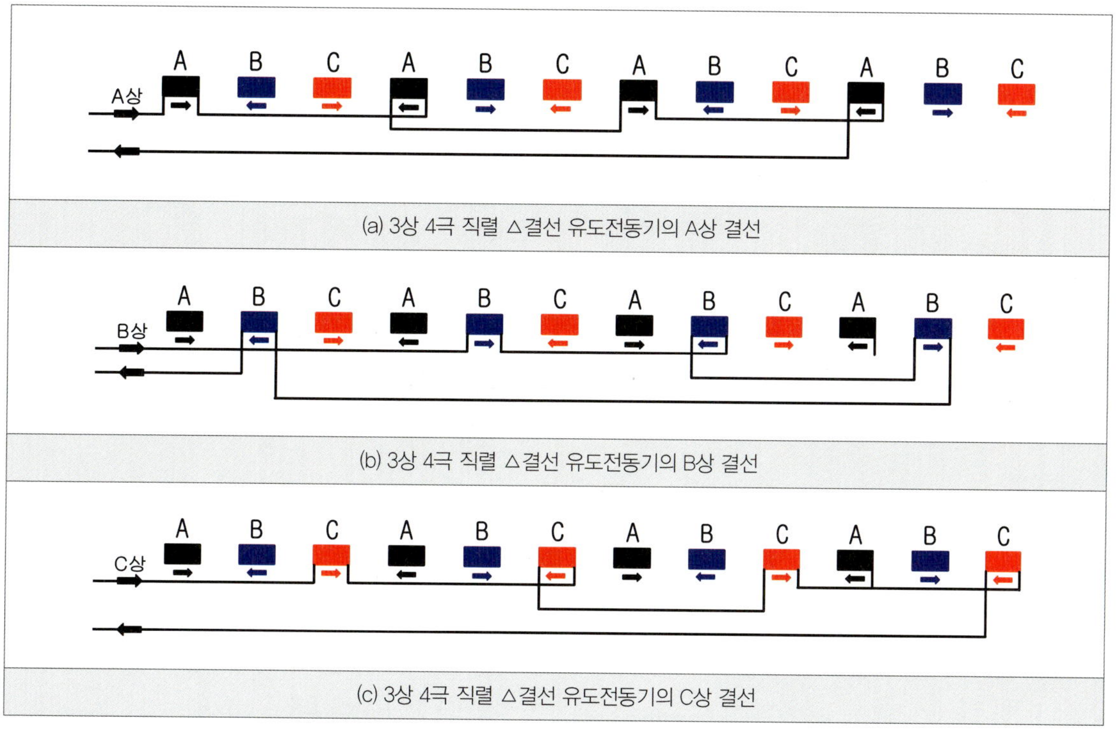

(a) 3상 4극 직렬 △결선 유도전동기의 A상 결선

(b) 3상 4극 직렬 △결선 유도전동기의 B상 결선

(c) 3상 4극 직렬 △결선 유도전동기의 C상 결선

그림 3-18 3상 4극 직렬 △결선 유도전동기 각 상간 결선도

그림 3-19는 3상 4극 직렬 △결선 유도전동기의 고정자권선 결선도를 나타낸 것이다.

그림 3-20은 그림 3-17 3상 4극 직렬 △결선 유도전동기 결선도를 전동기 내에서 각 코일 군이 위치하고 있는 실제 위치를 표시한 원형도이며, 그림 3-21과 같이 전원에 연결된다.

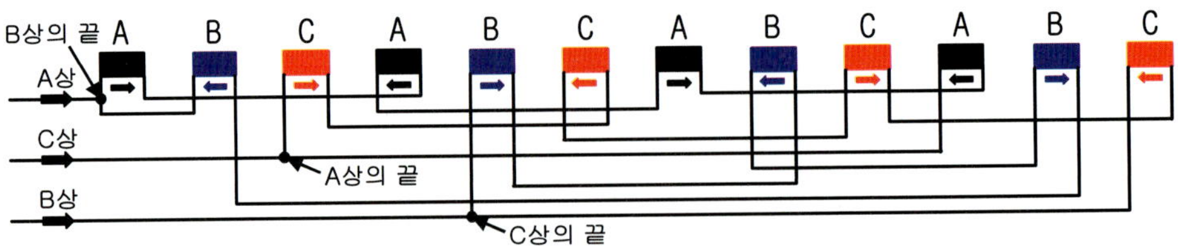

그림 3-19 3상 4극 직렬 △결선 유도전동기의 고정자권선 결선도

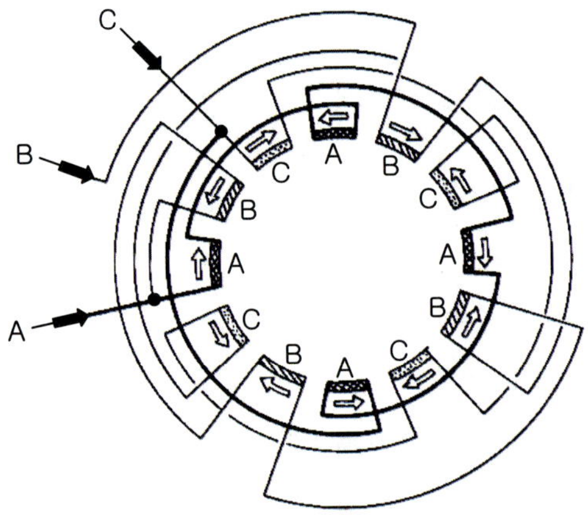

그림 3-20 3상 4극 직렬 △결선 유도전동기에 대한 원형도

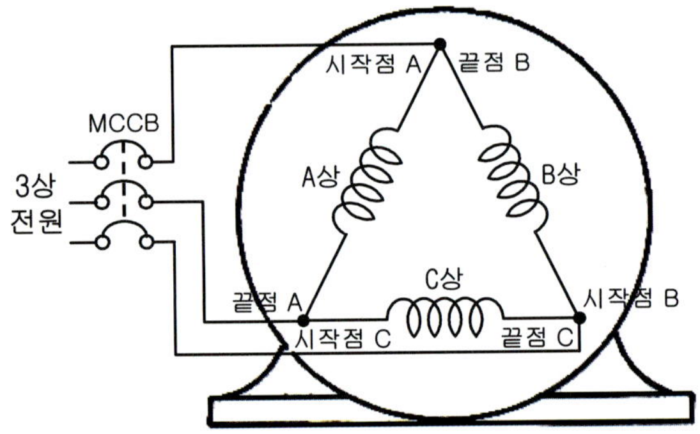

그림 3-21 3상 4극 △결선 유도전동기 결선도

(3) 3상 4극 2병렬 Y결선(병렬결선)

대부분의 3상 유도전동기는 각 상의 회로가 두 개가 되도록 결선하며 각 상에서의 군 결선을 병렬로 하여 전류가 두 통로를 통해서 흐르도록 설계되어 있다. 이러한 결선을 2회로 결선 또는 2병렬 결선이라고 한다. 각 A상의 군을 병렬로 결선하면 전류의 통로는 두 개가 된다.

그림 3-22는 3상 4극 2회로 Y결선 결선도이며, A상의 군1과 군 3에 전원선 하나를 연결 하고 결선도에 도시된 것처럼 접속해 나가며, A상에 대한 접속이 끝나면 C상, B상 순으로 접속해 나간다. 그 다음 6개의 리드선을 성형점에 연결한다.

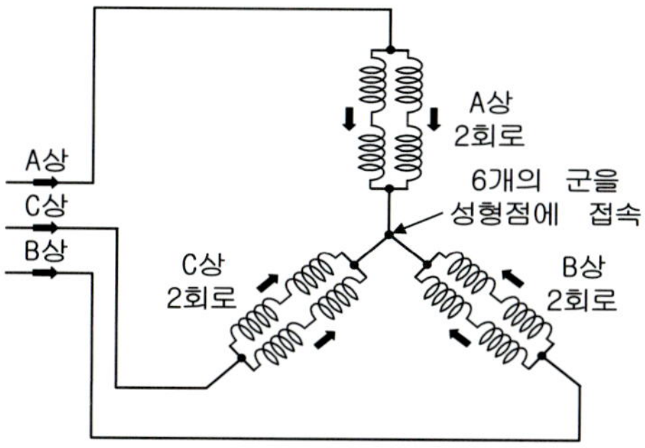

그림 3-22 3상 4극 2병렬 Y결선 유도전동기의 결선도

그림 3-23은 군 결선을 4각형으로 표시한 것이며, 그림 3-24는 동일한 유도전동기의 원형 결선도이다.

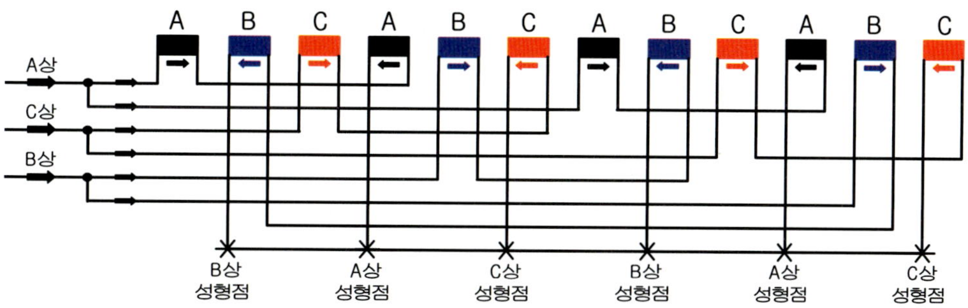

그림 3-23 3상 4극 2병렬 Y결선 유도전동기의 고정자권선 결선도

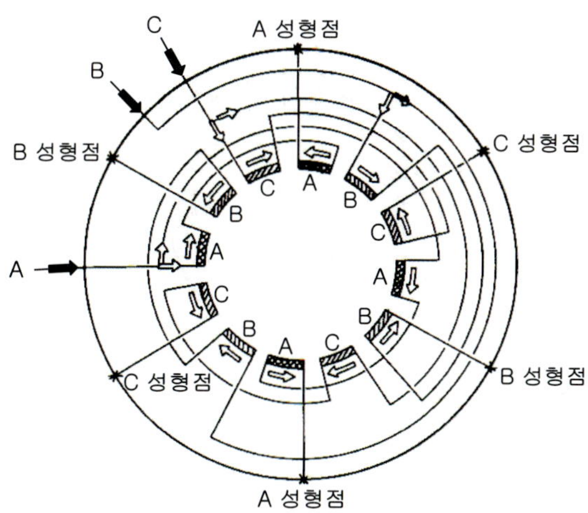

그림 3-24 3상 4극 2병렬 Y결선에 대한 원형도

(4) 2중 전압 3상 전동기 결선

2개의 전압 중 어느 전압에서도 운전이 가능하도록 결선한 것으로 2개의 전압 중 높은 전압으로 운전할 때는 직렬권선으로, 낮은 전압 운전이면 2병렬결선으로 할 수 있도록 전동기의 단자를 준비해 놓는다.

그림 3-25에서 4개의 코일을 직렬로 연결하면 440[V] 교류 동력선에서 사용할 수 있고, 그림 3-26과 같이 2개씩 직렬로 결선한 후 다시 병렬로 접속하면 220[V] 전원에서 사용할 수 있다. 두 가지 모두 각 코일에 110[V]씩 걸린다.

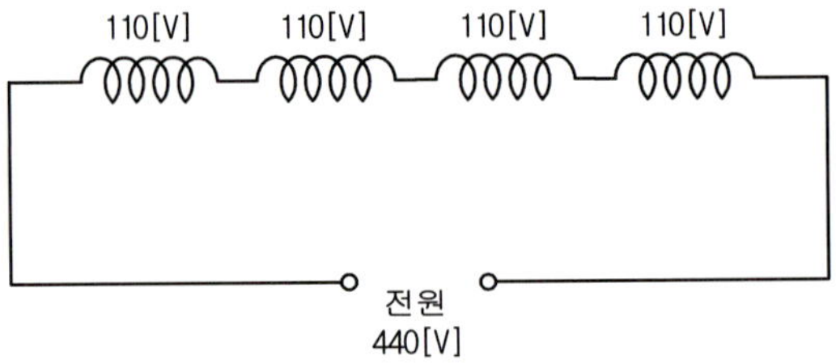

그림 3-25 440[V] 전원에 연결한 4개의 코일

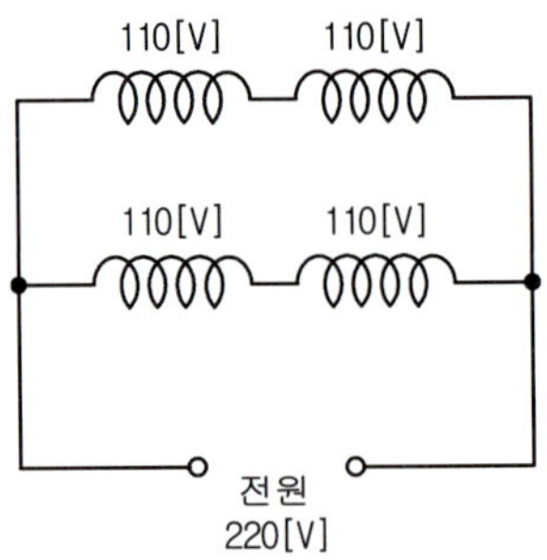

그림 3-26 220[V] 전원에 연결한 4개의 코일

1) 3상 4극 2중 전압 Y결선

실제적으로 모든 2중 전압 3상 유도전동기는 전동기의 권선으로부터 9개의 리드선을 뽑는다. 이것들은 T_1에서 T_9까지 표시된다. 이 리드선을 외부에서 결선하여 2중 전압으로 전동기를 운전한다. 그림 3-27은 Y결선 했을 때의 유도전동기의 표준 단자기호를 표시하고 있다.

표 3.2는 Y결선한 2중 전압 유도전동기의 결선표이다.

표 3.2 결선표

전압	L_1	L_2	L_3	함께 결선		
저전압	T_1 T_7	T_2 T_8	T_3 T_9		T_4 T_5 T_6	
고전압	T_1	T_2	T_3	T_4 T_7	T_5 T_8	T_6 T_9

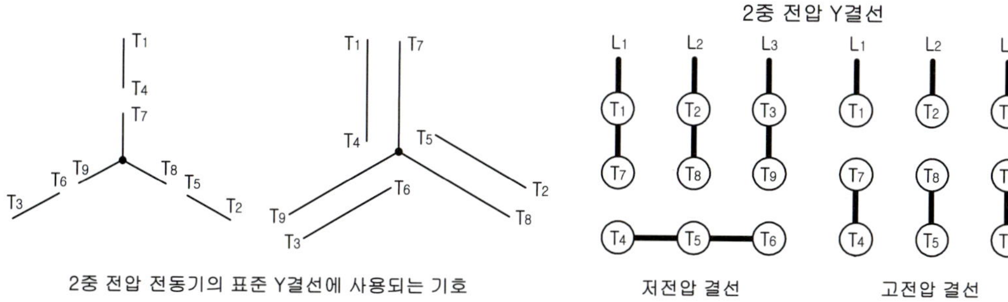

그림 3-27 Y결선한 2중 전압 유도전동기의 단자기호

각 상은 두 부분으로 된 권선을 가지고 있음을 유의해야 한다. 이 두 부분의 권선은 높은 전압에 사용하기 위해서는 직렬로 결선하고, 낮은 전압에는 병렬로 연결한다. 높은 전압용으로 결선하기 위해서는 그림 3-28에서처럼 군들을 직렬로 연결한다. 그 과정은 다음과 같다. 리드선 T_6과 T_9, T_4와 T_7, T_5와 T_8을 각각 연결하고 리드선 T_1, T_2 및 T_3을 3상 전원에 연결한다. 같은 전동기를 낮은 전압으로 운전하려면 군들을 그림 3-29처럼 2병렬로 결선하면 된다. 그 과정은 다음과 같다. 리드선 T_7을 T_1과 전원선 L_1에, 리드선 T_8을 T_2와 전원 L_2에, 리드선 T_3을 T_9와 전원선 L_3에 연결한다. 리드선 T_4, T_5 및 T_6은 함께 결선하여 외부 성형점을 형성한다.

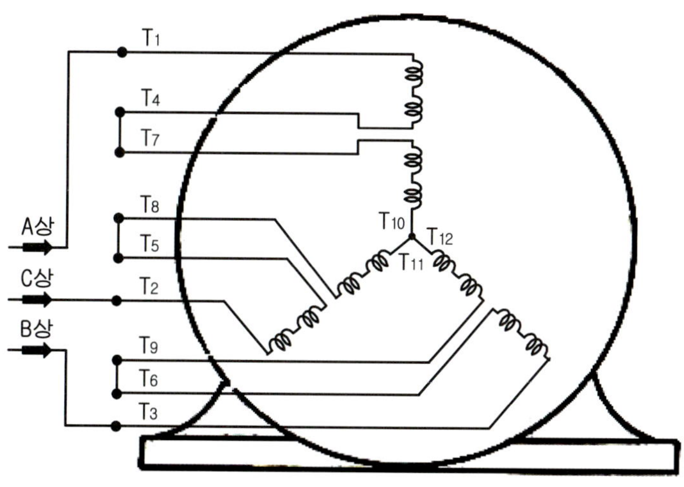

그림 3-28 고전압 3상 4극 2중 전압 Y결선(군 결선이 직렬)

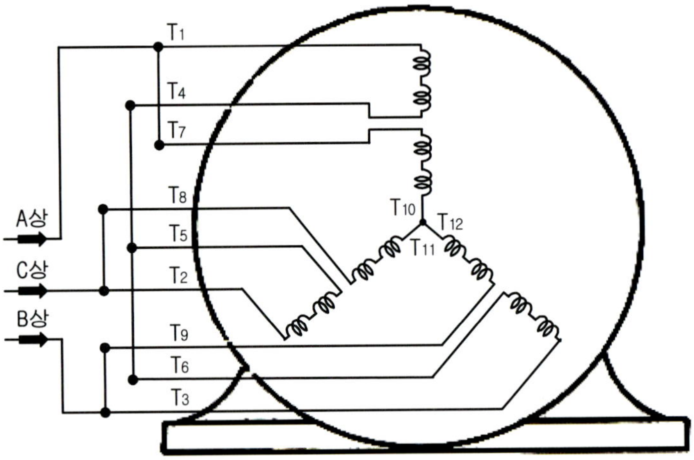

그림 3-29 저전압용 3상 4극 2중 전압 Y결선(군 결선이 병렬)

그림 3-30은 2중 전압 4극 Y결선 전동기의 접속도이다.

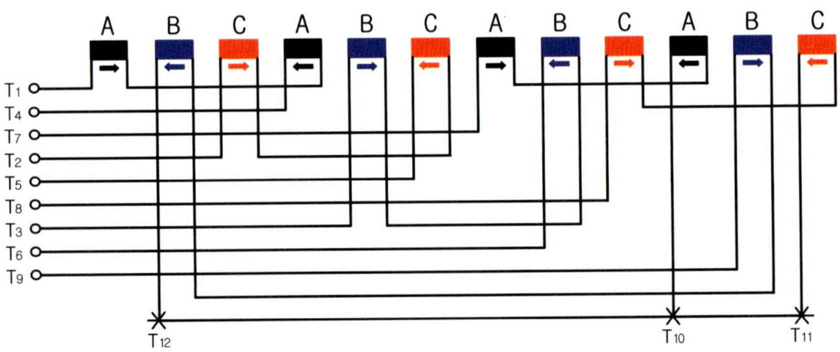

그림 3-30 3상 4극 2전압 Y결선

2) 3상 4극 2전압 △결선

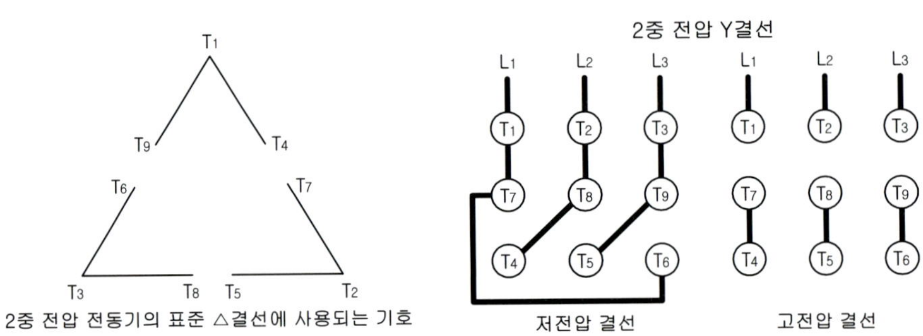

그림 3-31 △결선한 2중 전압 유도전동기의 단자기호

그림 3-31은 2중 전압 △결선 유도전동기의 기본적인 단자기호를 표시하고 있다. 2중 전압 △결선 유도전동기는 세 개의 단자가 세 개의 회로를 각각 가지고 있음을 유의한다.

표 3.3은 △결선한 2중 전압 유도전동기의 결선표이다.

표 3.3 결선표

전압	L_1	L_2	L_3	함께 결선		
저전압	T_1 T_6 T_7	T_2 T_4 T_8	T_3 T_5 T_9			
고전압	T_1	T_2	T_3	T_4 T_7	T_5 T_8	T_6 T_9

그림 3-32~33은 고전압과 저전압의 결선도를 나타내고 있다. 고전압으로 운전할 때는 T_4 리드선과 T_7 리드선을 연결하고, T_5와 T_8, T_6과 T_9를 연결한다. 또, 저전압으로 운전할 때에는 리드선 T_1, T_7 및 T_6을 전원선 L_1에, 리드선 T_2, T_4 및 T_8을 전원선 L_2에, 리드선 T_3, T_5 및 T_9를 전원선 L_3에 연결한다.

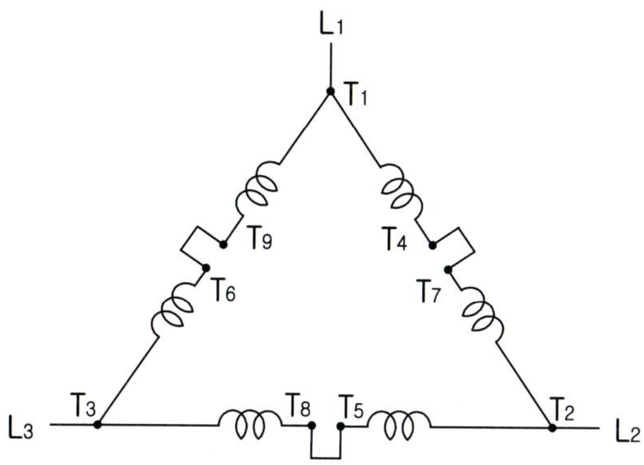

그림 3-32 고전압 운전에 적합한 2중 전압 △결선도(군 결선이 직렬)

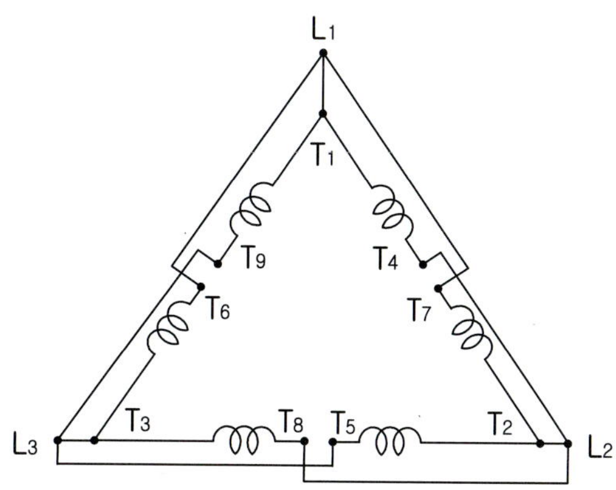

그림 3-33 저전압 운전에 적합한 2중 전압 △결선도(군 결선이 병렬)

2중 전압 4극 △결선 유도전동기의 접속도는 그림 3-34에 도시되어 있으며, 이것은 고전압으로 결선된 것이다.

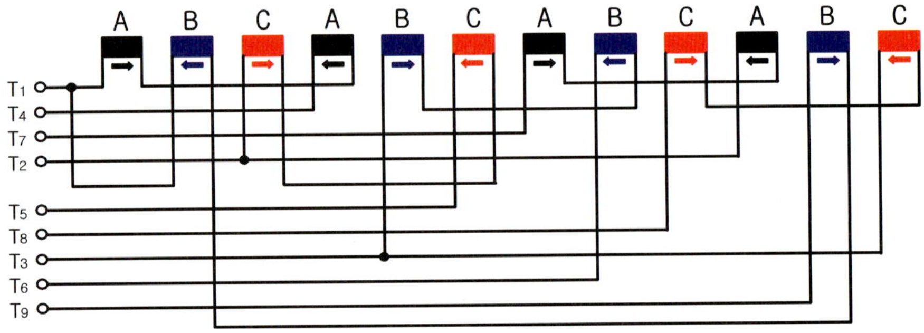

그림 3-34 3상 4극 2중 전압 △결선

6. 전동기 분해 조립

안전 및 유의사항

① 먼지가 많은 장소를 피한다.

② 작은 나사, 볼트, 너트는 분실하기 쉬우므로 해체 후에는 제자리에 끼워 두거나 작은 통에 담아 분실을 방지한다.

③ 무리한 작업은 기계의 파손은 물론 작업자가 부상하게 되는 원인이 되므로 피한다.

(1) 분해 및 조립에 필요한 공구를 준비한다.

① 분해 및 조립에 필요한 에어 콤프레샤, 나무망치, 스패너, 드라이버, 브러시, 청소용 기름, 그리스 등을 준비한다.

② 분해할 전동기의 프레임과 브래킷 사이를 여러 방향으로 표시한다.

(2) 풀리의 고정 나사를 푼다.

배선을 풀면 먼지와 습기가 없는 안전한 장소에 전동기를 놓고 스패너로 풀리의 고정나사를 푼다.

(3) 풀리를 뽑는다.

풀리와 축받이 커버 사이에 드라이버 2개를 수평으로 끼워 좌우로 균등한 힘을 서서히 가하면서 풀리를 뽑는다.

(4) 풀리 키를 뽑는다.

(5) 축받이 커버를 뽑아낸다.

양쪽 축받이 커버의 나사를 풀어 축받이 커버를 들어낸다.

(6) 엔드 브래킷을 제거한다.

① 풀리 반대쪽의 엔드 브래킷 고정 볼트를 풀어낸다.
② 고정자와 하우징 사이에 측방으로부터 끌을 대어 나무망치로 균등하게 두드리면 입이 열린다.
③ 입이 벌어지면 엔드 브래킷을 양손으로 잡고 살짝 들어낸다.
④ 풀리 쪽의 엔드 브래킷도 위와 같은 방법으로 들어낸다.

(7) 회전자를 제거한다.

오른손으로 축을 잡고 왼손으로 회전자를 들어 올리는 기분으로 회전자와 고정자가 마찰되거나 권선에 상처가 나지 않도록 주의하여 뽑아낸다.

(8) 고정자를 청소한다.

① 고정자의 먼지를 에어 콤프레샤로 말끔히 털어낸다.
② 코일이 상하지 않도록 주의하면서 고정자 내면 및 코일간의 먼지를 브러시로 제거한다.

(9) 터미널 부분을 청소한다.

터미널 부분을 브러시로 먼지를 잘 제거하고 다시 에어 콤프레샤로 털어낸다.

(10) 엔드 브래킷을 청소한다.

양쪽 2개의 엔드 브래킷은 내면의 먼지를 천으로 깨끗이 털고 실밥 등 이물질이 남지 않도록 한다.

(11) 베어링 커버를 청소한다.

양쪽 2개의 베어링 커버는 안쪽의 그리스를 천으로 닦아내고 실밥 등 이물질이 남지 않도록 한다.

(12) 회전자를 청소한다.

회전자는 양쪽 축을 깨끗이 닦고 팬의 먼지를 완전히 제거한다.

(13) 볼베어링을 청소한다.

새 브러시와 새 기름으로 베어링 및 안쪽의 베어링 커버에 붙어있는 낡은 그리스를 말끔히 닦아내어 깨끗하게 한다.

(14) 회전자를 조립한다.

① 긁히거나 권선에 상처가 나지 않도록 주의해서 넣는다.
② 이 경우 코일이 적게 나오는 쪽으로 팬이 위치하도록 한다.

(15) 볼베어링에 그리스 채운다.

(16) 엔드 브래킷을 조립한다.

① 풀리 쪽의 엔드 브래킷을 조립한다.

② 베어링 커버에도 새로운 그리스를 절반정도 채운다.

(17) 베어링 커버를 조립한다.

① 그리스를 넣은 커버를 조립한다,

② 풀리 반대쪽의 엔드 브래킷도 앞에서와 마찬가지로 볼트를 조이고, 베어링 커버도 같은 요령으로 조립한다.

(18) 풀리 키를 조립한다.

(19) 조립 검사를 한다.

① 나사의 조립 상태 검사

② 마찰 소리 확인.

실습 13 24슬롯 3상 2극 유도전동기 고정자 권선

목 표

1) 3상 2극 유도전동기의 권선 배치도 및 결선도를 해석할 수 있다.
2) 권선 배치도 및 결선도에 따라 전동기를 제작할 수 있다.

실습 재료

재료명	규격	수량	재료명	규격	수량
고정자철심	24슬롯	1	절연지	0.12t×200×1000mm	1장
Coil	Φ0.4mm	1Kg	절연튜브	Φ1mm, Φ3mm, Φ4mm	0.5M
Coil	Φ0.3mm	1Kg	호밍사	면실 Φ2mm	2M
화이바지	0.8t×200×250mm	1장	실납	Φ1.0mm SN(60%)	0.3M
절연지	0.25t×200×1000mm	1장	리드선	1.25㎟, 적, 흑색	2M

작업순서

실습 3 작업 순서 참조.

실 습

1. 권선 배치

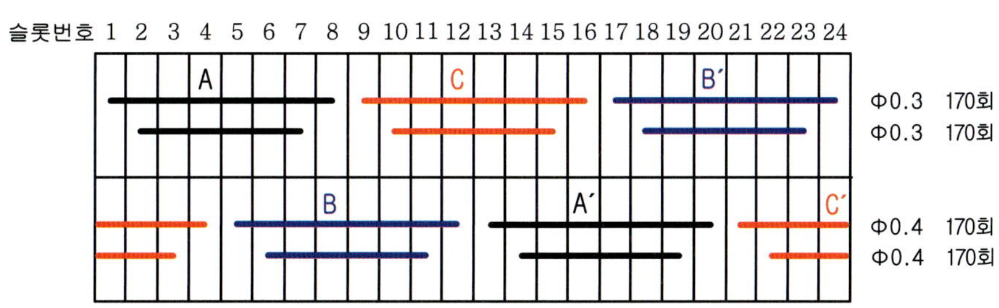

그림 13-1 권선 배치도

2. 권선 결선

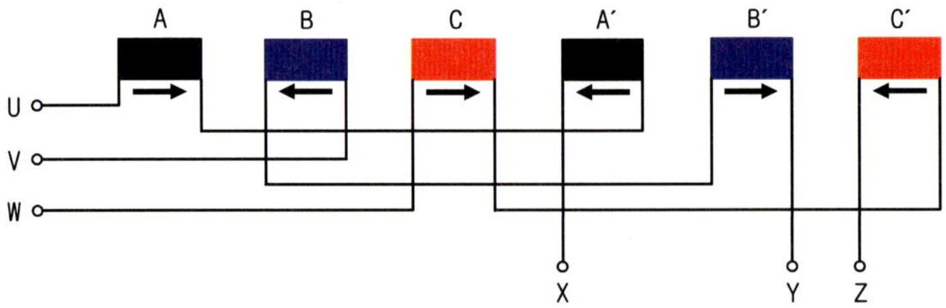

그림 13-2 권선 결선도

Y결선은 X, Y, Z 단자를 결선하고 U, V, W단자에 전원에 넣으며, △결선은 U-Y, V-Z, W-X단자를 결선한다.

3. 권선 삽입 방법

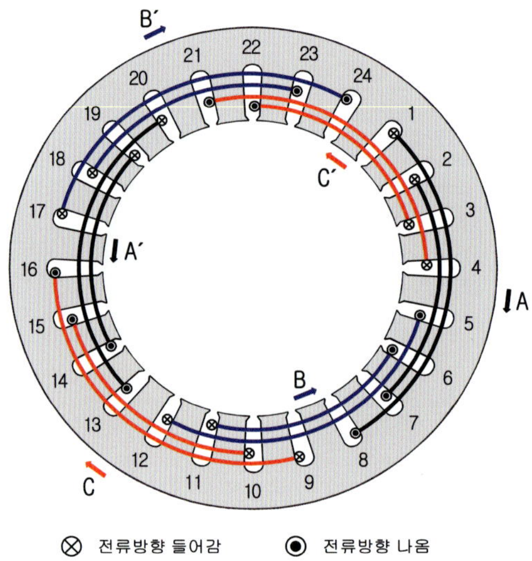

그림 13-3 고정자 철심 권선 배치도

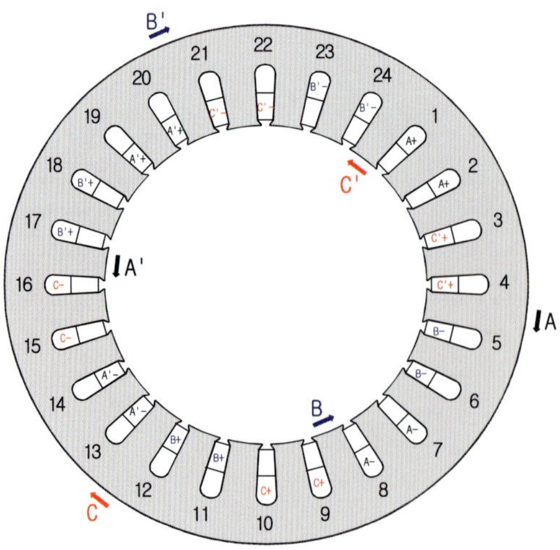

그림 13-4 각 슬롯에 대한 권선체 권선도

각 슬롯에 대한 권선 군(群)은 권선체 권선도를 참고하여 그림 13-5와 같이 입 · 출력 단자 및 슬롯번호를 라벨지에 적어서 부착한다.

3상 권선 작업시 각 상마다 권선 군 A+ → A′+ 순으로 연속해서 권선작업을 한다. 또한, B+ → B′+, C+ → C′+도 동일한 순으로 연속해서 권선작업을 한다.

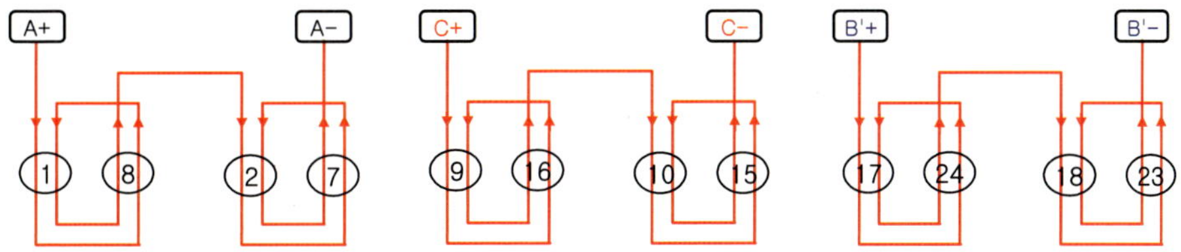

(a) A, C, B′ 권선체 권선도

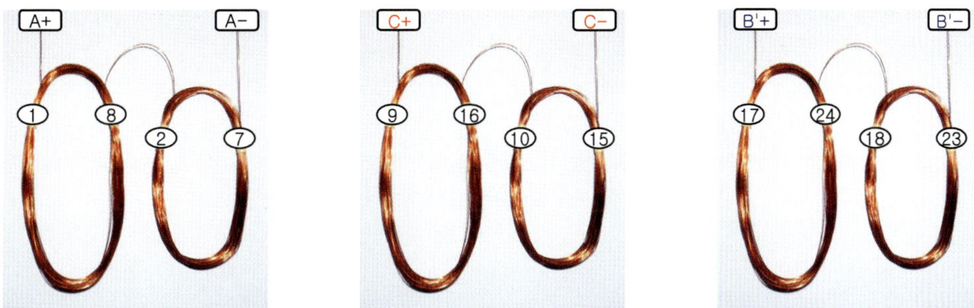

(b) A, C, B′ 권선체 라벨 부착 예

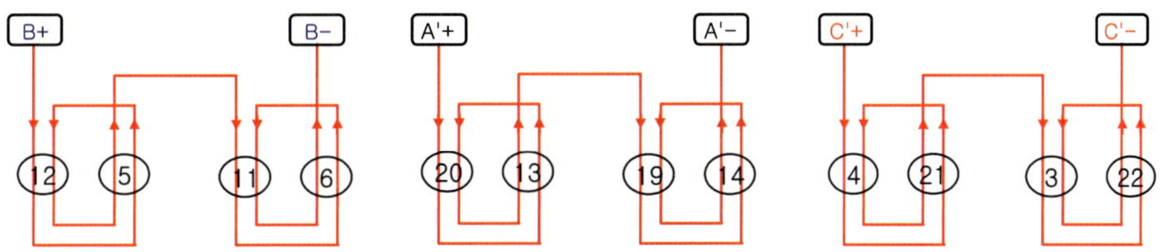

(c) B, A′, C′ 권선체 권선도

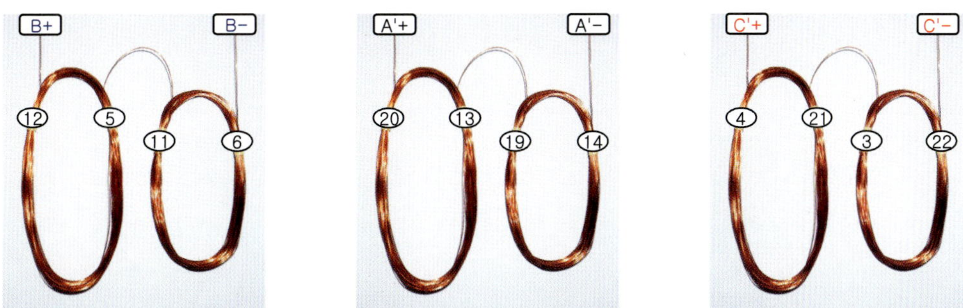

(d) B, A′, C′ 권선체 라벨 부착 예

그림 13-5 **각 상별 권선체 권선도 및 라벨 부착 예**

4. 주의 사항

실습 3 주의 사항 참조.

5. 동작시험

① 회로시험기 및 직류 전원공급기에 의한 코일의 단선 및 접속 불량이 있는지 점검한다. 코일의 단선 및 접촉 불량 검사방법은 그림 13-6과 같이 실시한다.

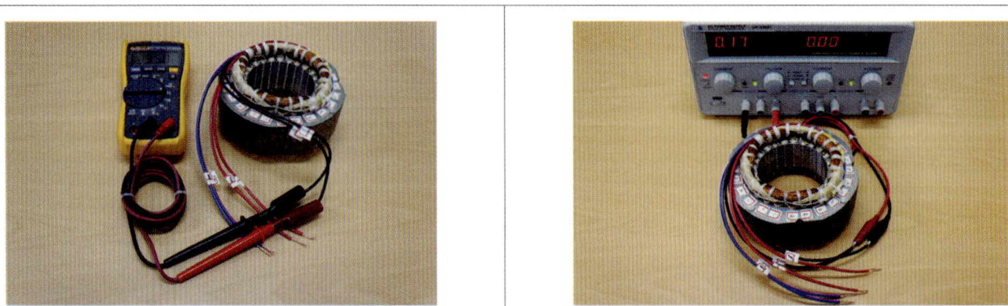

(a) 회로시험기에 의한 방법 | (b) 전원공급기에 의한 방법

그림 13-6 코일의 단선 및 접촉 불량 검사방법

② 각 자극의 극성을 점검한다.

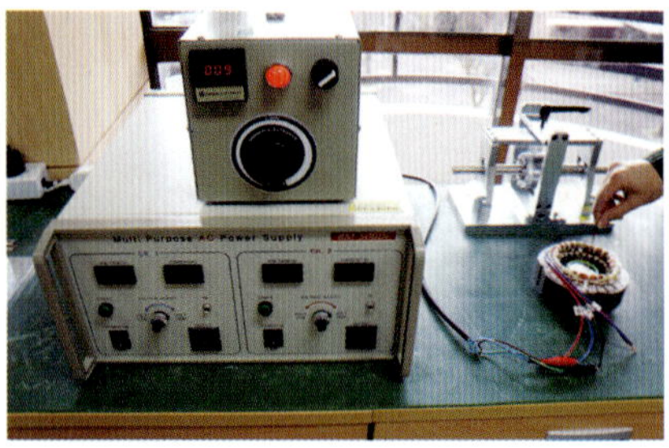

그림 13-7 자극의 극성시험 검사방법

③ 절연저항계로 절연상태를 점검한다.

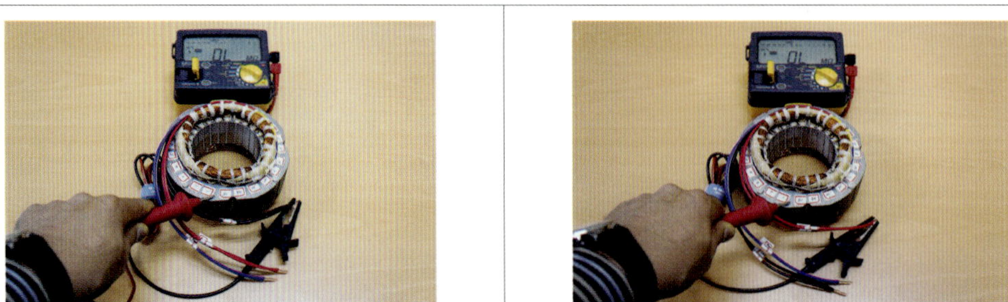

(a) a상 절연저항 측정방법 | (b) b상 절연저항 측정방법

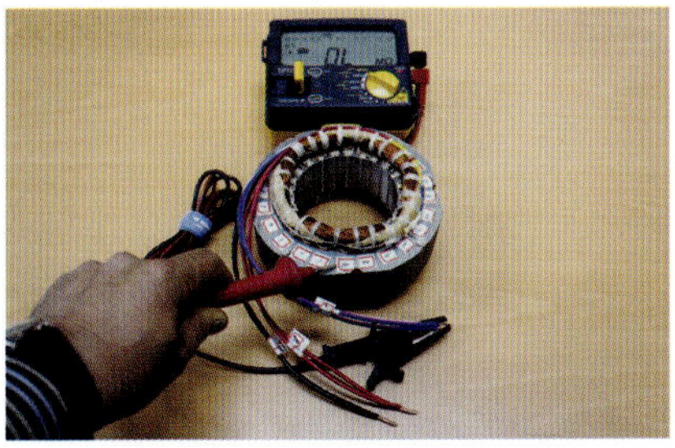

(c) c상 절연저항 측정방법

그림 13-8 각상 절연저항 측정방법

④ 위의 측정 방법이 이상이 없는 경우 전기기계 실험장치에 설치한다.

⑤ 전기기계 테스트용 지그를 분해한다.

⑥ 회전자를 고정자 철심의 중앙에 삽입하여 테스트용 지그에 조립한다.

⑦ 고정자 철심이 움직이지 않도록 고정시킨다.

⑧ 회전자가 잘 회전하는지 확인한다.

⑨ 전원을 ON하고 전압공급기의 전원을 서서히 증가시키면서 회전자가 회전하는지 확인한다.

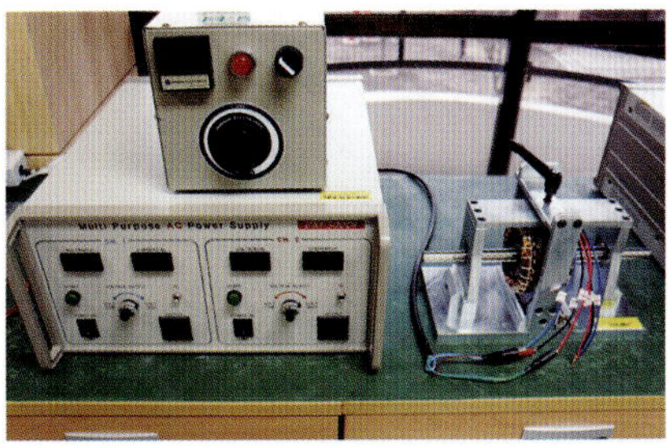

그림 13-9 전기기계 실험장치 설치방법 및 실험

⑩ 운전 도중에 과열과 소손되는 곳이 있는지 확인한다.

⑪ 유도전동기가 이상 없이 동작하면 담당교수 확인하에 평가를 받도록 한다.

6. 실습 완성 사진

실습 14 24슬롯 3상 4극 성형 유도전동기 고정자 권선

목 표

1) 3상 4극 성형 내권 유도전동기의 권선 배치도 및 결선도를 해석할 수 있다.
2) 권선 배치도 및 결선도에 따라 전동기를 제작할 수 있다.

실습 재료

재료명	규격	수량	재료명	규격	수량
고정자철심	24슬롯	1	절연튜브	Φ1mm, Φ3mm, Φ4mm	0.5M
Coil	Φ0.35mm	1.5Kg	호밍사	면실 Φ2mm	2M
화이바지	0.8t×200×250mm	1장	실납	Φ1.0mm SN(60%)	0.3M
절연지	0.25t×200×1000mm	1장	리드선	1.25㎟, 적, 흑색	2M
절연지	0.12t×200×1000mm	1장			

작업순서

실습 3 작업 순서 참조.

실 습

1. 권선 배치

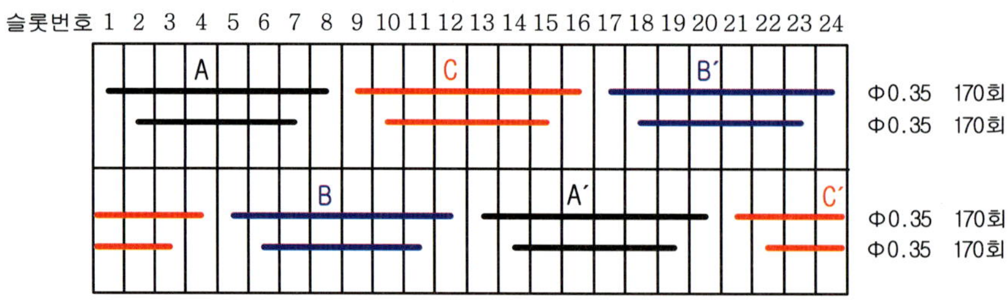

그림 14-1 권선 배치도

2. 권선 결선

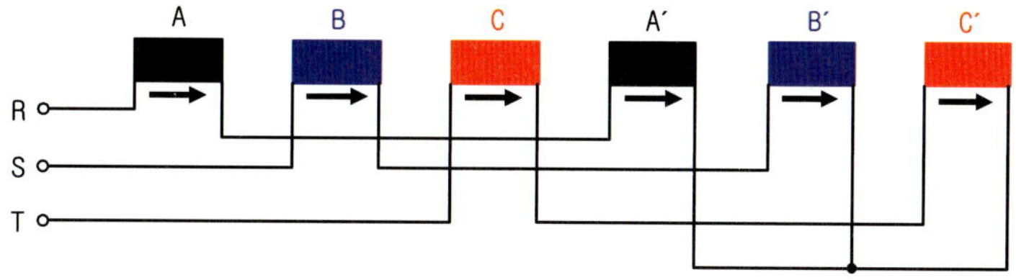

그림 14-2 권선일 결선도

이 전동기는 3상 2극 유도전동기와 외형은 유사하나 코일의 극성이 동극성이다. 동극성일 때에는 극수가 보통 2배수이다.

3. 권선 삽입 방법

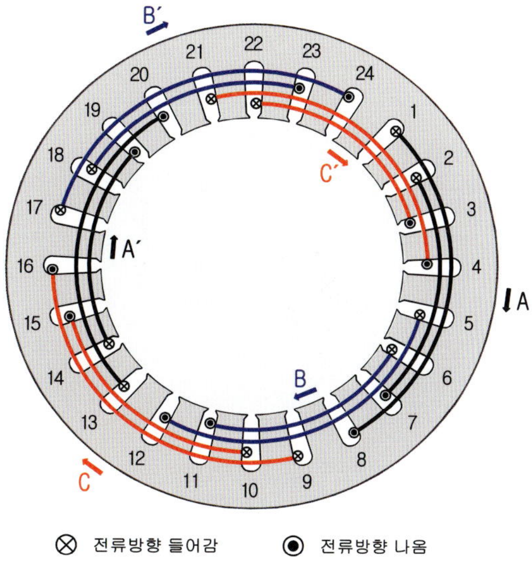

그림 14-3 고정자 철심 권선 배치도

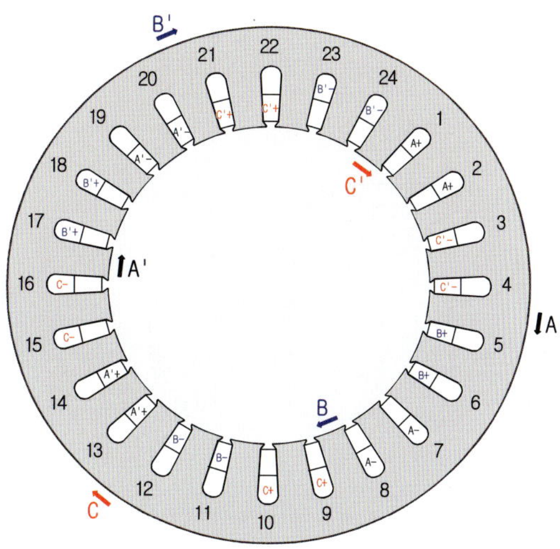

그림 14-4 각 슬롯에 대한 권선체 권선도

각 슬롯에 대한 권선 군(群)은 권선체 권선도를 참고하여 그림 14-5와 같이 입 · 출력 단자 및 슬롯번호를 라벨지에 적어서 부착한다.

3상 권선 작업시 각 상마다 권선 군 A+ → A′+ 순으로 연속해서 권선작업을 한다. 또한, B+ → B′+, C+ → C′+도 동일한 순으로 연속해서 권선작업을 한다.

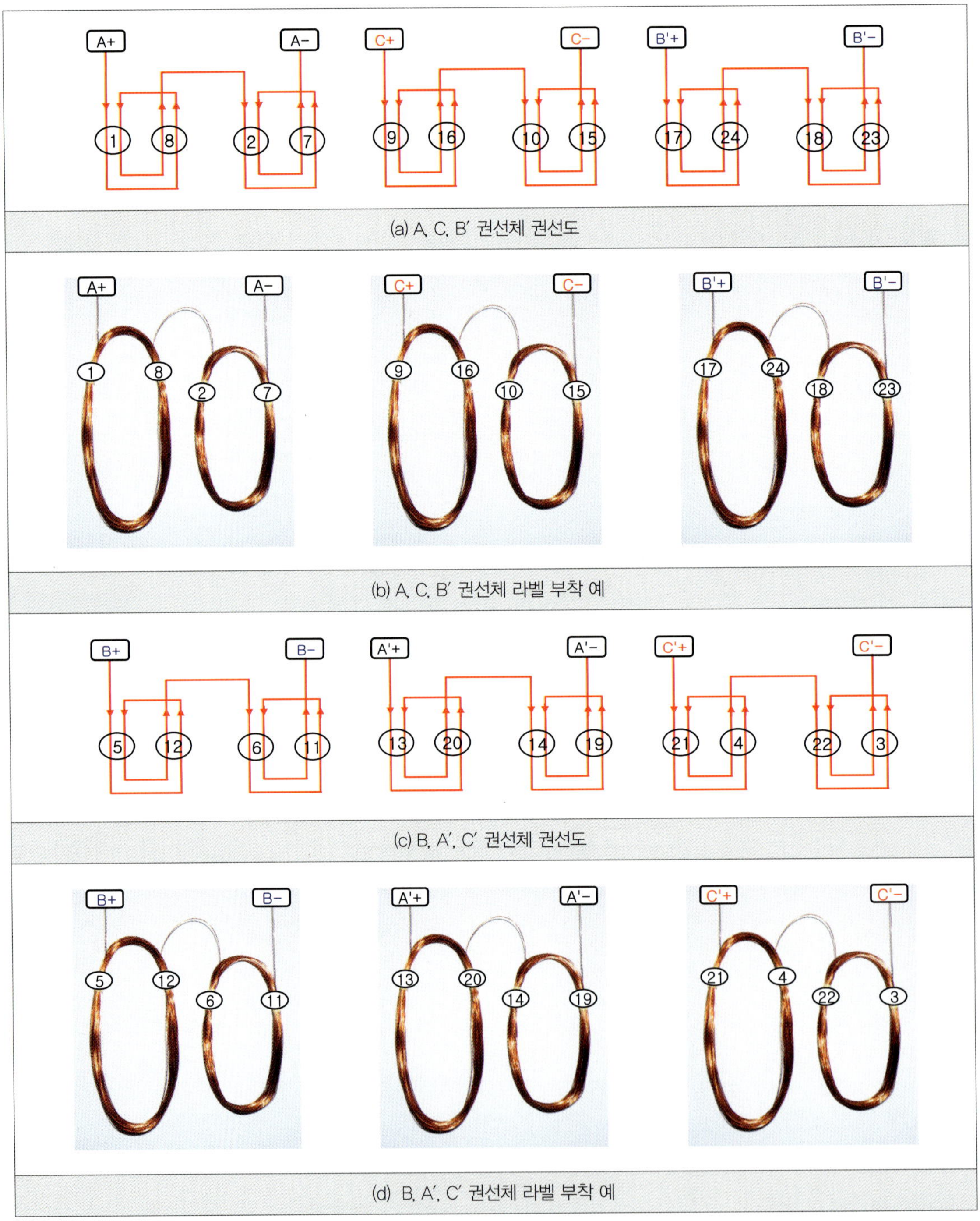

(a) A, C, B′ 권선체 권선도

(b) A, C, B′ 권선체 라벨 부착 예

(c) B, A′, C′ 권선체 권선도

(d) B, A′, C′ 권선체 라벨 부착 예

그림 14-5 **각 상별 권선체 권선도 및 라벨 부착 예**

4. 주의 사항

실습 3 주의 사항 참조.

5. 동작시험

① 회로시험기 및 직류 전원공급기에 의한 코일의 단선 및 접속 불량이 있는지 점검한다.

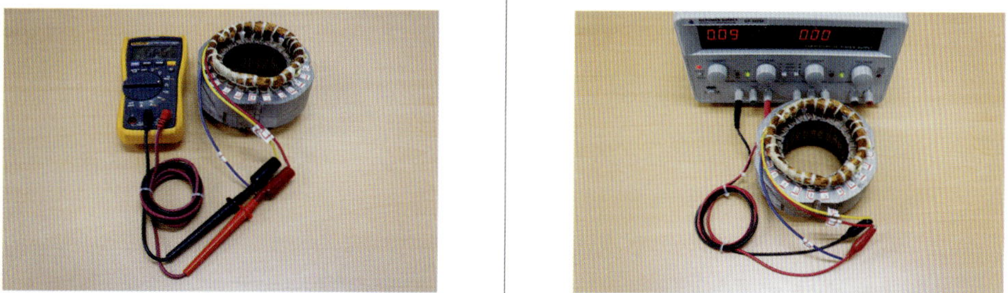

(a) 회로시험기에 의한 방법　　(b) 전원공급기에 의한 방법

그림 14-6 코일의 단선 및 접촉 불량 검사방법

② 각 자극의 극성을 점검한다.
　자극의 극성검사는 그림 14-7과 같이 실시한다.

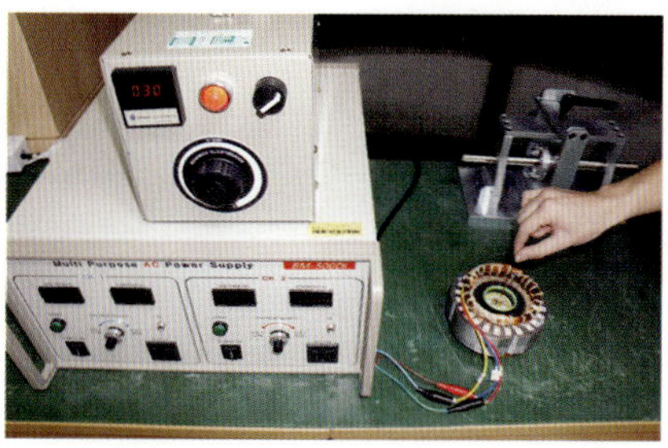

그림 14-7 자극의 극성시험 검사방법

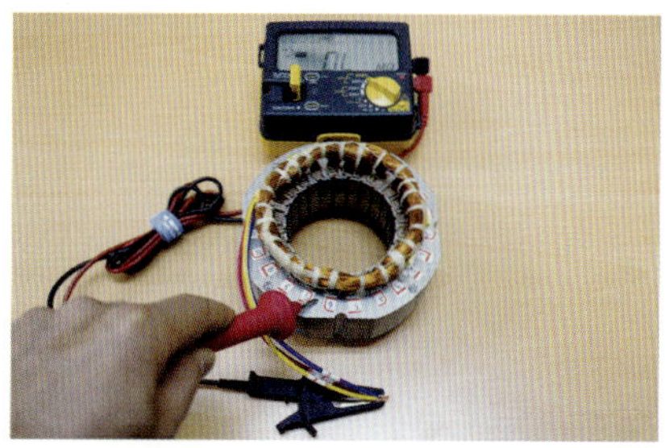

그림 14-8 각상 절연저항 측정방법

③ 절연저항계로 절연상태를 점검한다.
　절연저항 측정은 그림 14-8과 같이 실시한다.

④ 위의 측정 방법이 이상이 없는 경우 전기기계 실험장치에 설치한다.

⑤ 전기기계 테스트용 지그를 분해한다.

⑥ 회전자를 고정자 철심의 중앙에 삽입하여 테스트용 지그에 조립한다.

⑦ 고정자 철심이 움직이지 않도록 고정시킨다.

⑧ 회전자가 잘 회전하는지 확인한다.

⑨ 전원을 ON하고 전압공급기의 전원을 서서히 증가시키면서 회전자가 회전하는지 확인한다.

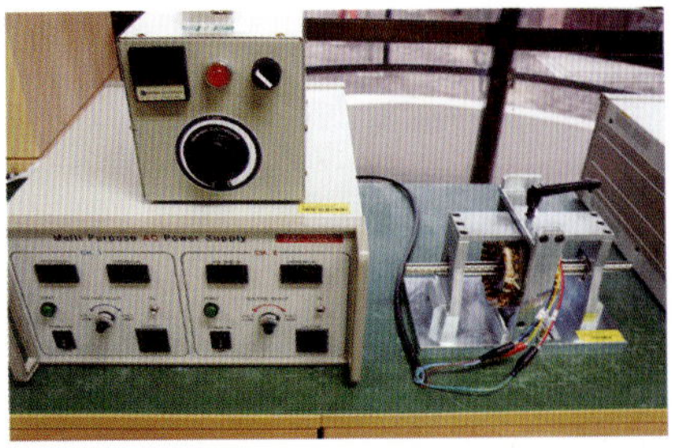

그림 14-9 전기기계 실험장치 설치방법 및 실험

⑩ 운전 도중에 과열과 소손되는 곳이 있는지 확인한다.
⑪ 유도전동기가 이상 없이 동작하면 담당교수 확인하에 평가를 받도록 한다.

6. 실습 완성 사진

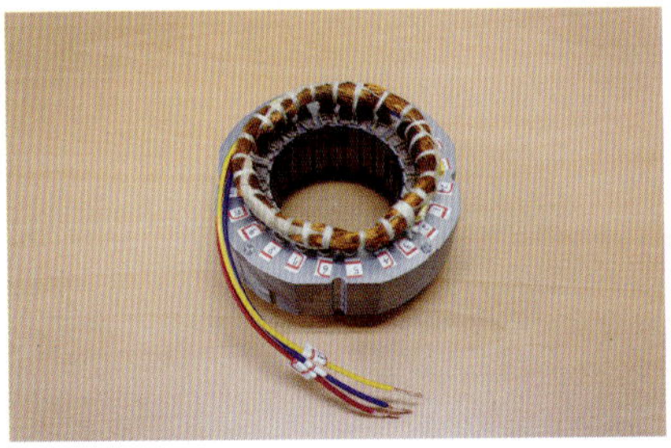

실습 15

24슬롯 3상 2/4극 110/220[V] 겸용 유도전동기 고정자 권선

목 표

1) 3상 2/4극 110/220[V] 겸용 유도전동기의 권선 배치도 및 결선도를 해석할 수 있다.
2) 권선 배치도 및 결선도에 따라 전동기를 제작할 수 있다.

실습 재료

재료명	규격	수량	재료명	규격	수량
고정자철심	24슬롯	1	절연튜브	Φ1mm, Φ3mm, Φ4mm	0.5M
Coil	Φ0.35mm	1.5Kg	호밍사	면실 Φ2mm	2M
화이바지	0.8t×200×250mm	1장	실납	Φ1.0mm SN(60%)	0.3M
절연지	0.25t×200×1000mm	1장	리드선	1.25㎟, 적, 흑색	2M
절연지	0.12t×200×1000mm	1장			

작업순서

실습 3 작업 순서 참조.

실습

1. 권선 배치

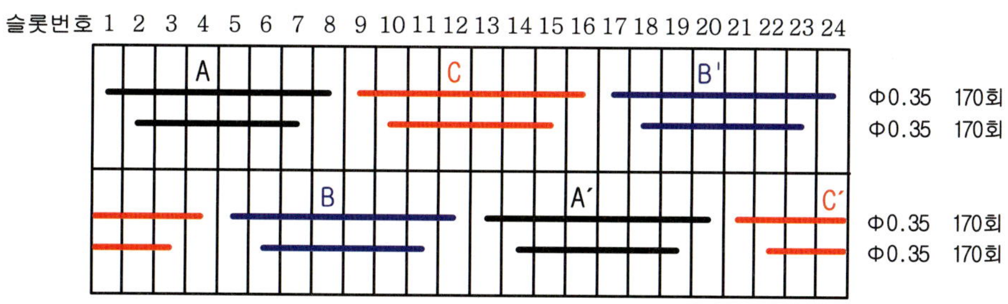

그림 15-1 권선 배치도

3상 유도전동기

2. 권선 결선

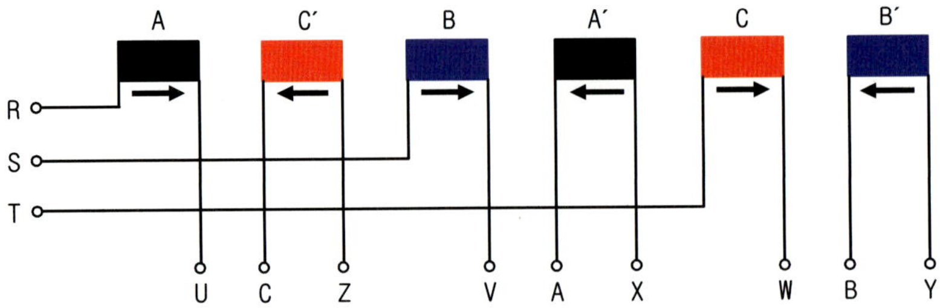

그림 15-2 권선 결선도

3. 권선 삽입 방법

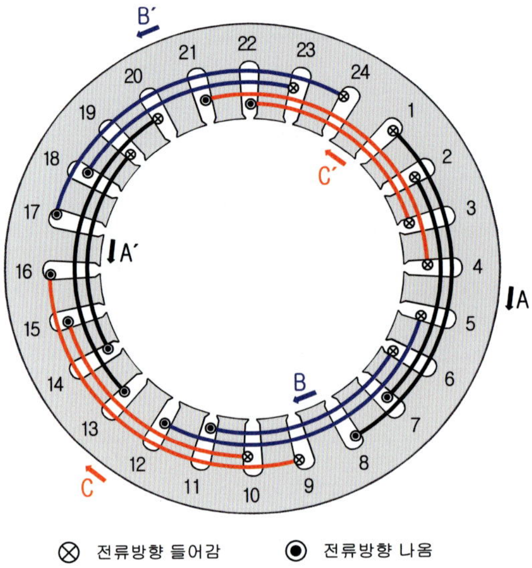

그림 15-3 고정자 철심 권선 배치도

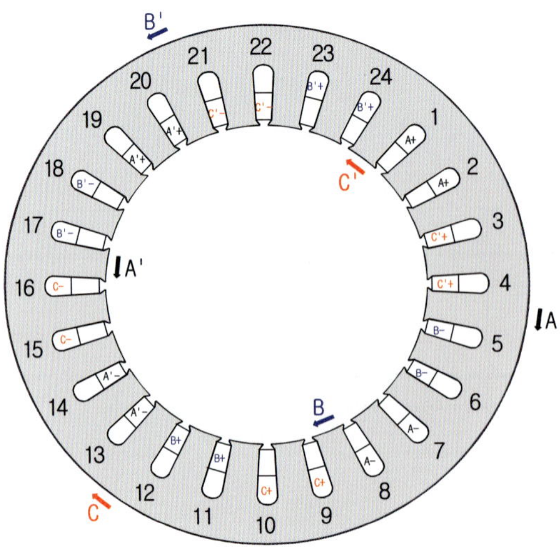

그림 15-4 각 슬롯에 대한 권선체 권선도

각 슬롯에 대한 권선 군(群)은 권선체 권선도를 참고하여 그림 15-5와 같이 입 · 출력 단자 및 슬롯번호를 라벨지에 적어서 부착한다.

3상 권선 작업시 각 상마다 권선 군 A+ → A′+ 순으로 연속해서 권선작업을 한다. 또한, B+ → B′+, C+ → C′+도 동일한 순으로 연속해서 권선작업을 한다.

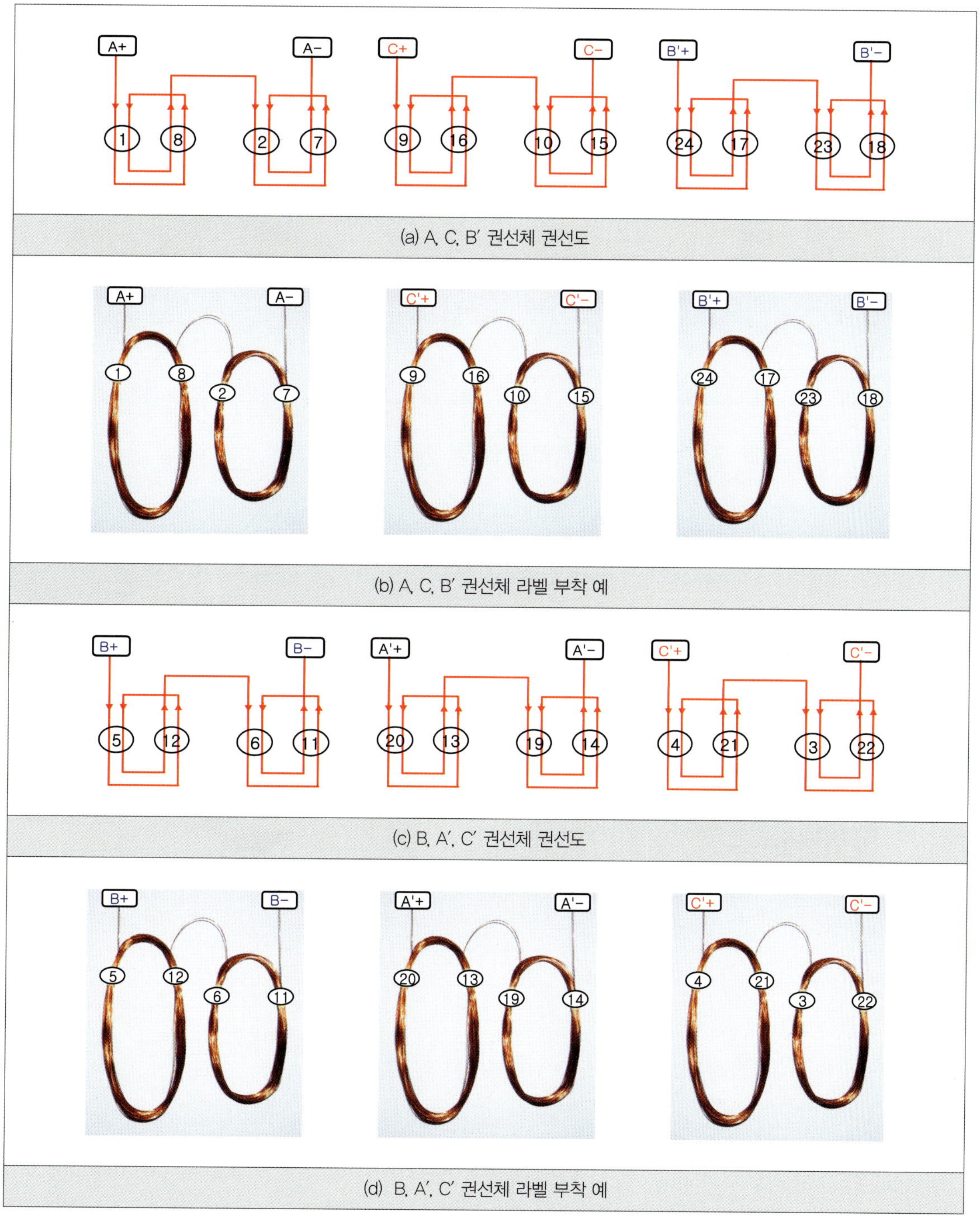

(a) A, C, B′ 권선체 권선도

(b) A, C, B′ 권선체 라벨 부착 예

(c) B, A′, C′ 권선체 권선도

(d) B, A′, C′ 권선체 라벨 부착 예

그림 15-5 **각 상별 권선체 권선도 및 라벨 부착 예**

4. 주의 사항

실습 3 주의 사항 참조.

5. 동작시험

① 회로시험기 및 직류 전원공급기에 의한 코일의 단선 및 접속 불량이 있는지 점검한다.
코일의 단선 및 접촉 불량 검사방법은 그림 15-6과 같이 실시한다.

(a) 회로시험기에 의한 방법 (b) 전원공급기에 의한 방법

그림 15-6 코일의 단선 및 접촉 불량 검사방법

② 각 자극의 극성을 점검한다.
자극의 극성검사는 그림 15-7과 같이 실시한다.

그림 15-7 자극의 극성시험 검사방법

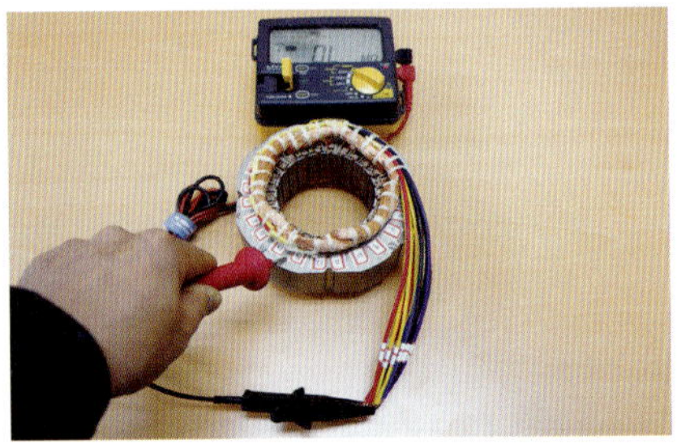

그림 15-8 절연저항 측정방법

③ 절연저항계로 절연상태를 점검한다.
절연저항 측정은 그림 15-8과 같이 실시한다.

④ 위의 측정 방법이 이상이 없는 경우 전기기계 실험장치에 설치한다.

⑤ 전기기계 테스트용 지그를 분해한다.

⑥ 회전자를 고정자 철심의 중앙에 삽입하여 테스트용 지그에 조립한다.

⑦ 고정자 철심이 움직이지 않도록 고정시킨다.

⑧ 회전자가 잘 회전하는지 확인한다.

⑨ 전원을 ON하고 전압공급기의 전원을 서서히 증가시키면서 회전자가 회전하는지 확인한다. 권선 결선 방법은 아래와 같다.

110[V]	2극	R–A, S–B, T–C 결선, U–V–W 단락
	4극	R–X, S–Y, T–Z 결선, A–B–C 단락
220[V]	2극	U–A, V–B, W–C 결선, X–Y–Z 단락
	4극	U–X, V–Y, W–Z 결선, A–B–C 단락

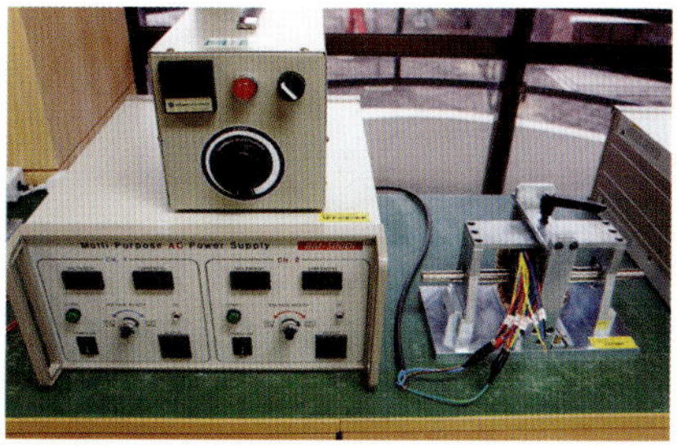

그림 15-9 전기기계 실험장치 설치방법 및 실험

⑩ 운전 도중에 과열과 소손되는 곳이 있는지 확인한다.

⑪ 유도전동기가 이상 없이 동작하면 담당교수 확인하에 평가를 받도록 한다.

6. 실습 완성 사진

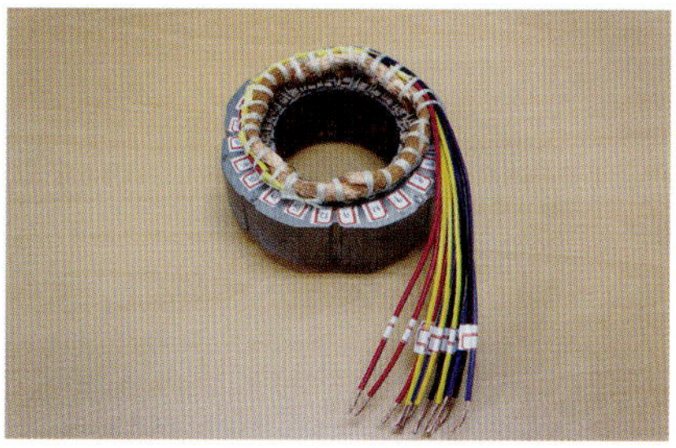

3상 유도전동기

실습 16 36슬롯 3상 2극 성형 유도전동기 고정자 권선

목 표

1) 3상 2극 유도전동기의 권선 배치도 및 결선도를 해석할 수 있다.
2) 권선 배치도 및 결선도에 따라 전동기를 제작할 수 있다.

실습 재료

재료명	규격	수량	재료명	규격	수량
고정자철심	36슬롯	1	절연튜브	Φ1mm, Φ3mm, Φ4mm	0.5M
Coil	Φ0.35mm	1.5Kg	호밍사	면실 Φ2mm	2M
화이바지	0.8t×200×250mm	1장	실납	Φ1.0mm SN(60%)	0.3M
절연지	0.25t×200×1000mm	1장	리드선	1.25㎟, 적, 흑색	2M
절연지	0.12t×200×1000mm	1장			

작업순서

실습 3 작업 순서 참조.

실 습

1. 권선 배치

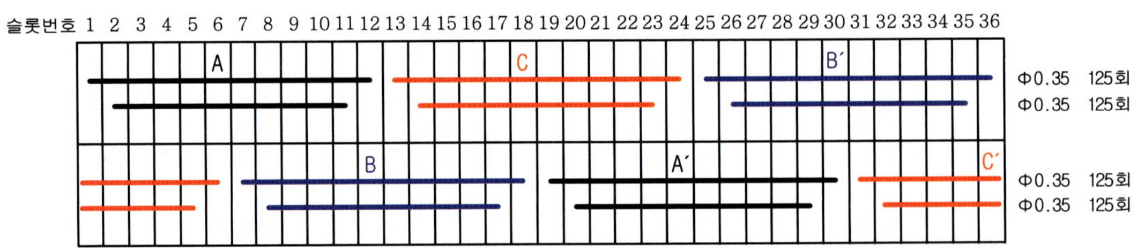

그림 16-1 권선 배치도

2. 권선 결선

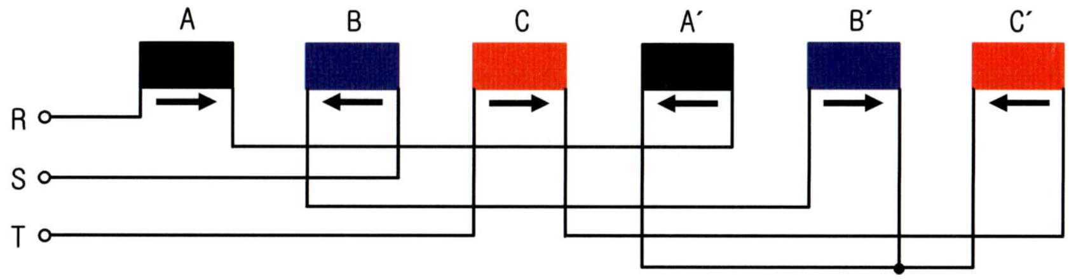

그림 16-2 권선 결선도

3. 권선 삽입 방법

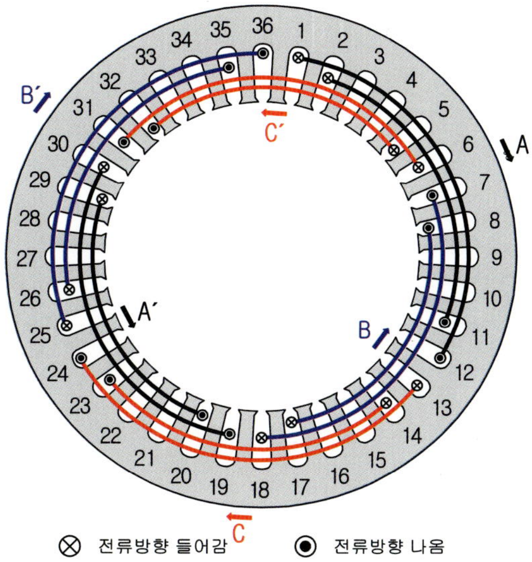

그림 16-3 고정자 철심 권선 배치도

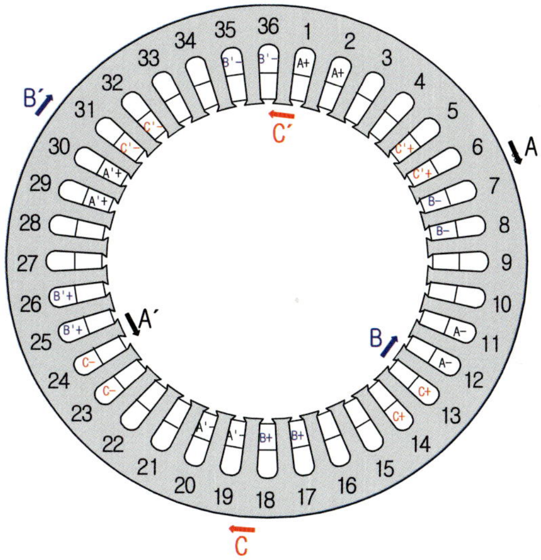

그림 16-4 각 슬롯에 대한 권선체 권선도

각 슬롯에 대한 권선 군(群)은 권선체 권선도를 참고하여 그림 16-5와 같이 입 · 출력 단자 및 슬롯번호를 라벨지에 적어서 부착한다.

3상 권선 작업시 각 상마다 권선 군 A+ → A′+ 순으로 연속해서 권선작업을 한다. 또한, B+ → B′+, C+ → C′+도 동일한 순으로 연속해서 권선작업을 한다.

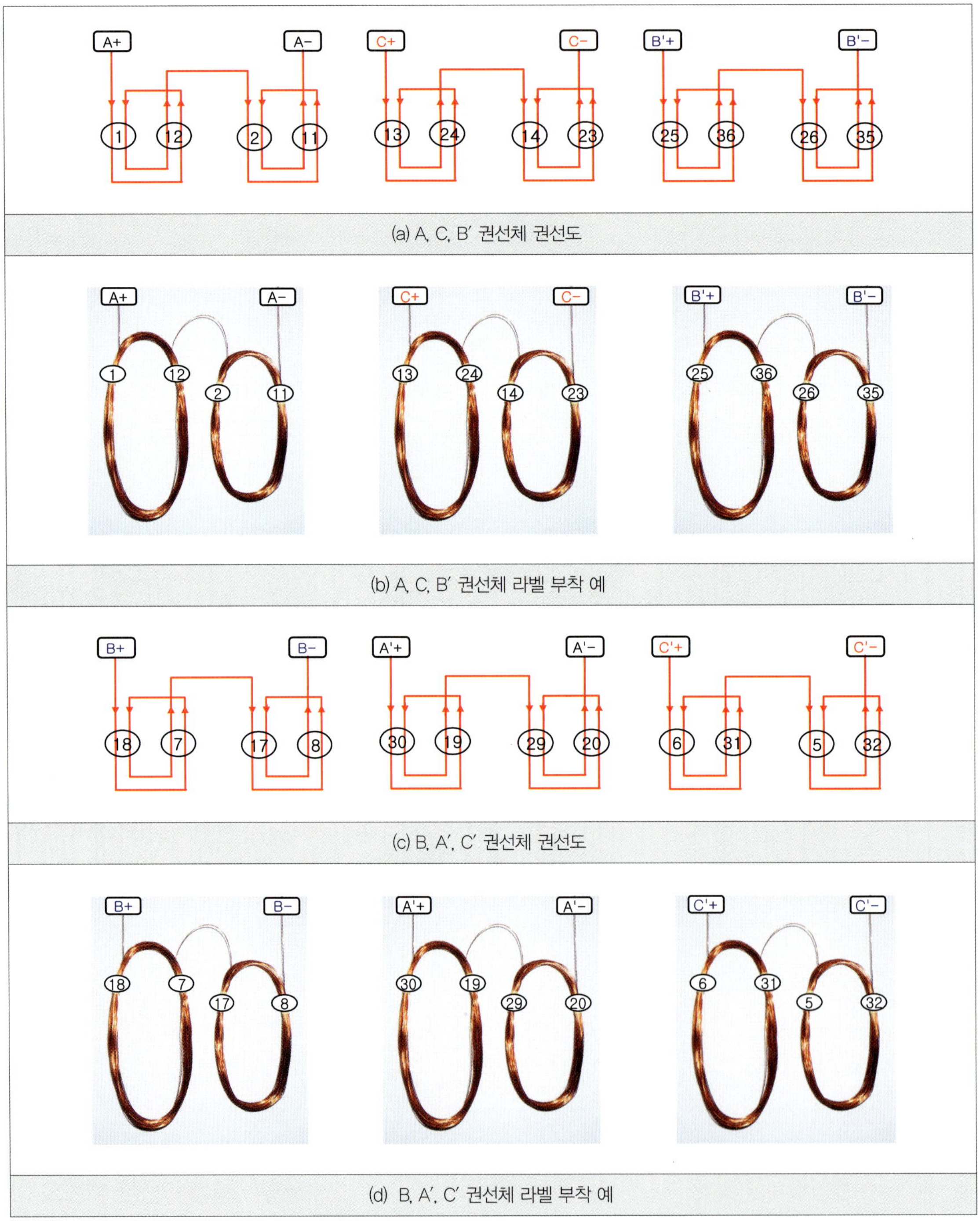

(a) A, C, B′ 권선체 권선도

(b) A, C, B′ 권선체 라벨 부착 예

(c) B, A′, C′ 권선체 권선도

(d) B, A′, C′ 권선체 라벨 부착 예

그림 16-5 **각 상별 권선체 권선도 및 라벨 부착 예**

4. 주의 사항

실습 3 주의 사항 참조.

5. 동작시험

① 회로시험기 및 직류 전원공급기에 의한 코일의 단선 및 접속 불량이 있는지 점검한다.
코일의 단선 및 접촉 불량 검사방법은 그림 16-6과 같이 실시한다.

(a) 회로시험기에 의한 방법 | (b) 전원공급기에 의한 방법

그림 16-6 코일의 단선 및 접촉 불량 검사방법

② 각 자극의 극성을 점검한다.
자극의 극성검사는 그림 16-7과 같이 실시한다.

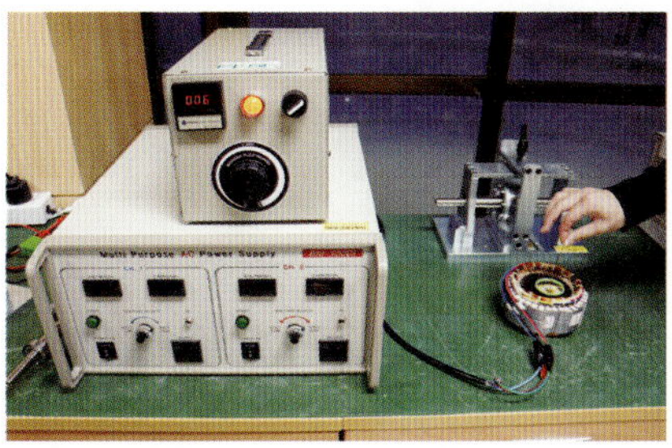

그림 16-7 자극의 극성시험 검사방법

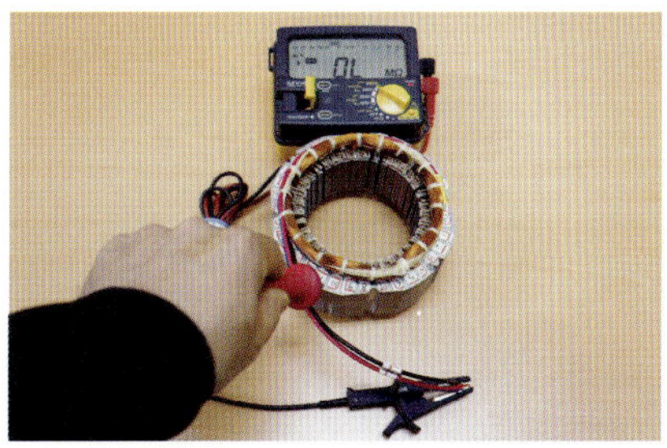

그림 16-8 절연저항 측정방법

③ 절연저항계로 절연상태를 점검한다.
절연저항 측정은 그림 16-8과 같이 실시한다.

④ 위의 측정 방법이 이상이 없는 경우 전기기계 실험장치에 설치한다.

⑤ 전기기계 테스트용 지그를 분해한다.

⑥ 회전자를 고정자 철심의 중앙에 삽입하여 테스트용 지그에 조립한다.

⑦ 고정자 철심이 움직이지 않도록 고정시킨다.

⑧ 회전자가 잘 회전하는지 확인한다.

⑨ 전원을 ON하고 전압공급기의 전원을 서서히 증가시키면서 회전자가 회전하는지 확인한다.
⑩ 운전 도중에 과열과 소손되는 곳이 있는지 확인한다.

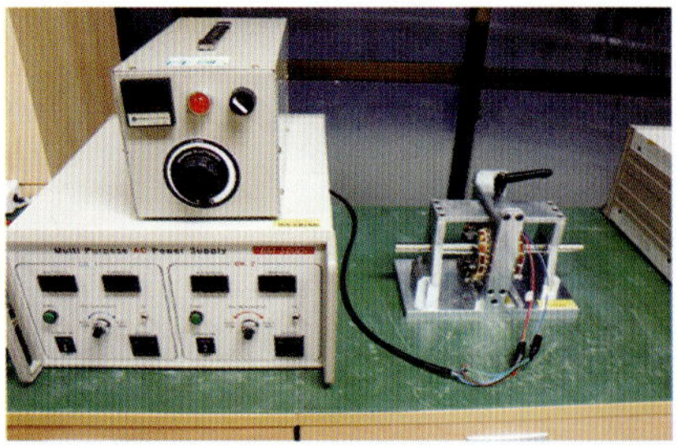

그림 16-9 전기기계 실험장치 설치방법 및 실험

⑪ 유도전동기가 이상 없이 동작하면 담당교수 확인하에 평가를 받도록 한다.

6. 실습 완성 사진

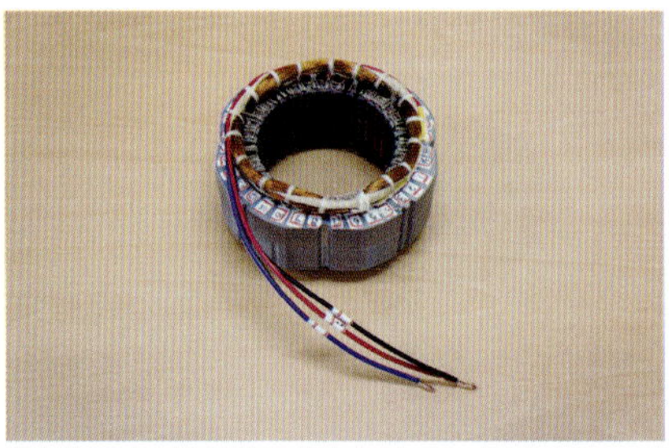

실습 17

36슬롯 3상 2극 1/4[HP] 성형 유도전동기 고정자 권선

목 표

1) 3상 2극 유도전동기의 권선 배치도 및 결선도를 해석할 수 있다.
2) 권선 배치도 및 결선도에 따라 전동기를 제작할 수 있다.

실습 재료

재료명	규격	수량	재료명	규격	수량
고정자철심	36슬롯	1	절연튜브	Φ1mm, Φ3mm, Φ4mm	0.5M
Coil	Φ0.5mm	1.5Kg	호밍사	면실 Φ2mm	2M
화이바지	0.8t×200×250mm	1장	실납	Φ1.0mm SN(60%)	0.3M
절연지	0.25t×200×1000mm	1장	리드선	1.25㎟, 적, 흑색	2M
절연지	0.12t×200×1000mm	1장			

작업순서

실습 3 작업 순서 참조.

실 습

1. 권선 배치

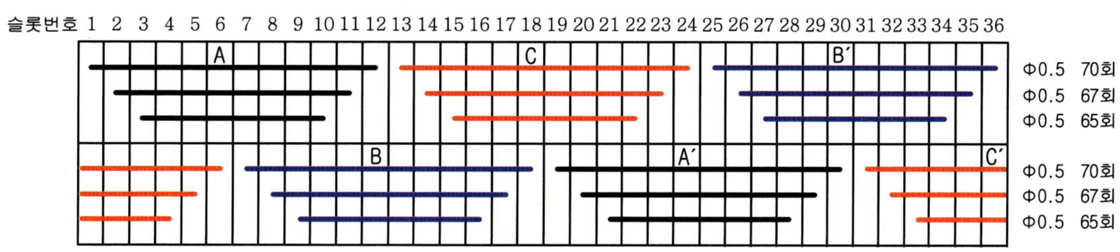

그림 17-1 권선 배치도

2. 권선 결선

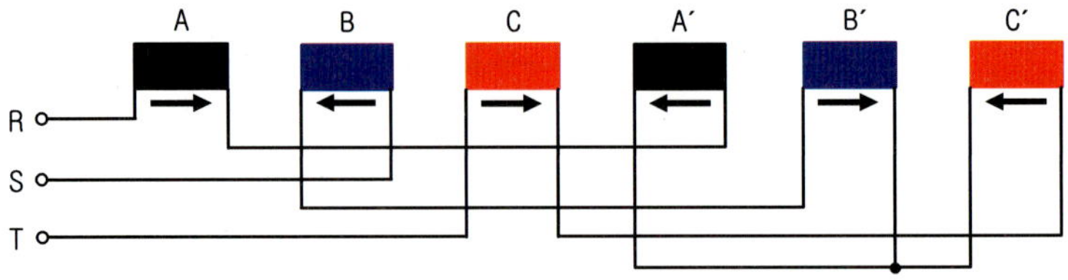

그림 17-2 권선 결선도

Y결선은 X, Y, Z단자를 결선하고 R, S, T단자에 전원에 넣으며, △결선은 R-Y, S-Z, T-X단자를 결선한다.

3. 권선 삽입 방법

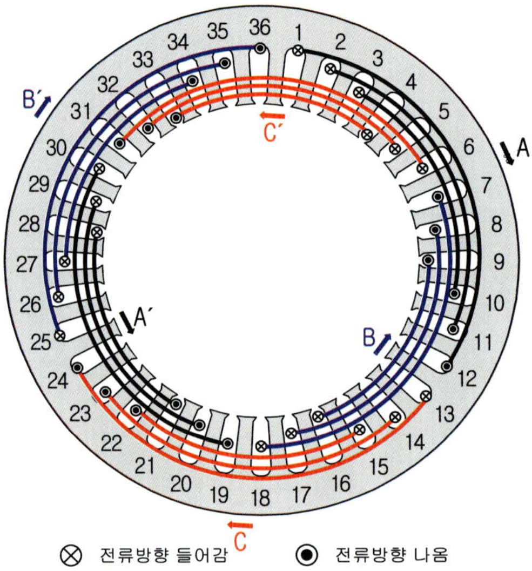

그림 17-3 고정자 철심 권선 배치도

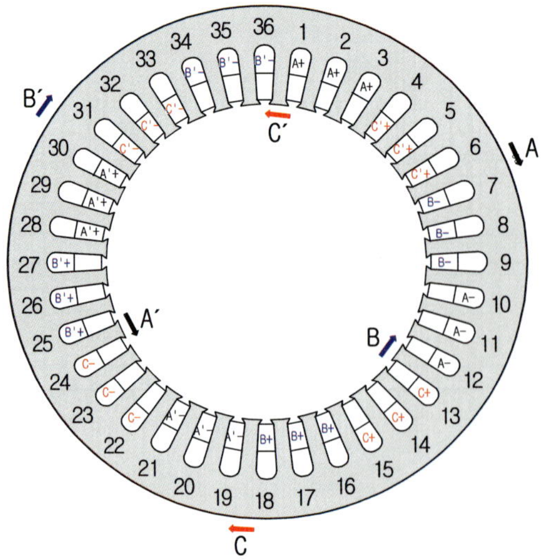

그림 17-4 각 슬롯에 대한 권선체 권선도

각 슬롯에 대한 권선 군(群)은 권선체 권선도를 참고하여 그림 17-5와 같이 입 · 출력 단자 및 슬롯번호를 라벨지에 적어서 부착한다.

3상 권선 작업시 각 상마다 권선 군 A+ → A′+ 순으로 연속해서 권선작업을 한다. 또한, B+ → B′+, C+ → C′+도 동일한 순으로 연속해서 권선작업을 한다.

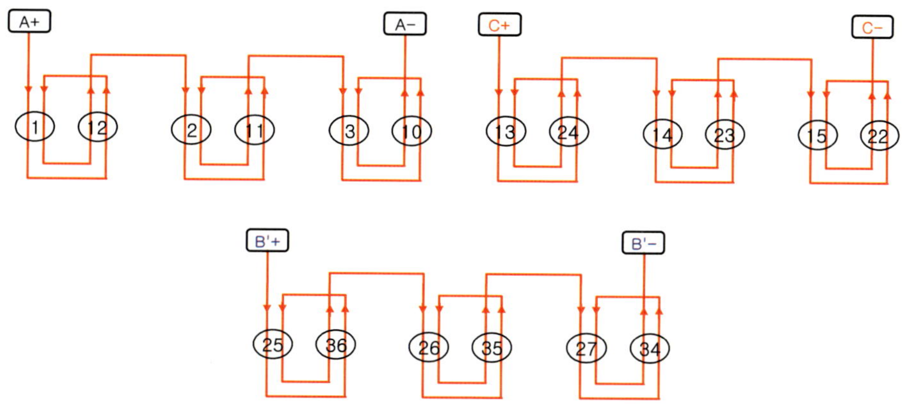

(a) A, C, B′ 권선체 권선도

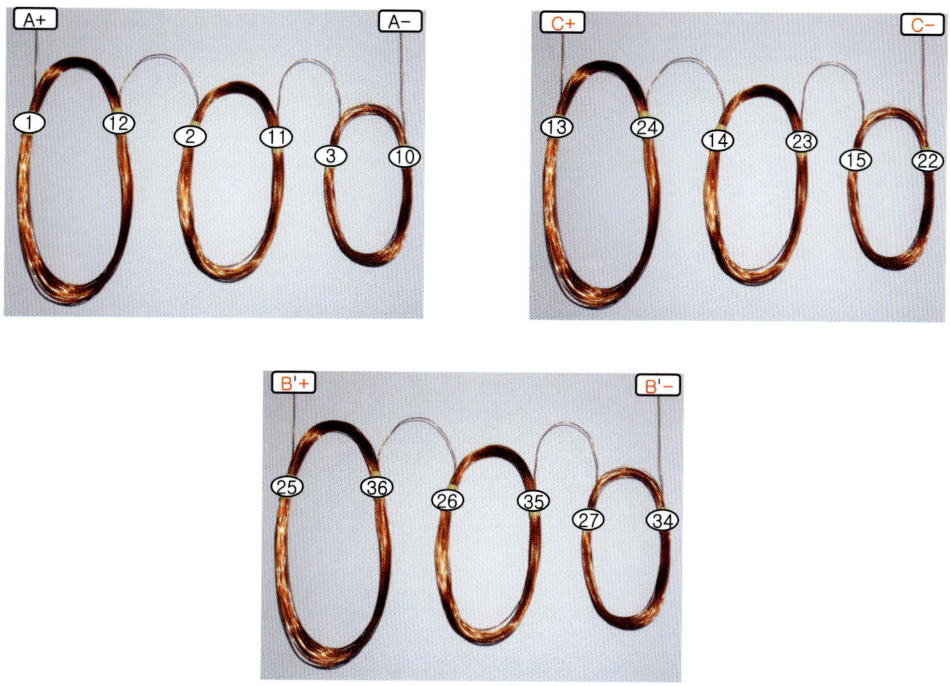

(b) A, C, B′ 권선체 라벨 부착 예

3상 유도전동기

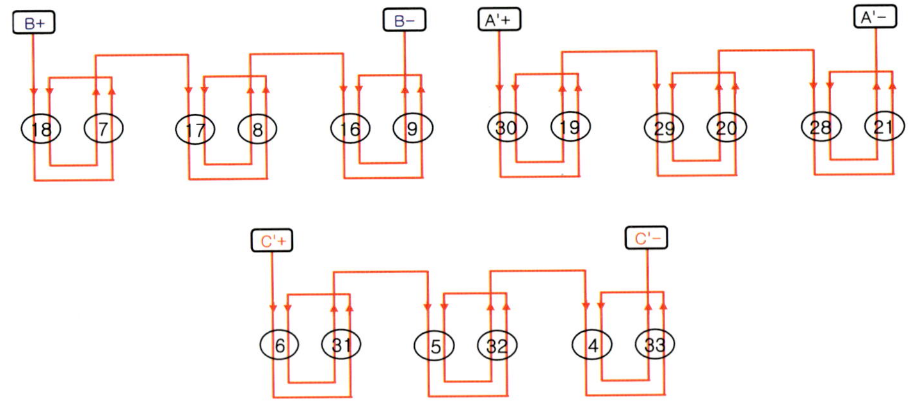

(c) B, A′, C′ 권선체 권선도

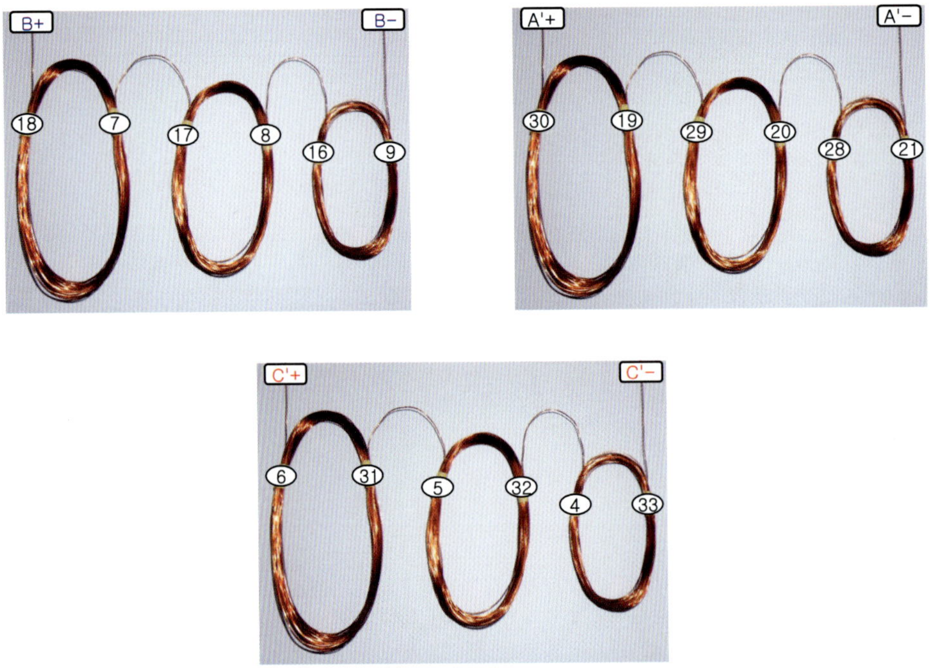

(d) B, A′, C′ 권선체 라벨 부착 예

그림 17-5 각 상별 권선체 권선도 및 라벨 부착 예

4. 주의 사항

실습 3 주의 사항 참조.

5. 동작시험

① 회로시험기 및 직류 전원공급기에 의한 코일의 단선 및 접속 불량이 있는지 점검한다.
코일의 단선 및 접촉 불량 검사방법은 그림 17-6과 같이 실시한다.

(a) 회로시험기에 의한 방법 | (b) 전원공급기에 의한 방법

그림 17-6 **코일의 단선 및 접촉 불량 검사방법**

② 각 자극의 극성을 점검한다.
자극의 극성검사는 그림 17-7과 같이 실시한다.

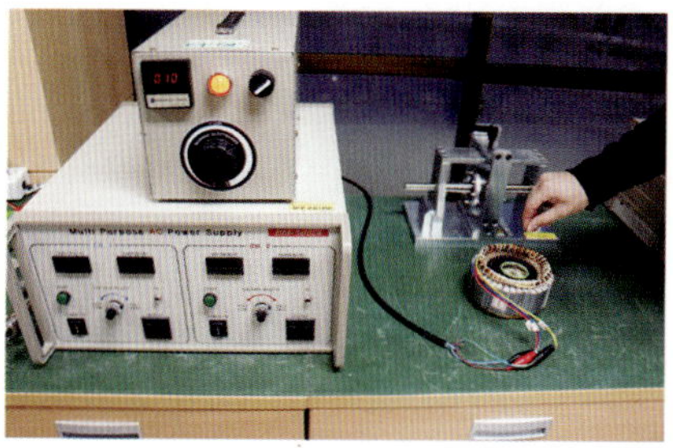

그림 17-7 **자극의 극성시험 검사방법**

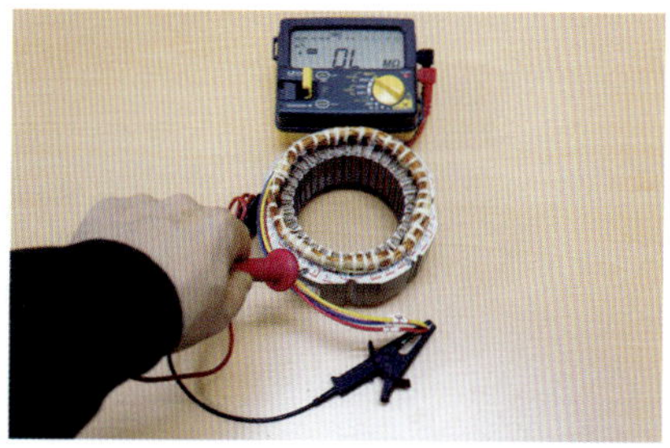

그림 17-8 **절연저항 측정방법**

③ 절연저항계로 절연상태를 점검한다.
절연저항 측정은 그림 17-8과 같이 실시한다.

④ 위의 측정 방법이 이상이 없는 경우 전기기계 실험장치에 설치한다.

⑤ 전기기계 테스트용 지그를 분해한다.

⑥ 회전자를 고정자 철심의 중앙에 삽입하여 테스트용 지그에 조립한다.

⑦ 고정자 철심이 움직이지 않도록 고정시킨다.

⑧ 회전자가 잘 회전하는지 확인한다.

⑨ 전원을 ON하고 전압공급기의 전원을 서서히 증가시키면서 회전 자가 회전하는지 확인한다.

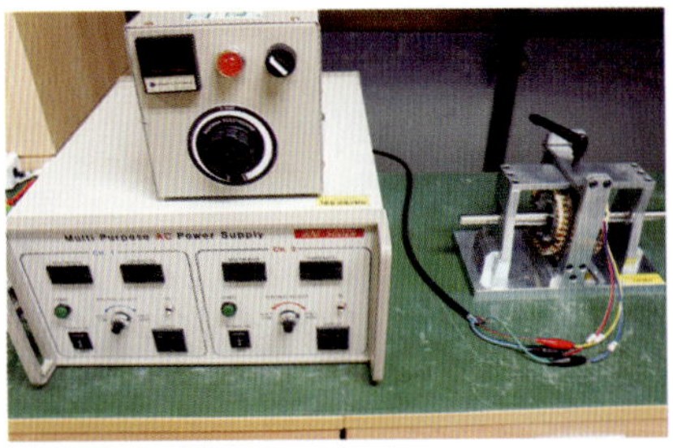

그림 17-9 전기기계 실험장치 설치방법 및 실험

⑩ 운전 도중에 과열과 소손되는 곳이 있는지 확인한다.

⑪ 유도전동기가 이상 없이 동작하면 담당교수 확인하에 평가를 받도록 한다.

6. 실습 완성 사진

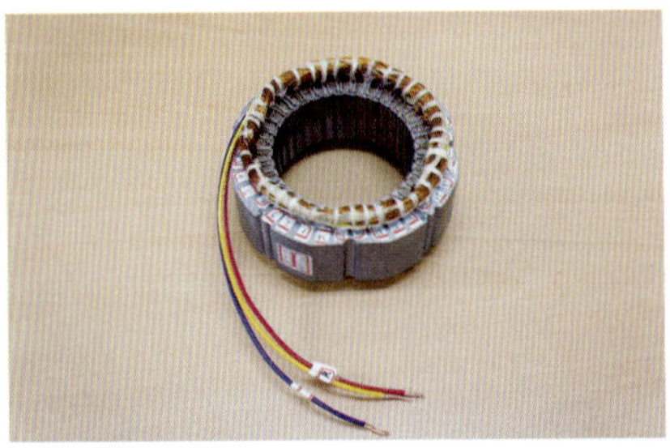

실습 18 24슬롯 3상 4극 2층권 유도전동기 고정자 권선

목 표

1) 3상 4극 유도전동기의 권선 배치도 및 결선도를 해석할 수 있다.
2) 권선 배치도 및 결선도에 따라 전동기를 제작할 수 있다.

실습 재료

재료명	규격	수량	재료명	규격	수량
고정자철심	24슬롯	1	절연튜브	Φ1mm, Φ3mm, Φ4mm	0.5M
Coil	Φ0.35mm	1.6Kg	호밍사	면실 Φ2mm	2M
화이바지	0.8t×200×250mm	1장	실납	Φ1.0mm SN(60%)	0.3M
절연지	0.25t×200×1000mm	1장	리드선	1.25㎟, 적, 청, 흑색	2M
절연지	0.12t×200×1000mm	1장			

작업순서

1. 공구와 재료를 준비한다.

실습 3 작업 순서 참조.

2. 절연지 제작 및 슬롯 절연

① 슬롯 절연지 제작

(a) 슬롯의 두께 측정(c구하는 방법)

(b) 슬롯에 절연지 삽입 후 윗부분 접기 및 색칠하기
(슬롯 내면의 둘레 a구하는 방법)

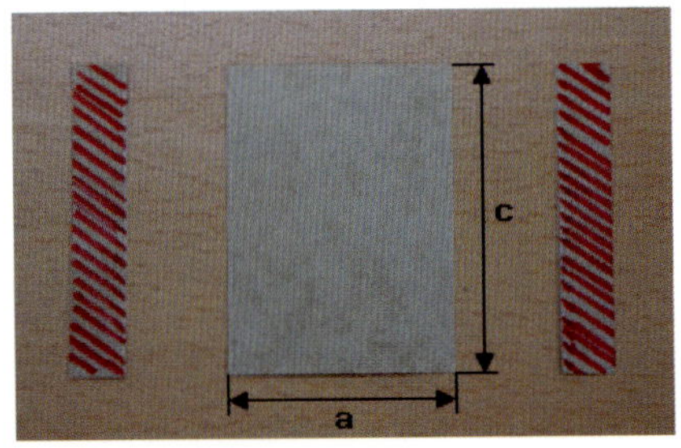

(c) 절연지 접은 부분 절단하기

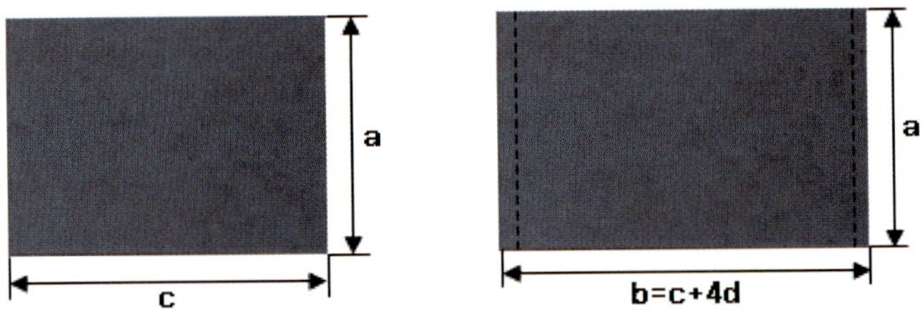

(d) 슬롯 절연지 크기 선정

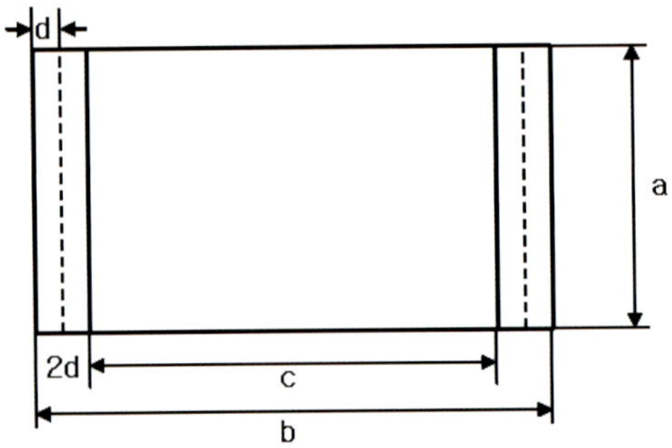

a : 슬롯 내면의 둘레
b : 절연지의 길이 : b=c+4d
(+12~20mm)
c : 슬롯의 두께 : c=b-4d
d : 턱받이 길이(보통 2~3mm 정도)

(e) 슬롯 절연지 제도

그림 18-1 슬롯 절연지 제작

② 슬롯 절연지 제단

그림 18-2 슬롯 절연지 재단선 긋기

③ 슬롯 절연지 제작 및 삽입 방법

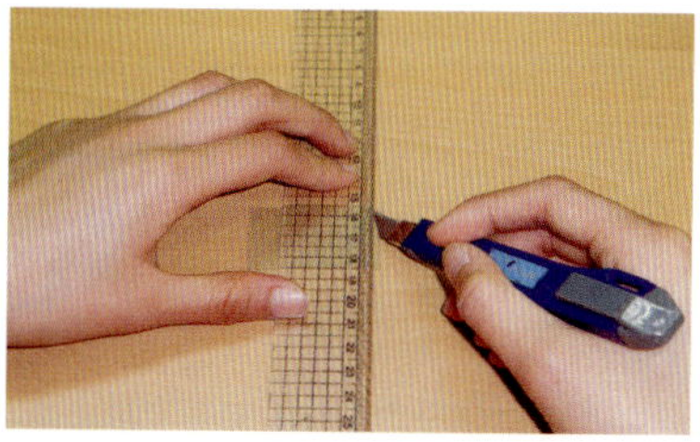

(a) 접는 선을 따라 칼등으로 칼집을 낸다.

(b) 칼집을 낸 곳을 접는다.

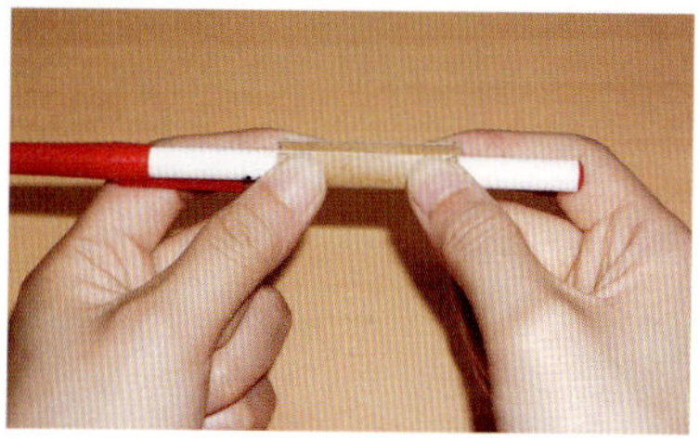

(c) 슬롯 절연지를 둥글게 만든다.(옆면)

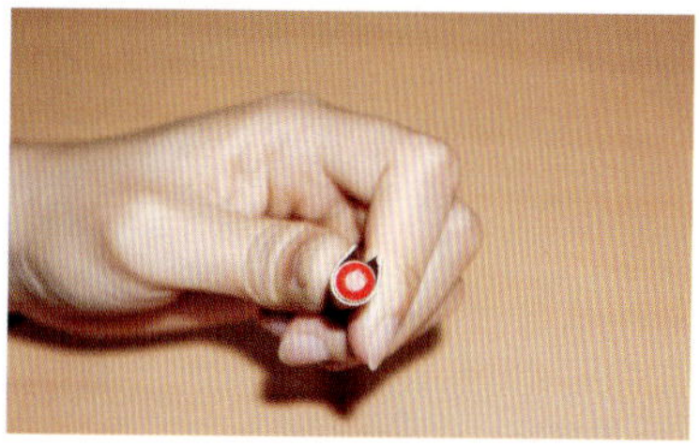

(d) 슬롯 절연지를 둥글게 만든다.(앞면)

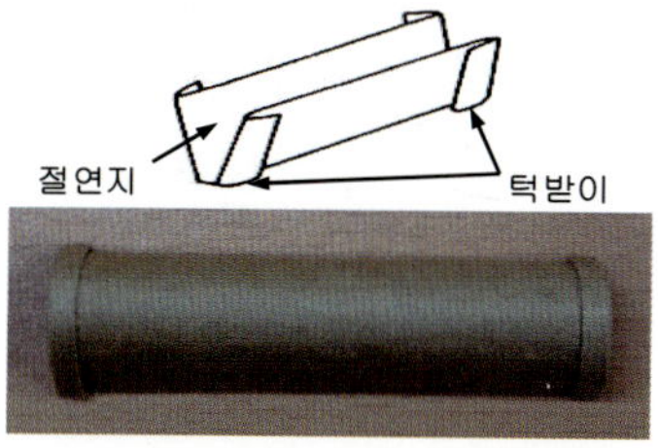

(e) 슬롯 절연지 그림 및 샘플

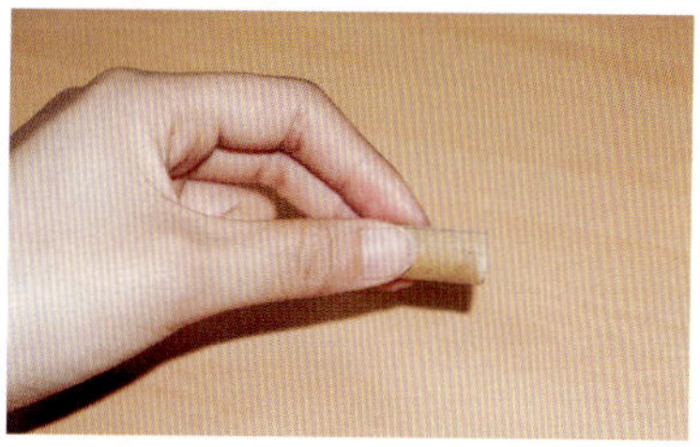

(f) 엄지와 검지를 이용해 둥글게 만든다.

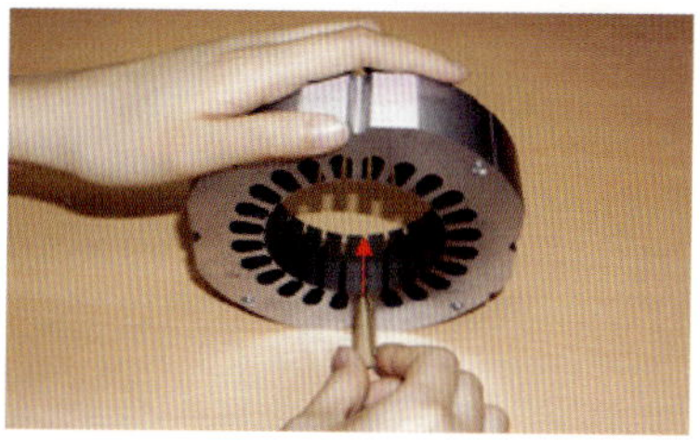

(g) 슬롯 안으로 절연지를 밀어 넣는다.

(h) 절연지와 철심 사이를 밀착 시킨다.

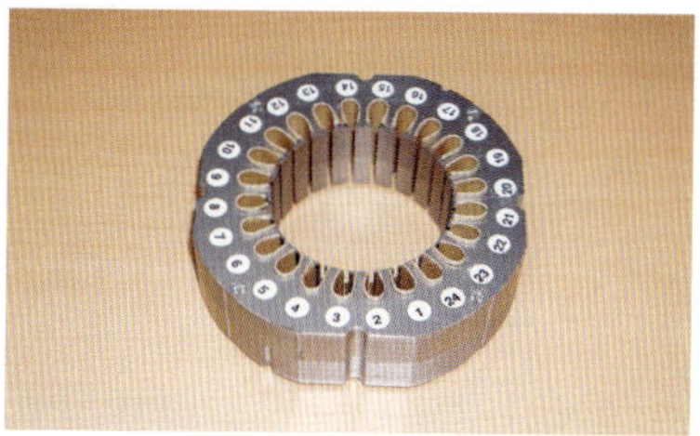

(i) 슬롯 절연지가 슬롯에 삽입된 모습

그림 18-3 슬롯 절연지 제작 및 삽입 방법

④ **층간 절연지 제작**

층간 절연지를 제도하여 치수에 따라 자른다.

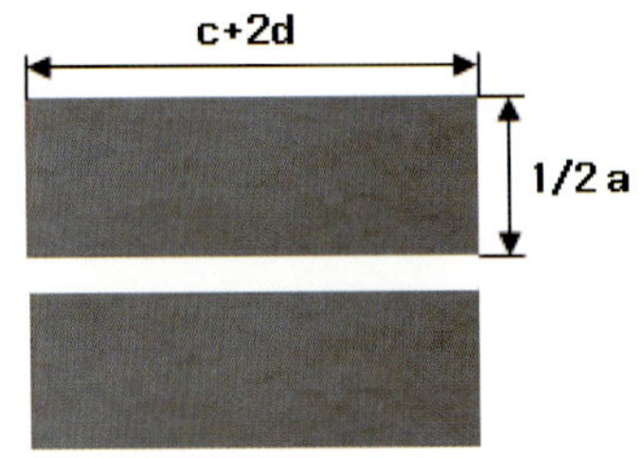

(a) 층간(웨지) 절연지 치수

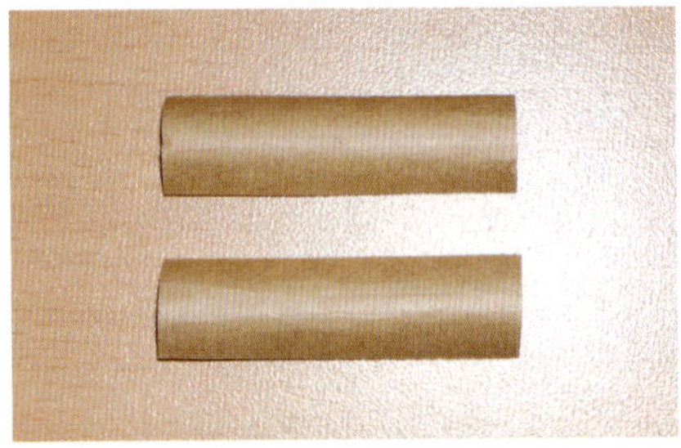

(b) 층간 절연지 접기 모양

그림 18-4 층간 절연지 제작

⑤ **쐐기 절연지 제작**

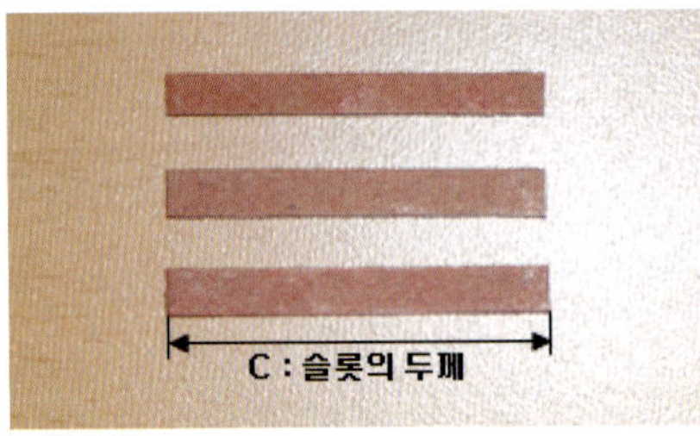

그림 18-5 쐐기 절연지 제작

3. 권선틀 제작

코일 피치를 측정하고 권선틀을 만들어 정확한 권선수를 감는다.

4. 코일 피치

코일 피치를 결정하여 그림 18-6과 같이 결정한다.

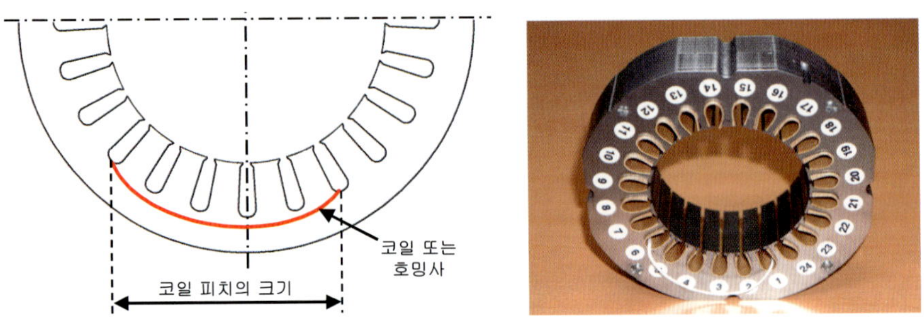

그림 18-6 코일 피치의 크기 결정하기

5. 권선작업

결정된 코일 피치를 실제로 만들어서 일단 삽입하여 확인한 후 맞으면 그림 18-7 (b)와 같이 권선작업을 한다.

(a) 코일 피치에 맞는 권선틀 조절

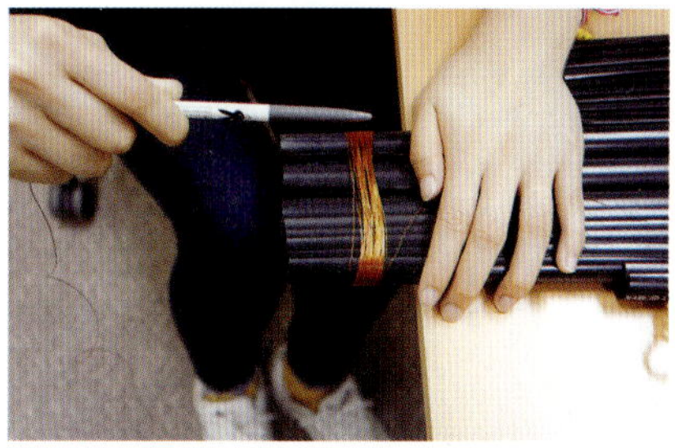

(b) 권선틀을 이용하여 권선작업(감기)

(c) 권선이 흐트러지지 않도록 호밍사나 폐 코일로 위, 아래를 묶는다.

그림 18-7 권선작업 순서

6. 슬롯에 코일 삽입

① 절연지(0.25mm) 또는 필름 절연지를 그림 18-8과 같이 슬롯에 끼운다.

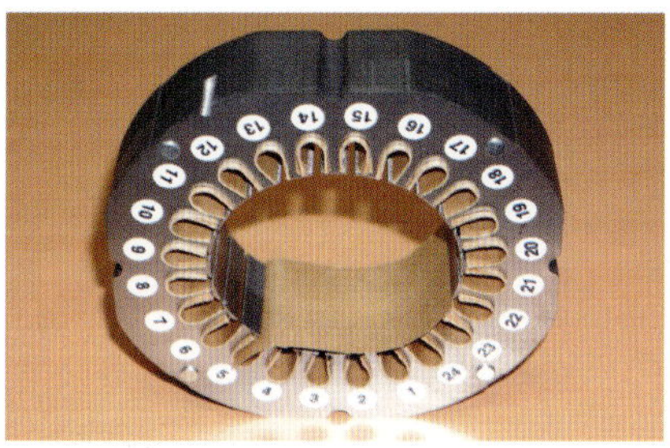

그림 18-8 슬롯에 절연지 삽입 모양

② 예를 들면 A상 8개의 권선 중에서 A_1 권선 군 2개 중 1개의 권선 군을 두고, 그림 18-9와 같이 슬

롯에 들어갈 권선을 중 슬롯 하층에 삽입할 권선을 넣고 슬롯 상층에 삽입되어야 할 권선은 삽입을 보류한다.

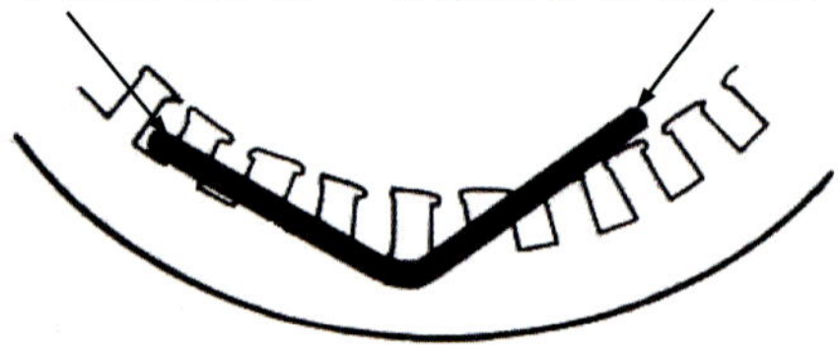

그림 18-9 **슬롯에 코일을 삽입하는 모양 예**

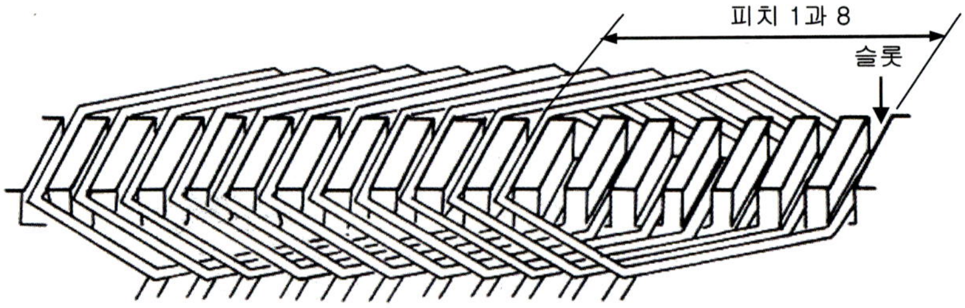

그림 18-10 **슬롯을 평면상에 전개하였을 때의 3상 권선**

그림 18-10은 권선 군을 슬롯에 넣고 평면상에 전개했을 때의 3상 결선도 예이다.

③ 슬롯에 번호를 정하여 그림 18-19 권선 배치도와 전류방향을 참고하여 그림 18-11 (a)그림과 같이 A상의 A_1 첫 번째 권선 군을 6번(↓:전류방향이 나옴) 슬롯 하층에 삽입하고, 1번(↑:전류방향이 들어감) 슬롯 상층에 들어갈 권선 군은 하층에 들어갈 권선 군 때문에 삽입을 보류한다(전류방향 주의). 같은 전류방향으로 (b)와 같이 A_1 두 번째 권선 군을 7번 슬롯 하층에 삽입하고, 2번 슬롯 상층에 들어갈 권선 군은 하층에 들어갈 권선 군 때문에 삽입을 보류한다. 각 상의 전류방향을 참고하여 B상, C상을 (c)~(J)까지 슬롯에 동일한 방법으로 모두 삽입한다.

(a) A상의 A_1 (슬롯 6(삽입)-1(보류))	(b) A상의 A_1 (슬롯 7(삽입)-2(보류))

(c) B상의 B_1 (슬롯 8–3(보류), 9–4(보류))

(d) C상의 C_1 (슬롯 10–5(보류), 11–6(삽입))

(e) A상의 A_2 (슬롯 12–7, 13–8(삽입))

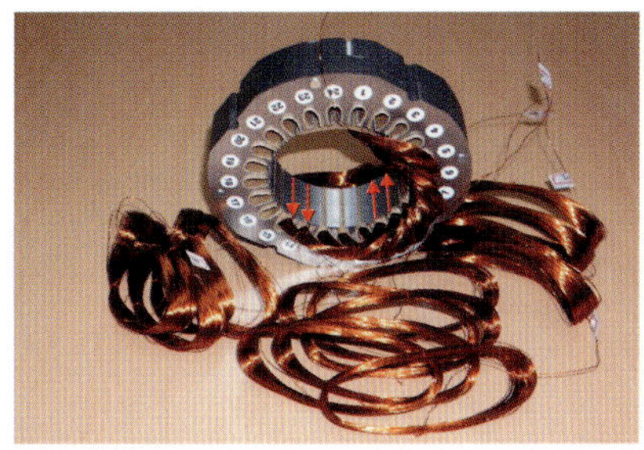

(f) B상의 B_2 (슬롯 14–9, 15–10(삽입))

(g) C상의 C_2 (슬롯 16–11, 17–12(삽입))

(h) A상의 A_3 (슬롯 18–13, 19–14(삽입))

(i) B상의 B_3 (슬롯 20–15, 21–16(삽입))

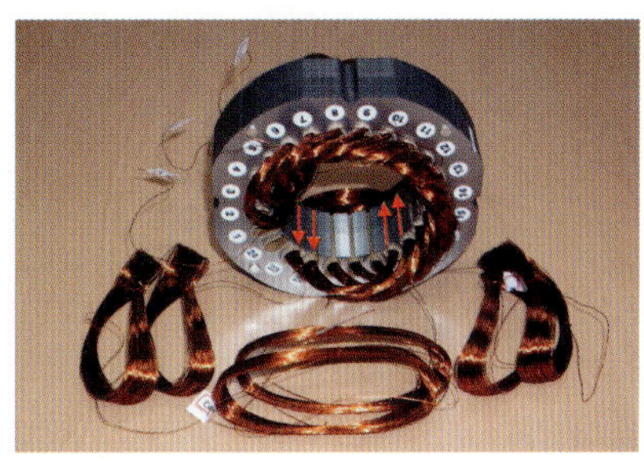

(j) C상의 C_3 (슬롯 22–17, 23–18(삽입)

(k) A상 A_4, B상 B_4, C상 C_4 삽입 완료

그림 18-11 A상, B상, C상 권선 군 삽입 순서

④ 슬롯과 코일간의 단락 여부 확인

코일이 단락(short)을 일으키는 원인으로는 슬롯에 코일을 넣는 과정에서 코일을 단단히 감기 위해서 너무 당기면서 권선작업을 하거나, 프라스틱 해머로 심하게 두드리면서 코일을 밀어 넣는 경우 자주 일어난다.

그림 18-12는 철심과 코일 간에 접지된 점을 전구로 검출하는 방법이고, 그림 19-13은 권선 군간 단선된 점을 검출하는 방법이다.

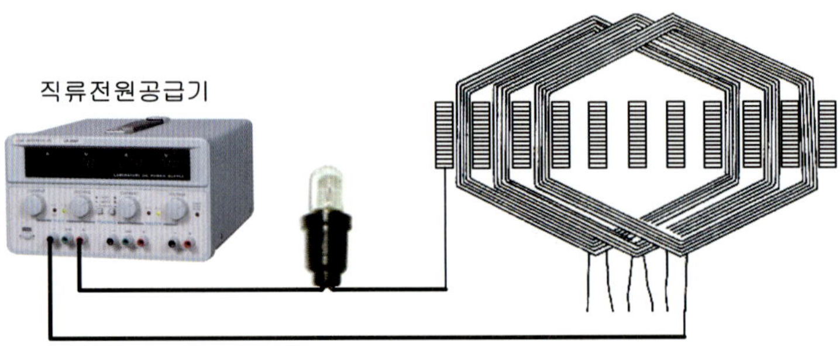

그림 18-12 고정자 철심과 코일을 검출하는 방법

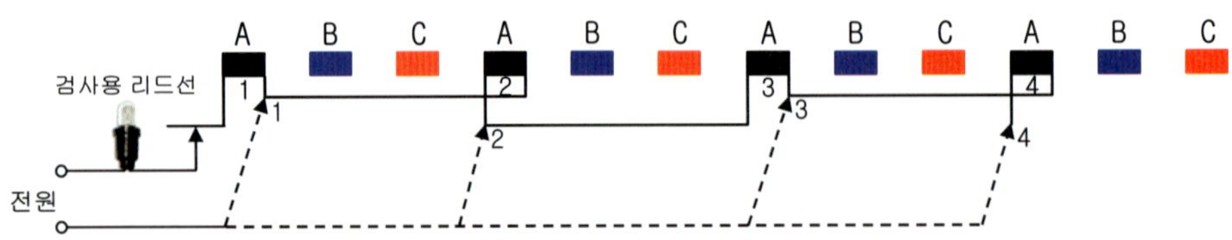

그림 18-13 단선된 무리를 검출하는 방법

7. 코일 성형

슬롯에 권선 군 삽입 작업이 다 끝나면 권선 군의 시작과 끝을 정리한 다음 성형작업을 한다. 성형작업이 끝나면 쐐기를 삽입한 다음 상간 절연지를 삽입한다.

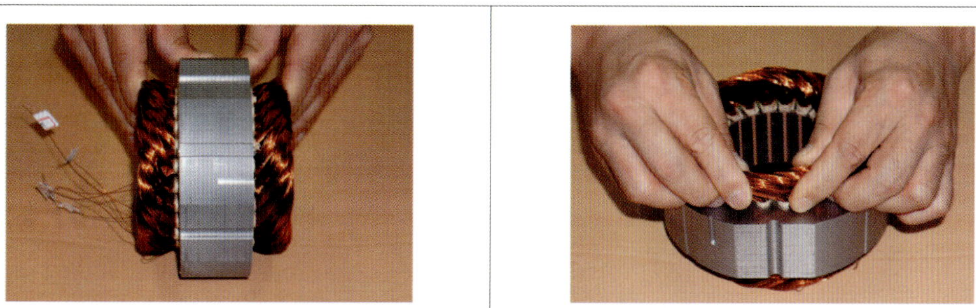

(a) 엔드턴 밖으로 젖히기 | (b) 권선체 상 · 하층변이 대칭이 되게 성형작업

그림 18-14 코일 성형

8. 쐐기(화이바) 절연지 삽입

쐐기의 길이는 고정자 철심의 성층 두께와 같다.

9. 상간 절연지 제작

쐐기 절연지 삽입이 끝난 후 그림 18-15와 같이 상간 절연지를 제작하여 삽입하고 그림 18-16과 같이 코일 군 시작과 끝을 한쪽으로 모은다.

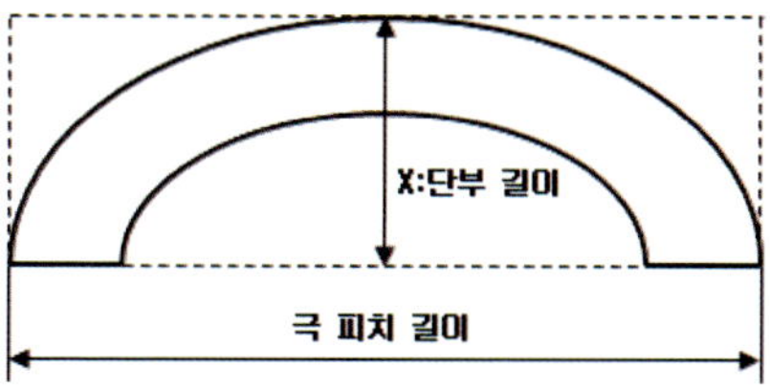

그림 18-15 상간 절연지 제도

그림 18-16 상간 절연(상부 예)

10. 결선 작업

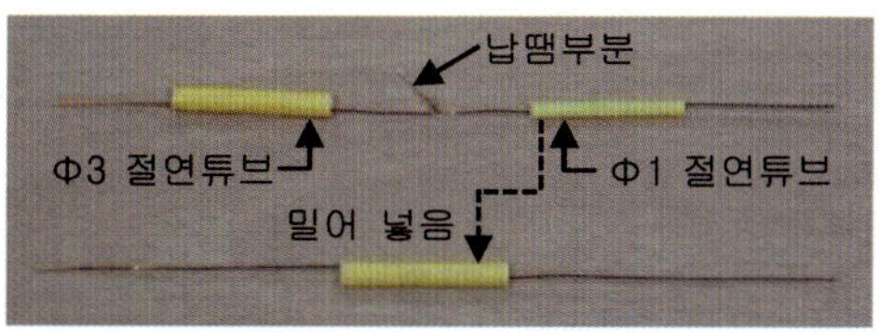

그림 18-17 코일 군마다 연결 방법

리드선 연결 작업은 실습 3 참조.

❶ 극성을 시험하고 이상이 없으면 리드선을 연결하고 납땜을 한다.

❷ 납땜 부분에는 3[mm]의 절연튜브를 밀어 넣는다.

11. 바인딩 작업(코일 묶기)

코일의 성형이 끝난 후 코일과 리드선이 접속된 부분을 가지런히 하고 호밍사를 이용하여 처음에는 권선 군(권선체)을 묶은 후 바구니식 방법으로 묶는다. 특히, 전원 리드선 부분에는 다시 한번 묶고 리드선이 빠지지 않도록 단단히 묶는다.

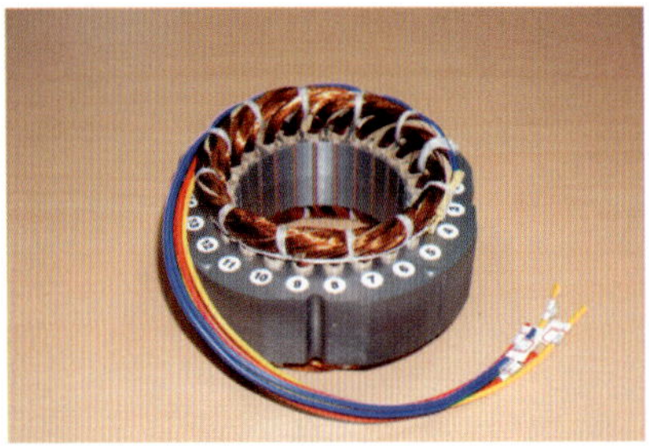

그림 18-18 호밍사 작업 완료 상태(권선 군 묶은 모양)

12. 건조 및 바니쉬 함침

13. 전동기 조립

14. 접지 및 절연저항 측정

15. 동작 시험

① 회로시험기로 권선의 단선 및 접속 불량이 있는지 점검한다.

② 콘덴서를 연결하고 회전자가 회전할 수 있도록 조정하여 놓는다.

③ 전원을 연결하여 고정자 사이에 들어 있는 회전자의 동작이 잘 되는지 점검 확인한다.

16. 작업이 완료되면 정리 정돈한다.

실 습

1. 권선 배치

상층 코일	20	21	22	23	24	1	2	3	4	5	6	7	8	9	10	11	12	13	14	15	16	17	18	19
하층 코일	1	2	3	4	5	6	7	8	9	10	11	12	13	14	15	16	17	18	19	20	21	22	23	24
극당 상수	A_1		B_1		C_1		A_2		B_2		C_2		A_3		B_3		C_3		A_4		B_4		C_4	
극수 번호	1						2						3						4					

※ 코일 수 계산

① 각상 코일 수 계산 = $\dfrac{\text{총 코일 변수(슬롯 수)}}{\text{상수}} = \dfrac{24}{3} = 8\text{개}$

② 극당 코일 수 계산 = $\dfrac{\text{코일 수}}{\text{극수}} = \dfrac{24}{4} = 6\text{개}$

③ 무리수(군) 계산 = 상수×극수 = 12(군)

④ 무리(군)당 코일 수 = $\dfrac{\text{총 코일 변수(슬롯 수)}}{\text{무리수(군)}} = \dfrac{24}{12} = 2\text{개}$

표 18.1 데이터표

상수	3상	슬롯수	24개	선경	Φ0.35mm
코일 턴수	100회	군당 코일수	2개	군수	12개
코일수	24개	극수	4극	코일 피치	#1 ～ #6

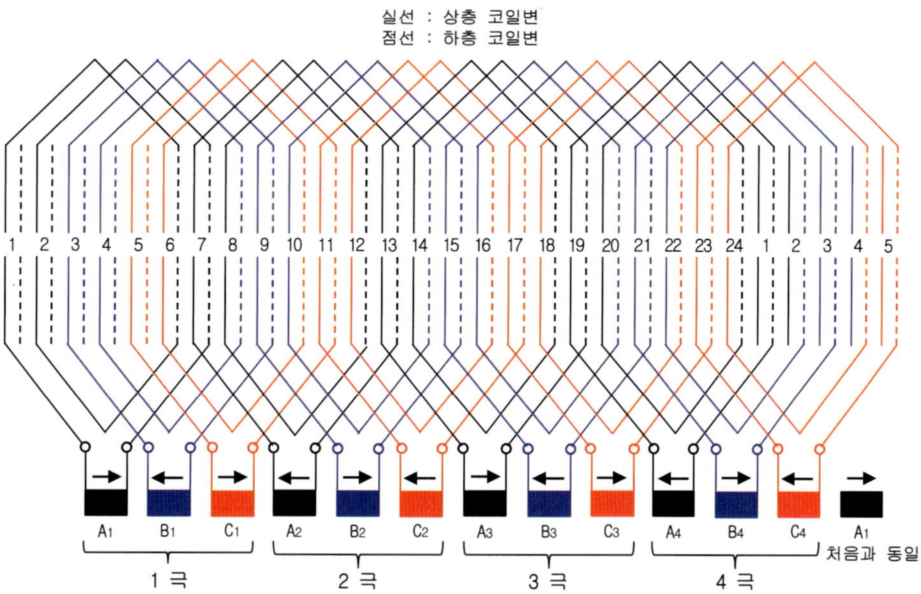

그림 18-19 권선 배치도

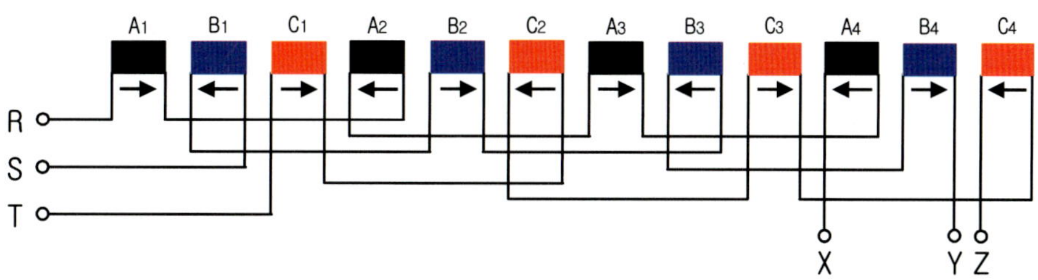

그림 18-20 권선 결선도

Y결선 X, Y, Z단자를 결선하고 R, S, T단자에 3상 전원을 넣으며, △결선은 R-Y, S-Z, T-X단자에 결선하고 3상 전원을 넣는다.

3. 권선 삽입 방법

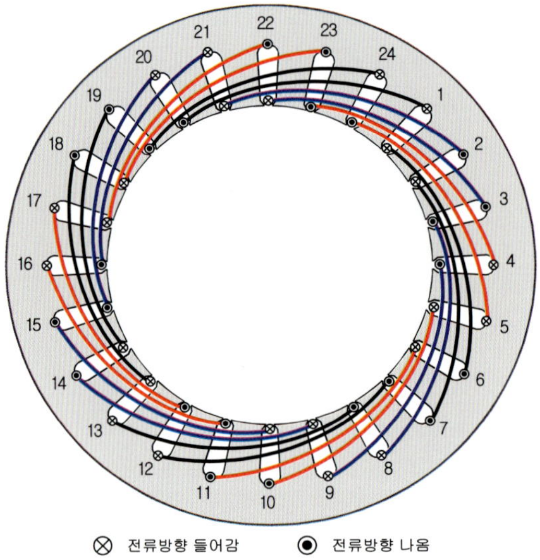

그림 18-21 고정자 철심 권선 배치도

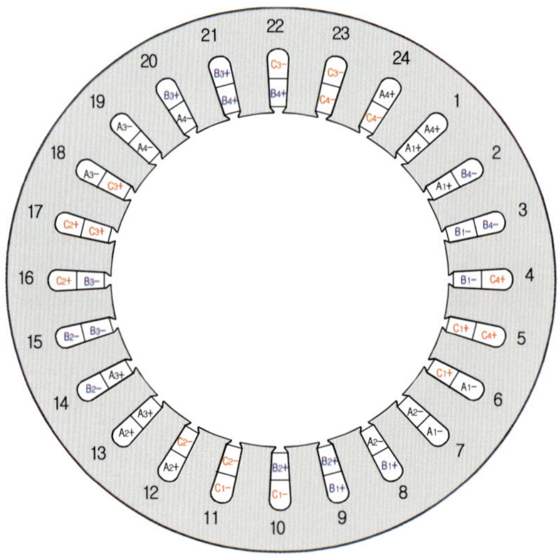

그림 18-22 각 슬롯에 대한 권선체 권선도

3상 권선 작업시 A상 권선 군 A_1 → A_4(12개 권선 군) 순으로 끊지 말고 연속해서 권선작업을 한다. 또한, B상과 C상도 동일한 순으로 연속해서 권선작업을 한다.

각 슬롯에 대한 권선 군(群)은 그림 18-23 (a)의 각 상의 권선체 권선도를 참고하여 (b)와 같이 입·출력 단자 및 슬롯번호를 라벨지에 적어서 부착한다.

그림 18-23 (a)는 권선 군이 들어갈 슬롯번호와 권선 군을 슬롯에 삽입 순서를 표현한 것이다.

삽입순서는 [1] 번의 A_1+ → [2] 번의 B_1- → [3] 번의 C_1+ → [4] 번의 A_2- → [5] 번의 B_2+ → [6] 번의 C_2- → [7] 번의 A_3+ → [8] 번의 B_3- → [9] 번의 C_3+ → [10] 번의 A_4- → [11] 번의 B_4+ → [12] 번의 C_4- 번호 순서대로 슬롯에 권선을 삽입한다.(점선은 극수별 상간 권선 군 시작과 끝을 표시함)

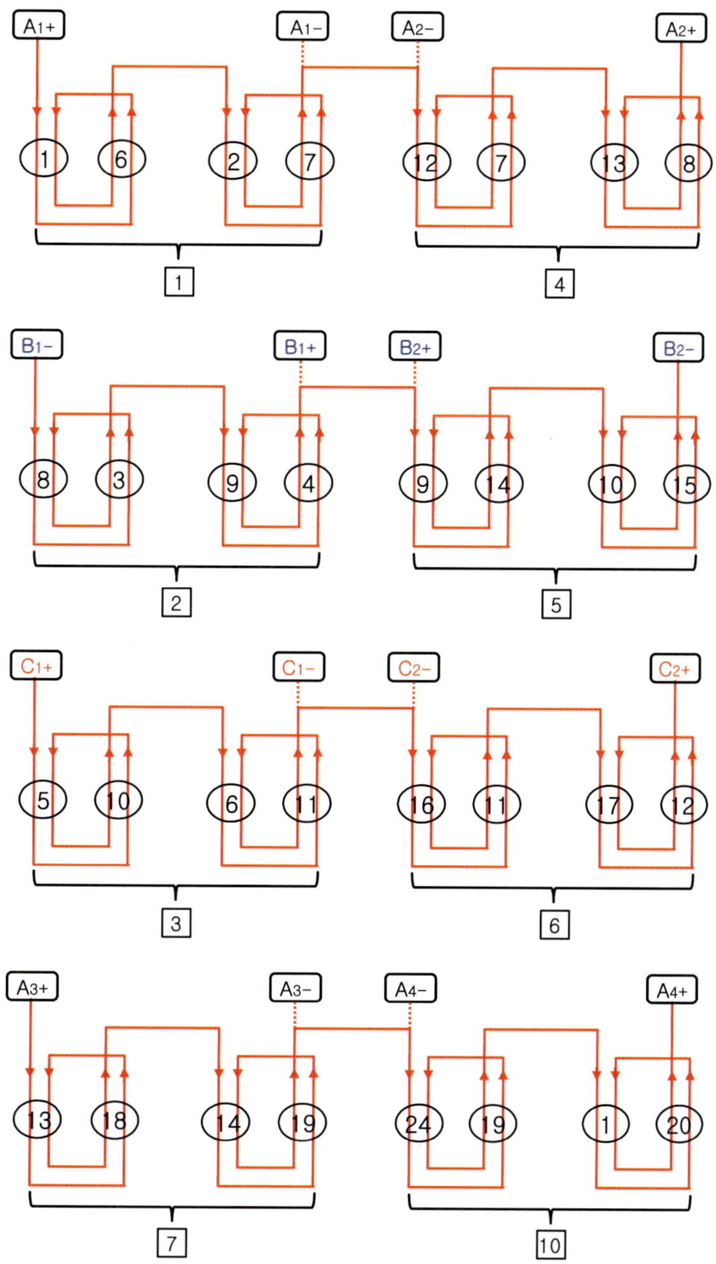

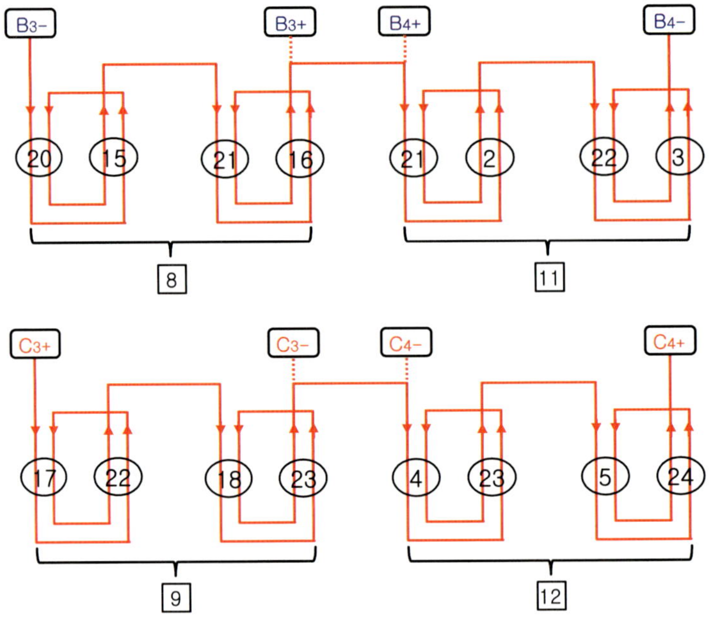
B3−
B3+
B4+
B4−
20
15
21
16
21
2
22
3
8
11
C3+
C3−
C4−
C4+
17
22
18
23
4
23
5
24
9
12

(a) A, B, C 권선체 권선도

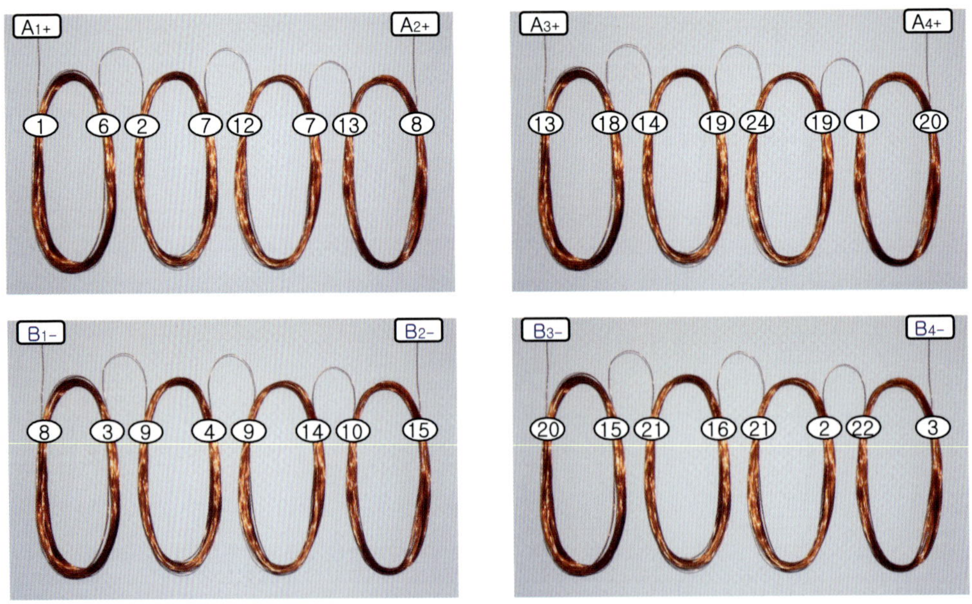
A1+
A2+
1 6 2 7 12 7 13 8
A3+
A4+
13 18 14 19 24 19 1 20
B1−
B2−
8 3 9 4 9 14 10 15
B3−
B4−
20 15 21 16 21 2 22 3

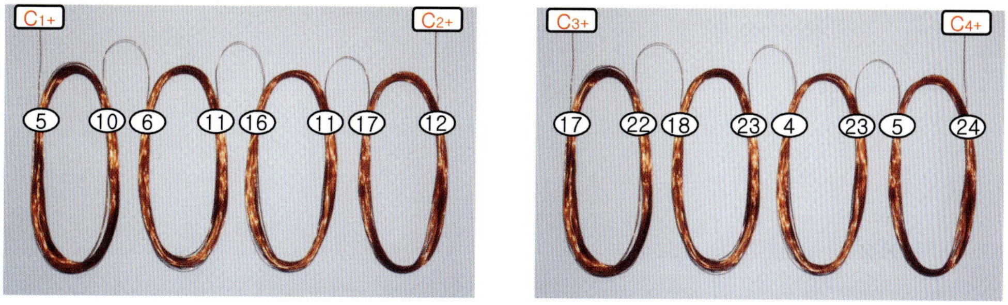

(b) A, B, C 권선체 라벨 부착 예

그림 18-23 각 상별 권선체 권선도 및 라벨 부착 예

4. 주의 사항

① 슬롯 절연은 0.25[mm] 절연지를 사용하고 턱받이의 길이가 2~5[mm]이내로 한다.

② 화이바 쐐기를 삽입하고, 긴 것과 짧은 것의 차가 1[mm]이내로 한다.

③ 0.12[mm] 절연지를 사용하여 코일 상호간을 분리되도록 층간절연 및 상간절연을 한다.

④ 코일 가닥이 교차됨이 없이 삽입하고 구부러짐이 없이 삽입되도록 한다.

⑤ 리드선을 300[mm]정도 인출하고 리드선의 끝 피복을 최소 10~30[mm] 벗긴다.

⑥ 접속점에 모두 납땜을 하고 굵기에 따라 절연튜브를 사용한다.

⑦ 고정자 철심으로부터 코일 단부의 높이가 20~30[mm]이내가 되도록 한다.

⑧ 성형하여 철심의 내부나 외부 쪽에서 코일이 보이지 않도록 견고하게 성형한다.

5. 동작시험

① 회로시험기 및 직류 전원공급기에 의한 코일의 단선 및 접속 불량이 있는지 점검한다.

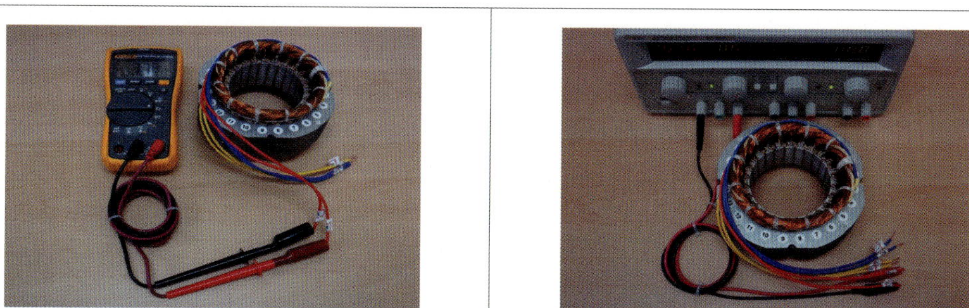

(a) 회로시험기에 의한 방법

(b) 전원공급기에 의한 방법

그림 18-24 코일의 단선 및 접촉 불량 검사방법

② 각 자극의 극성을 점검한다.

자극의 극성검사는 그림 18-25와 같이 실시한다.

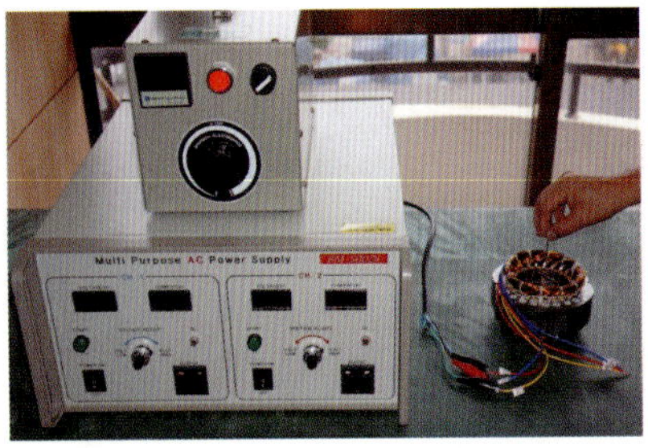

그림 18-25 자극의 극성시험 검사방법

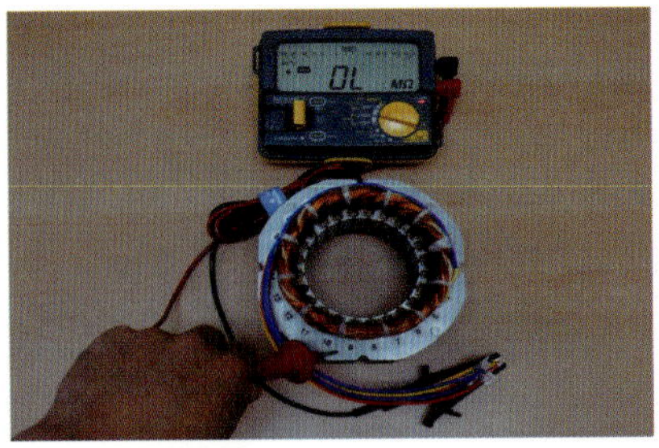

그림 18-26 절연저항 측정방법

③ 절연저항계로 절연상태를 점검한다.
절연저항 측정은 그림 18–26과 같이 실시한다.
④ 위의 측정 방법이 이상이 없는 경우 전기기계 실험장치에 설치한다.
⑤ 전기기계 테스트용 지그를 분해한다.
⑥ 회전자를 고정자 철심의 중앙에 삽입하여 테스트용 지그에 조립한다.
⑦ 고정자 철심이 움직이지 않도록 고정시킨다.
⑧ 회전자가 잘 회전하는지 확인한다.
⑨ 전원을 ON하고 전압공급기의 전원을 서서히 증가시키면서 회전자가 회전하는지 확인한다.

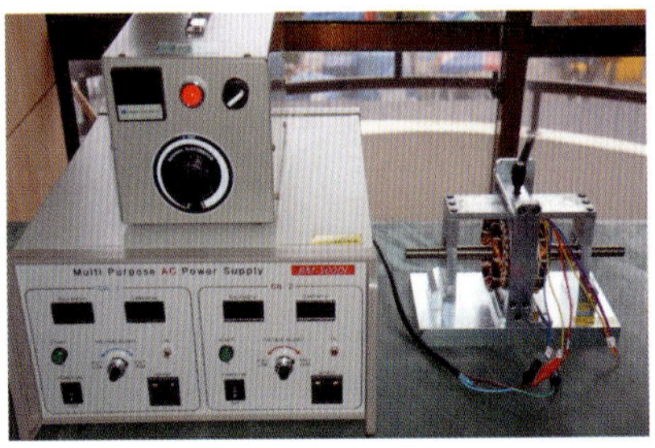

그림 18-27 전기기계 실험장치 설치방법 및 실험

⑩ 운전 도중에 과열과 소손되는 곳이 있는지 확인한다.
⑪ 유도전동기가 이상 없이 동작하면 담당교수 확인하에 평가를 받도록 한다.

6. 실습 완성 사진

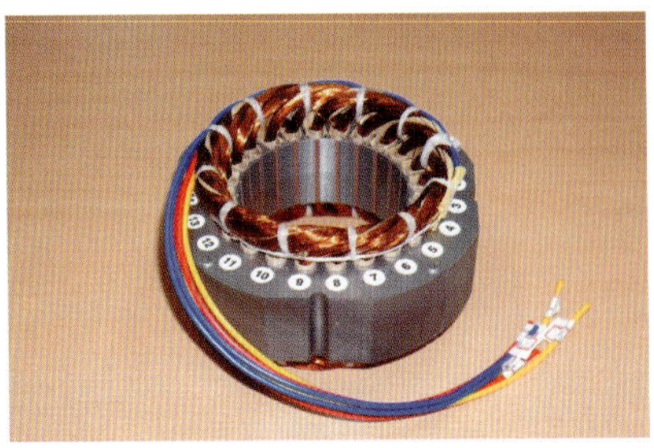

실습 19 24슬롯 3상 8극 2층권 유도전동기 고정자 권선

목 표

1) 3상 8극 유도전동기의 코일 배치도 및 결선도를 해석할 수 있다.
2) 코일 배치도 및 결선도에 따라 전동기를 제작할 수 있다.

실습 재료

재료명	규격	수량	재료명	규격	수량
고정자철심	24슬롯	1	절연튜브	Φ1mm, Φ3mm, Φ4mm	0.5M
Coil	Φ0.35mm	1.6Kg	호밍사	면실 Φ2mm	2M
화이바지	0.8t×200×250mm	1장	실납	Φ1.0mm SN(60%)	0.3M
절연지	0.25t×200×1000mm	1장	리드선	1.25㎟, 적, 청, 흑색	2M
절연지	0.12t×200×1000mm	1장			

작업순서

실습 18 작업 순서 참조.

실 습

1. 권선 배치

상층코일	20	21	22	23	24	1	2	3	4	5	6	7	8	9	10	11	12	13	14	15	16	17	18	19
하층코일	1	2	3	4	5	6	7	8	9	10	11	12	13	14	15	16	17	18	19	20	21	22	23	24
극당상수	A_1		B_1		C_1		A_2		B_2		C_2		A_3		B_3		C_3		A_4		B_4		C_4	
극수번호	1						2						3						4					

그림 19-1 권선 배치도

표 19.1 데이터표

상수	3상	슬롯수	24개	선경	Φ0.35mm
코일 턴수	100회	군당 코일수	2개	군수	12개
코일수	24개	극수	8극	코일 피치	#1 ~ #6

2. 권선 결선

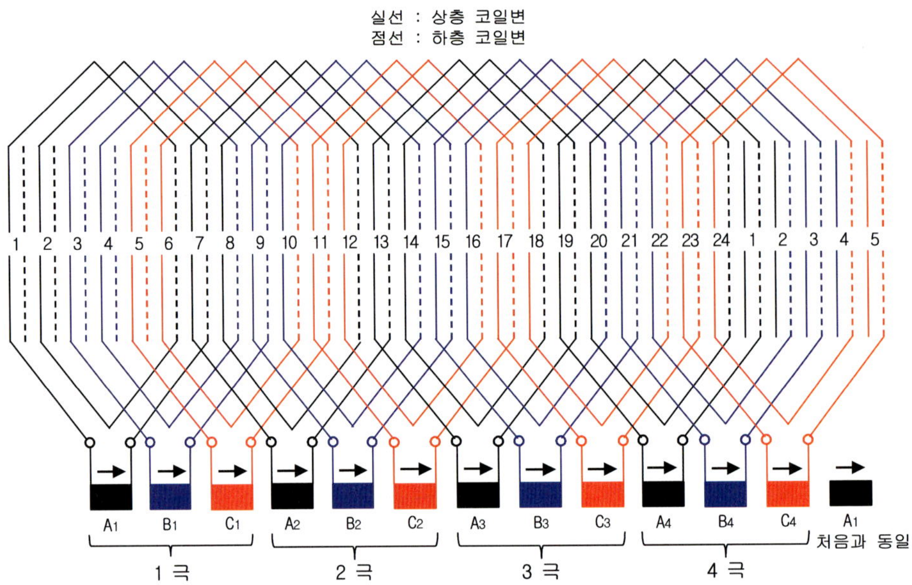

그림 19-2 권선 배치도

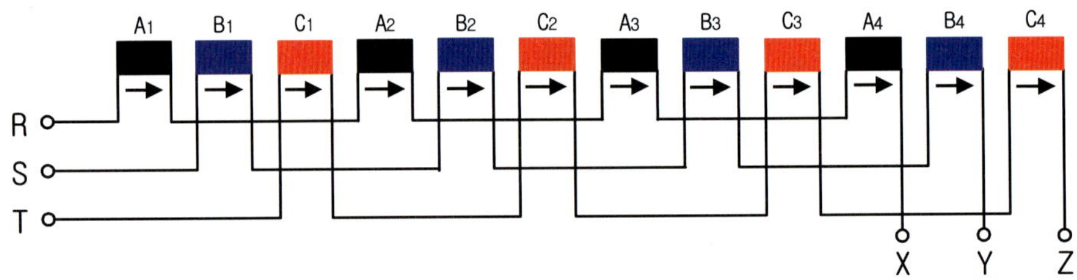

그림 19-3 권선 결선도

Y결선 X, Y, Z단자를 결선하고 R, S, T단자에 3상 전원을 넣으며, △결선은 R–Y, S–Z, T–X단자에 결선하고 3상 전원을 넣는다.

3. 권선 삽입 방법

3상 권선 작업시 A상 권선 군 $A_1 \rightarrow A_4$(8개 권선 군) 순으로 끊지 말고 연속해서 권선작업을 한다. 또한, B상과 C상도 동일한 순으로 연속해서 권선작업을 한다.

각 슬롯에 대한 권선 군(群)은 그림 19–6 (a)의 각 상의 권선체 권선도를 참고하여 (b)와 같이 입 · 출력 단자 및 슬롯번호를 라벨지에 적어서 부착한다.

그림 19–6 (a)는 권선 군이 들어갈 슬롯번호와 권선 군을 슬롯에 삽입 순서를 표현한 것이다.

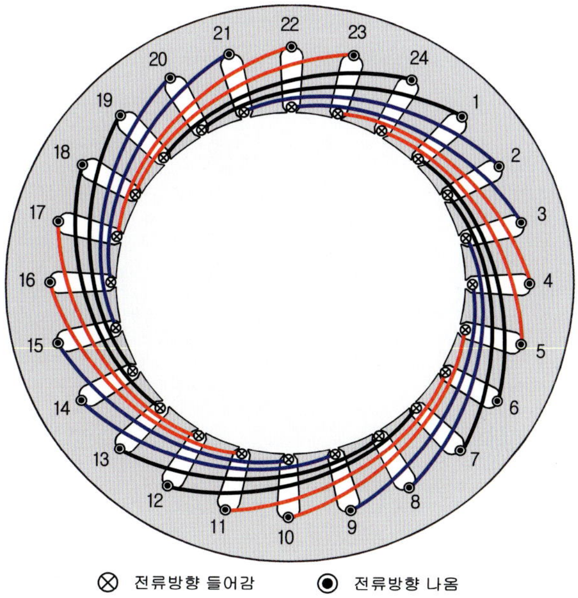

그림 19-4 고정자 철심 권선 배치도

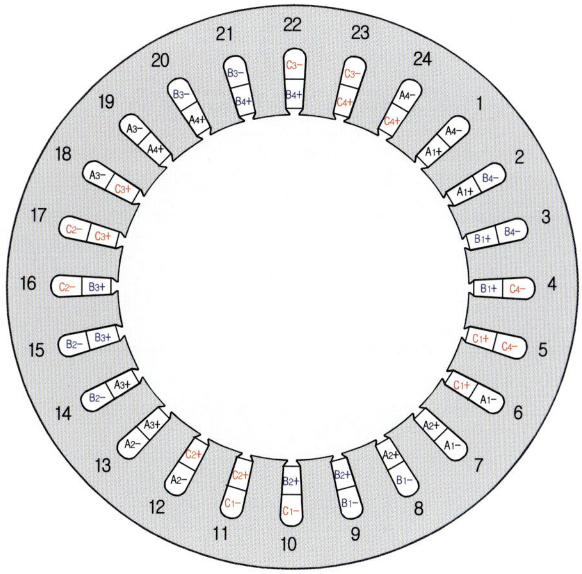

그림 19-5 각 슬롯에 대한 권선체 권선도

삽입순서는 [1] 번의 A_1+ → [2] 번의 B_1+ → [3] 번의 C_1+ → [4] 번의 A_2+ → [5] 번의 B_2+ → [6] 번의 C_2+ → [7] 번의 A_3+ → [8] 번의 B_3+ → [9] 번의 C_3+ → [10] 번의 A_4+ → [11] 번의 B_4+ → [12] 번의 C_4+ 번호 순서대로 슬롯에 권선을 삽입한다.(점선은 극수별 상간 권선 군 시작과 끝을 표시함)

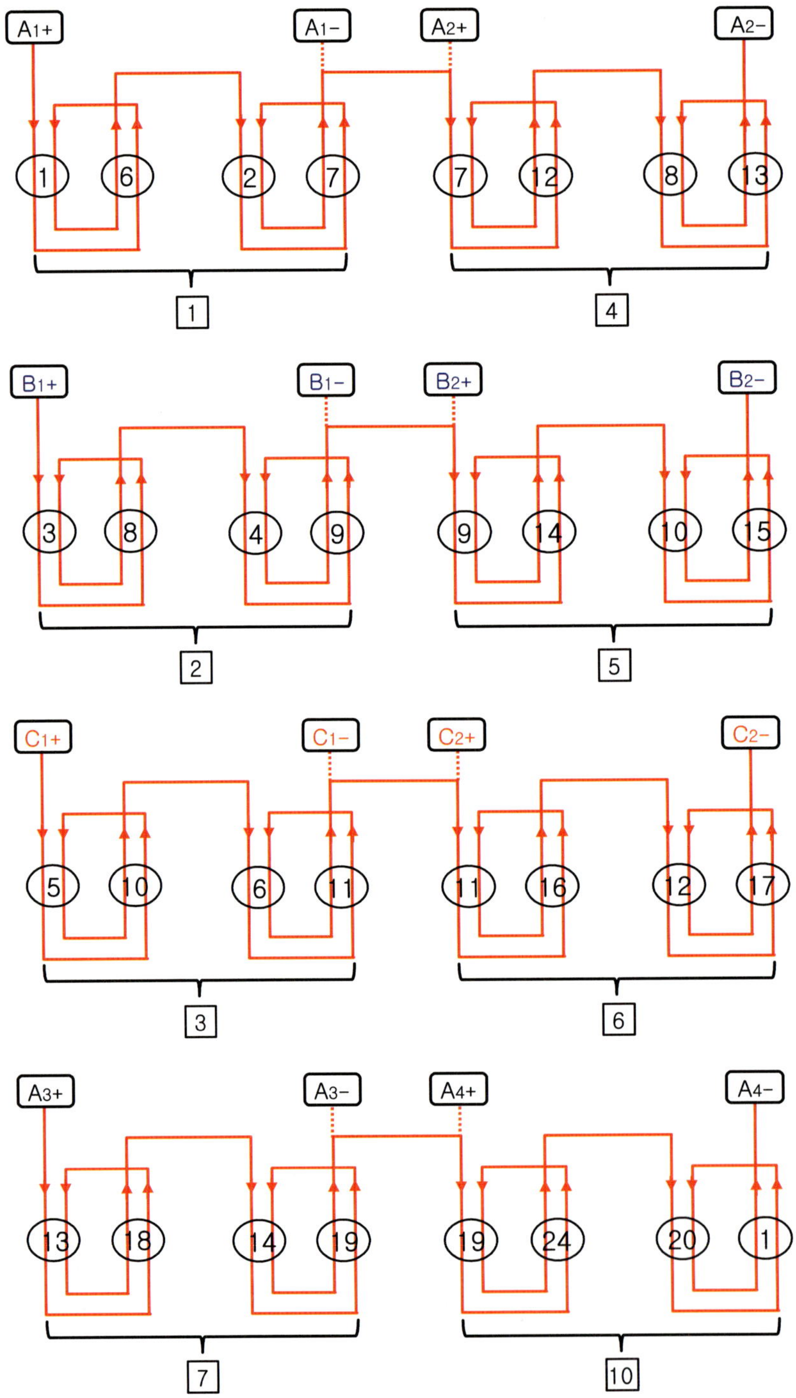
A1+
A1−
A2+
A2−
1
6
2
7
7
12
8
13
1
4
B1+
B1−
B2+
B2−
3
8
4
9
9
14
10
15
2
5
C1+
C1−
C2+
C2−
5
10
6
11
11
16
12
17
3
6
A3+
A3−
A4+
A4−
13
18
14
19
19
24
20
1
7
10

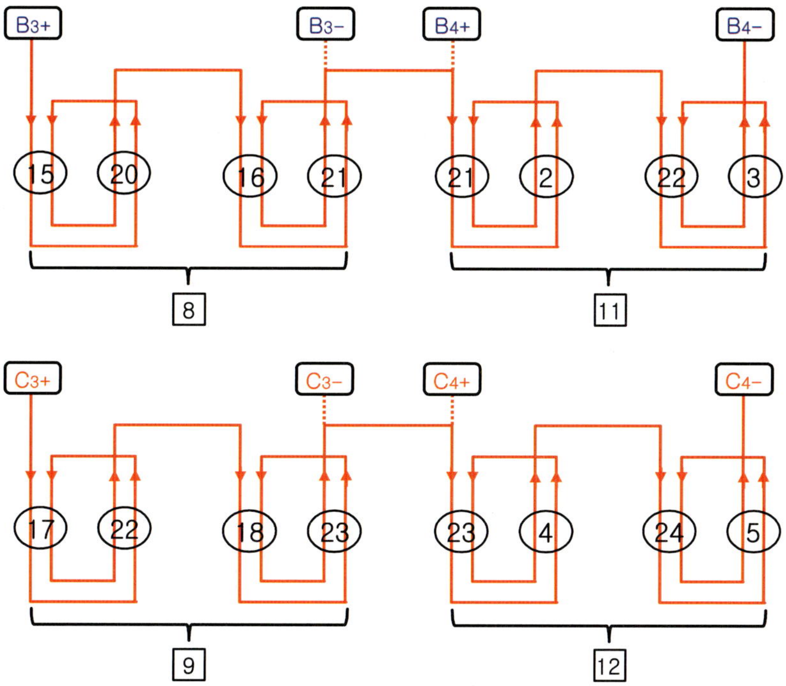
B3+
B3−
B4+
B4−
15 20 16 21 21 2 22 3
8
11
C3+
C3−
C4+
C4−
17 22 18 23 23 4 24 5
9
12

(a) A, B, C 권선체 권선도

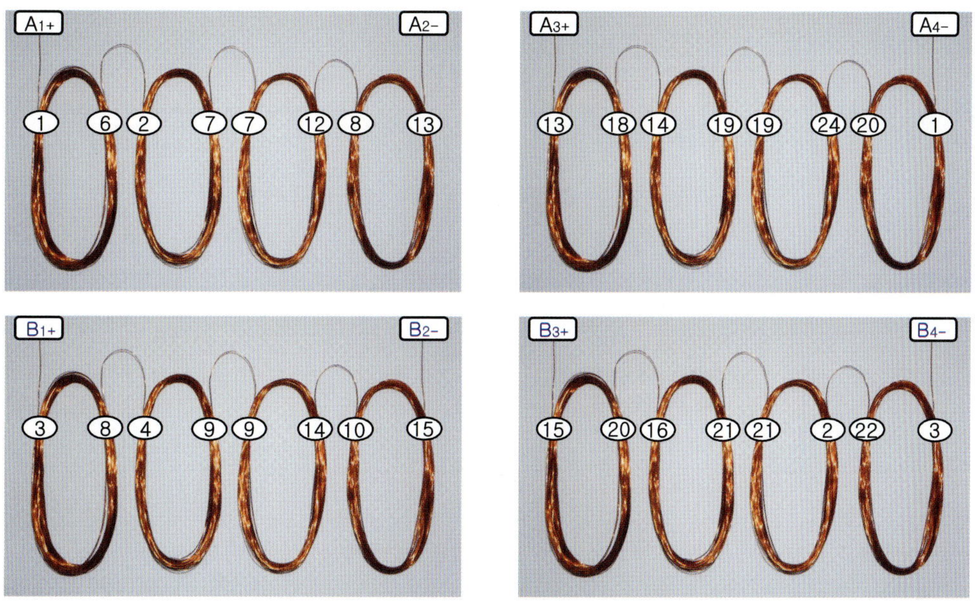
A1+
A2−
1 6 2 7 7 12 8 13
A3+
A4−
13 18 14 19 19 24 20 1
B1+
B2−
3 8 4 9 9 14 10 15
B3+
B4−
15 20 16 21 21 2 22 3

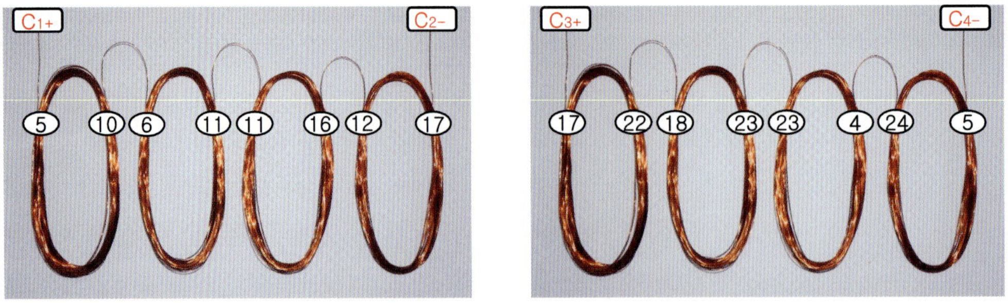

(b) A, B, C 권선체 라벨 부착 예

그림 19-6 각 상별 권선체 권선도 및 라벨 부착 예

4. 주의 사항

실습 18 주의 사항 참조.

5. 동작시험

① 회로시험기 및 직류 전원공급기에 의한 코일의 단선 및 접속 불량이 있는지 점검한다.

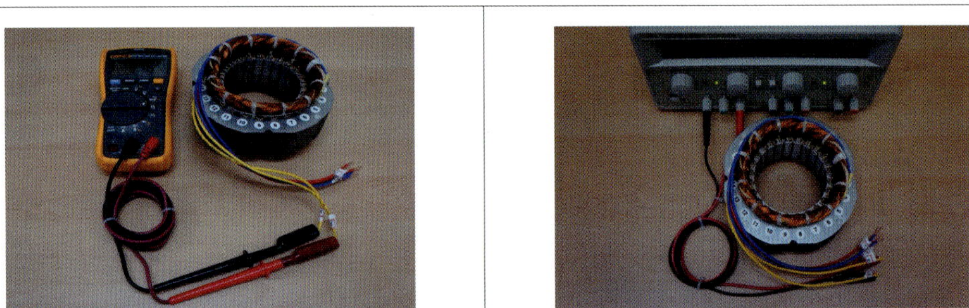

(a) 회로시험기에 의한 방법 | (b) 전원공급기에 의한 방법

그림 19-7 코일의 단선 및 접촉 불량 검사방법

② 각 자극의 극성을 점검한다.

자극의 극성검사는 그림 19-8과 같이 실시한다.

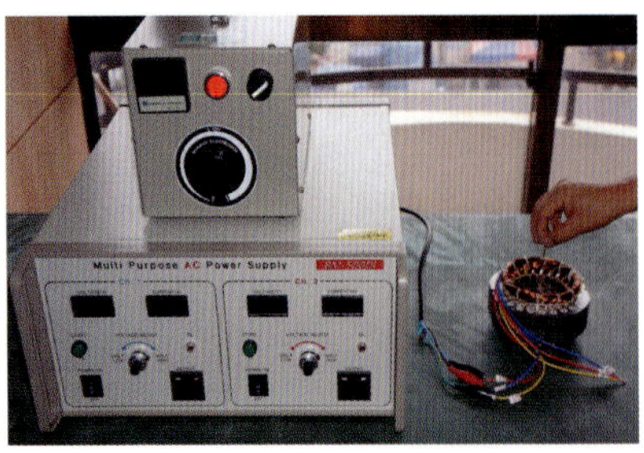

그림 19-8 자극의 극성시험 검사방법

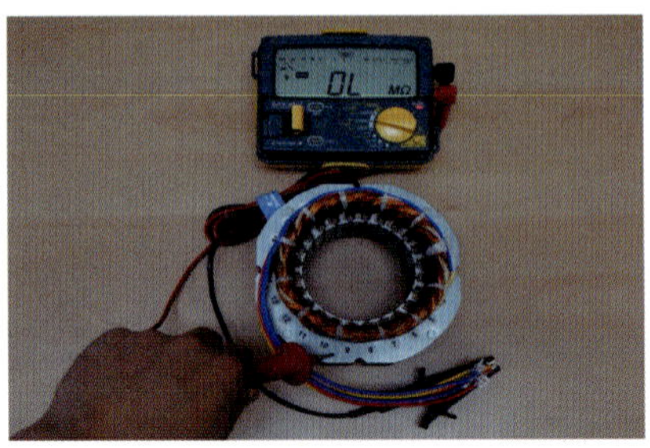

그림 19-9 절연저항 측정방법

③ 절연저항계로 절연상태를 점검한다.

절연저항 측정은 그림 19-9와 같이 실시한다.

④ 위의 측정 방법이 이상이 없는 경우 전기기계 실험장치에 설치한다.

⑤ 전기기계 테스트용 지그를 분해한다.

⑥ 회전자를 고정자 철심의 중앙에 삽입하여 테스트용 지그에 조립한다.

⑦ 고정자 철심이 움직이지 않도록 고정시킨다.

⑧ 회전자가 잘 회전하는지 확인한다.

⑨ 전원을 ON하고 전압공급기의 전원을 서서히 증가시키면서 회전자가 회전하는지 확인한다.

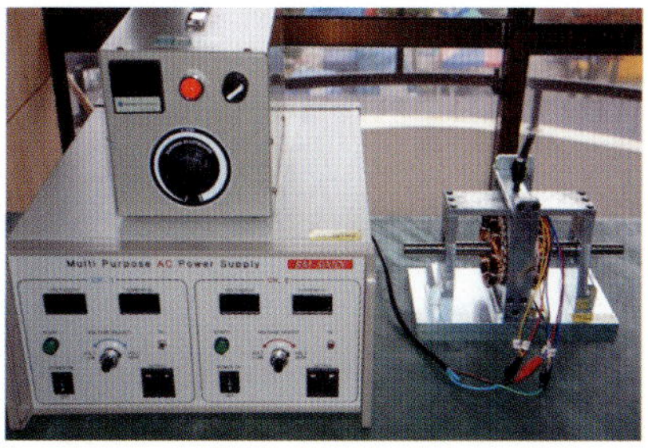

그림 19-10 **전기기계 실험장치 설치방법 및 실험**

⑩ 운전 도중에 과열과 소손되는 곳이 있는지 확인한다.

⑪ 유도전동기가 이상 없이 동작하면 담당교수 확인하에 평가를 받도록 한다.

6. 실습 완성 사진

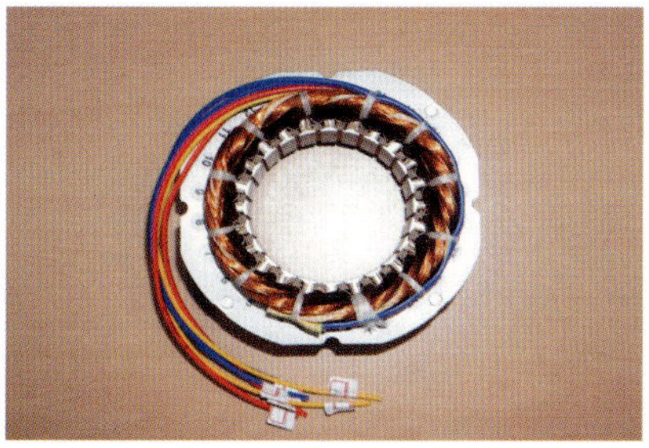

실습 20 36슬롯 3상 2극 2층권 유도전동기 고정자 권선

목 표

1) 3상 2극 유도전동기의 코일 배치도 및 결선도를 해석할 수 있다.
2) 코일 배치도 및 결선도에 따라 전동기를 제작할 수 있다.

실습 재료

재료명	규격	수량	재료명	규격	수량
고정자철심	36슬롯	1	절연튜브	Φ1mm, Φ3mm, Φ4mm	0.5M
Coil	Φ0.35mm	1.6Kg	호밍사	면실 Φ2mm	2M
화이바지	0.8t×200×250mm	1장	실납	Φ1.0mm SN(60%)	0.3M
절연지	0.25t×200×1000mm	1장	리드선	1.25㎟, 적, 흑색	2M
절연지	0.12t×200×1000mm	1장			

작업순서

실습 18 작업 순서 참조.

실 습

1. 권선 배치

상층 코일	31	32	33	34	35	36	1	2	3	4	5	6	7	8	9	10	11	12	13	14	15	16	17	18	19	20	21	22	23	24	25	26	27	28	29	30
하층 코일	1	2	3	4	5	6	7	8	9	10	11	12	13	14	15	16	17	18	19	20	21	22	23	24	25	26	27	28	29	30	31	32	33	34	35	36
극당 상수	A_1						B_1						C_1						A_2						B_2						C_2					
극수 번호	1																		2																	

그림 20-1 권선 배치도

표 20.1 데이터표

상수	3상	슬롯수	36개	선경	Φ0.35mm
코일 턴수	100회	군당 코일수	6개	군수	6개
코일수	36개	극수	2극	코일 피치	#1 ~ #7

2. 권선 결선

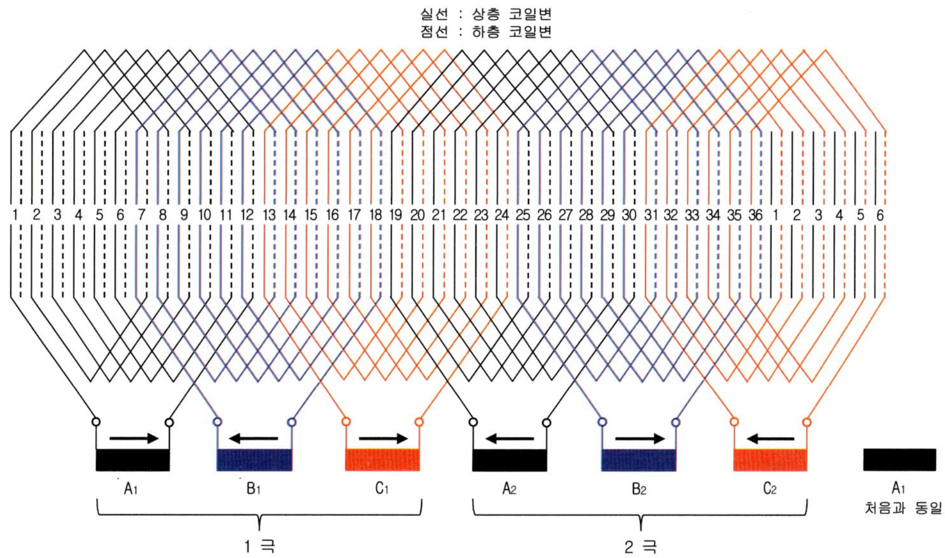

그림 20-2 권선 배치도

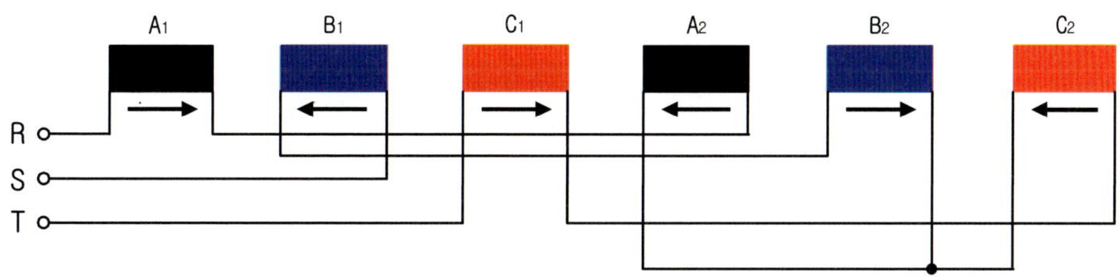

그림 20-3 권선 결선도

3. 권선 삽입 방법

3상 권선 작업시 A상 권선 군 $A_1 \rightarrow A_4$(12개 권선 군) 순으로 끊지 말고 연속해서 권선작업을 한다. 또한, B상과 C상도 동일한 순으로 연속해서 권선작업을 한다.

각 슬롯에 대한 권선 군(群)은 그림 20-6 (a)의 각 상의 권선체 권선도를 참고하여 (b)와 같이 입·출력 단자 및 슬롯번호를 라벨지에 적어서 부착한다.

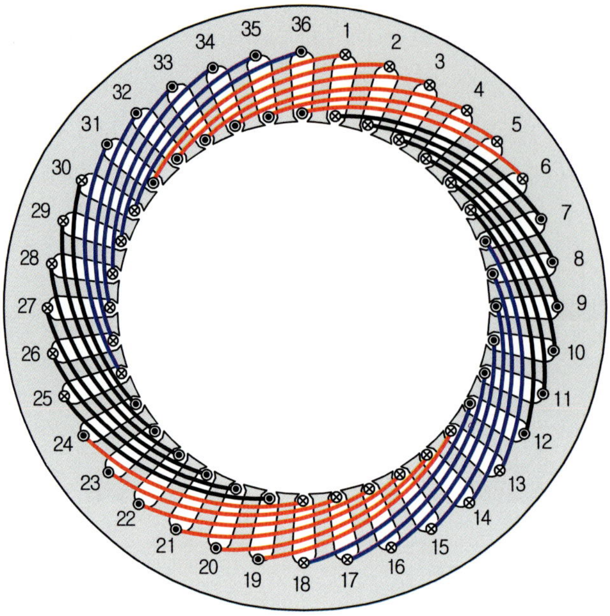

⊗ 전류방향 들어감 ⊙ 전류방향 나옴

그림 20-4 고정자 철심 권선 배치도

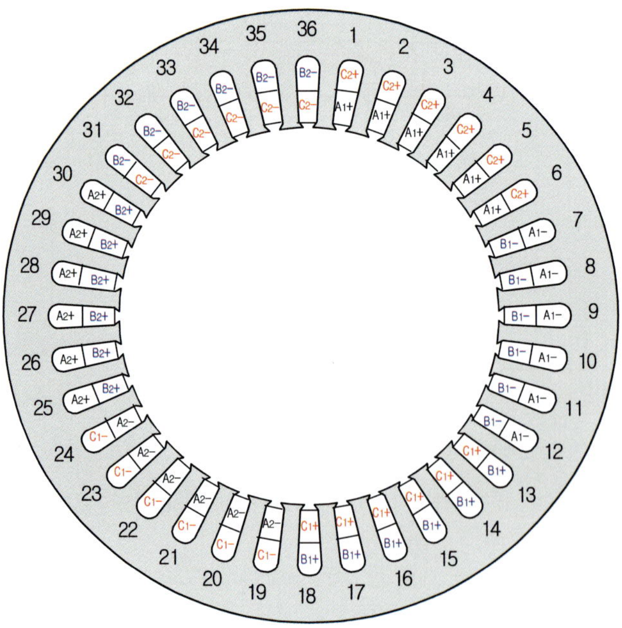

그림 20-5 각 슬롯에 대한 권선체 권선도

그림 20-6 (a)는 권선 군이 들어갈 슬롯번호와 권선 군을 슬롯에 삽입 순서를 표현한 것이다.

삽입순서는 [1] 번의 A_1+ → [2] 번의 B_1- → [3] 번의 C_1+ → [4] 번의 A_2- → [5] 번의 B_2+ → [6] 번의 C_2- 번호 순서대로 슬롯에 권선을 삽입한다.

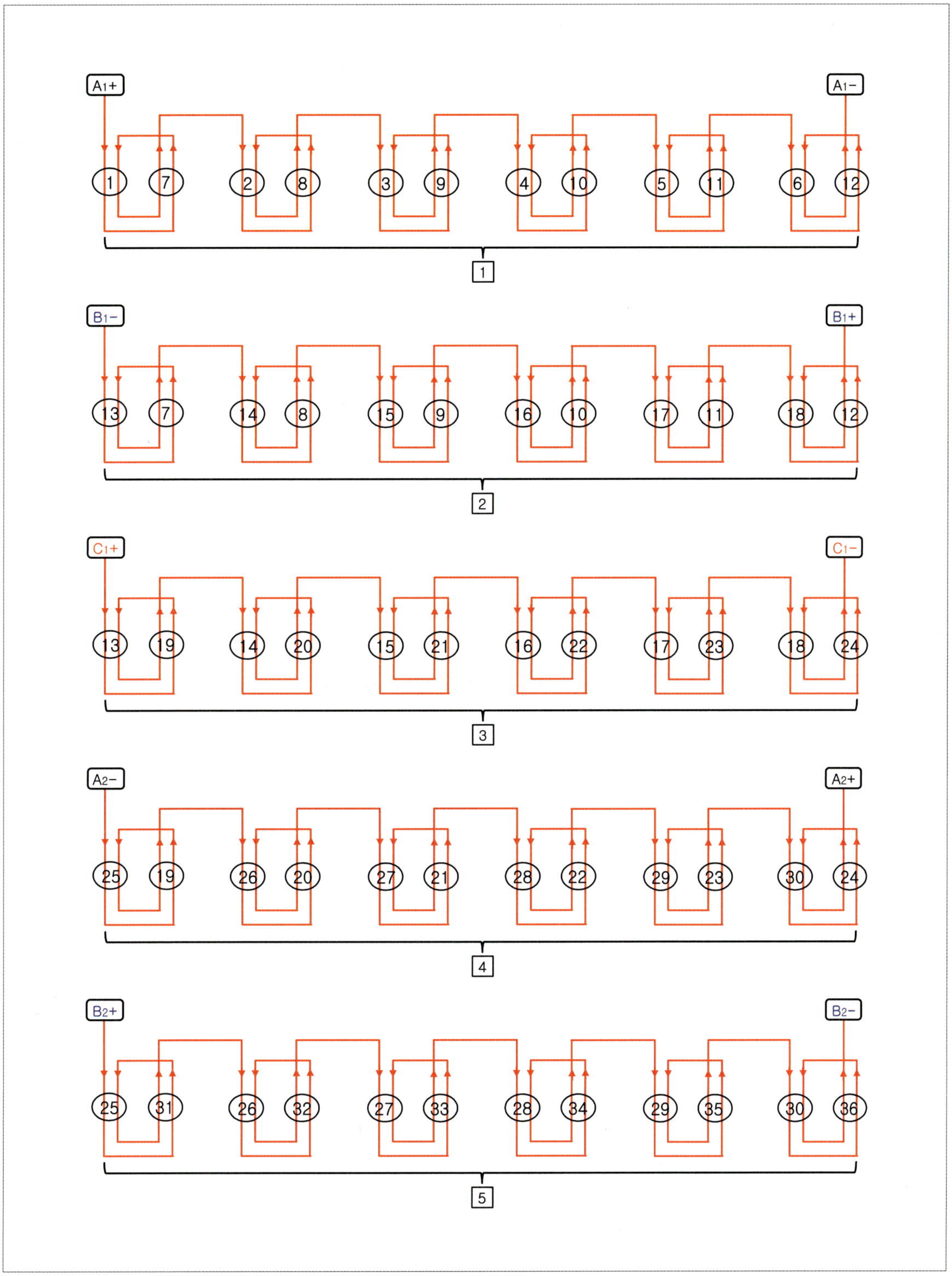

3상 유도전동기

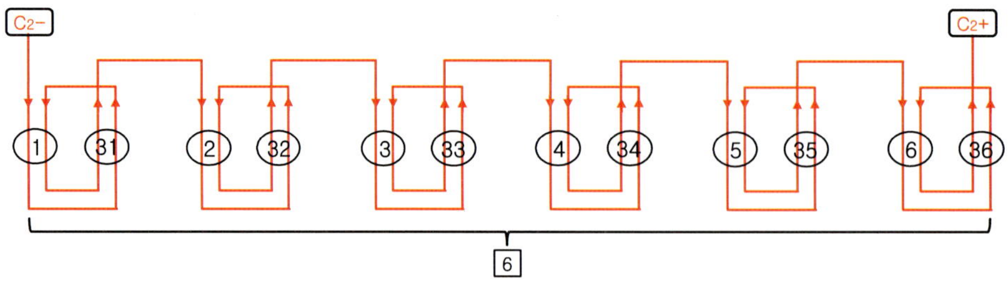
C2−
C2+
1
31
2
32
3
33
4
34
5
35
6
36
6

(a) A, B, C 권선체 권선도

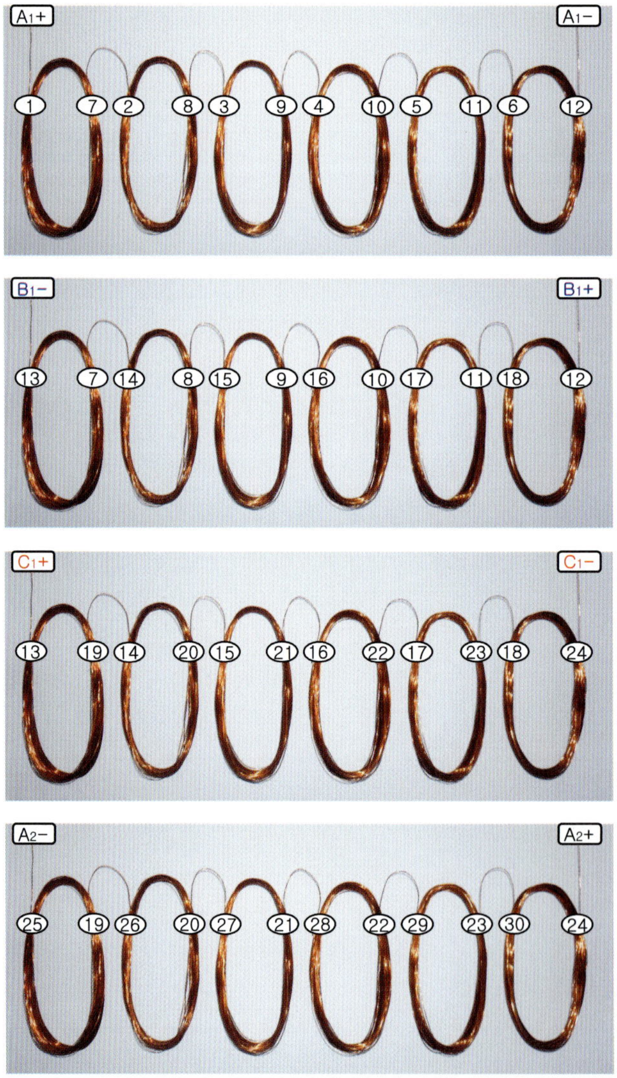
A1+
A1−
1
7
2
8
3
9
4
10
5
11
6
12
B1−
B1+
13
7
14
8
15
9
16
10
17
11
18
12
C1+
C1−
13
19
14
20
15
21
16
22
17
23
18
24
A2−
A2+
25
19
26
20
27
21
28
22
29
23
30
24

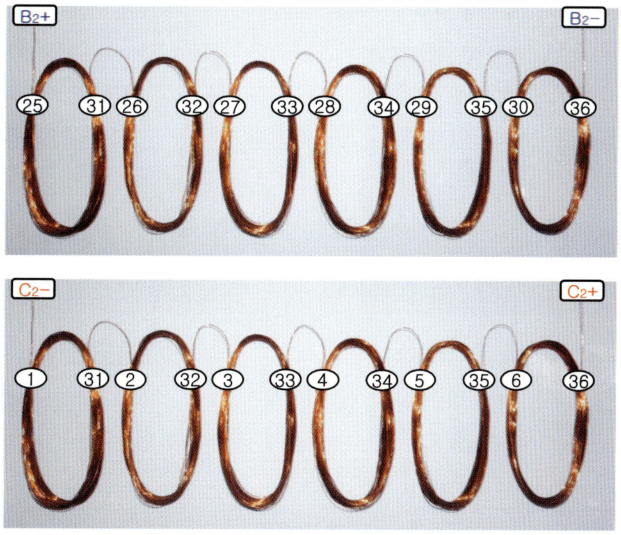

(b) A, B, C 권선체 라벨 부착 예

그림 20-6 각 상별 권선체 권선도 및 라벨 부착 예

4. 주의 사항

실습 18 주의 사항 참조.

5. 동작시험

① 회로시험기 및 직류 전원공급기에 의한 코일의 단선 및 접속 불량이 있는지 점검한다.
코일의 단선 및 접촉 불량 검사방법은 그림 20-7과 같이 실시한다.

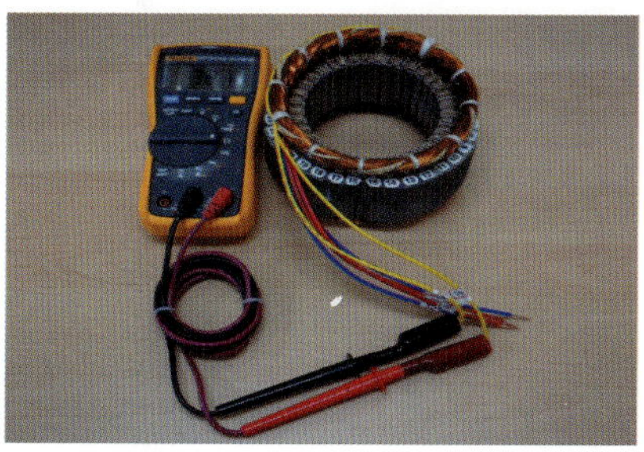

(a) 회로시험기에 의한 방법

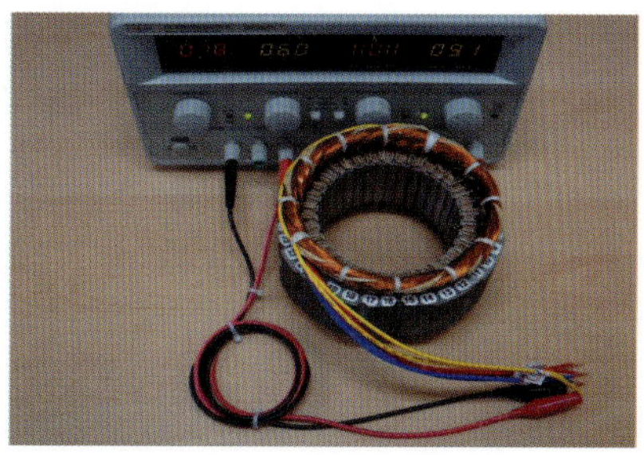

(b) 전원공급기에 의한 방법

그림 20-7 코일의 단선 및 접촉 불량 검사방법

② 각 자극의 극성을 점검한다.
자극의 극성검사는 그림 20-8과 같이 실시한다.

③ 절연저항계로 절연상태를 점검한다.

절연저항 측정은 그림 20-9와 같이 실시한다.

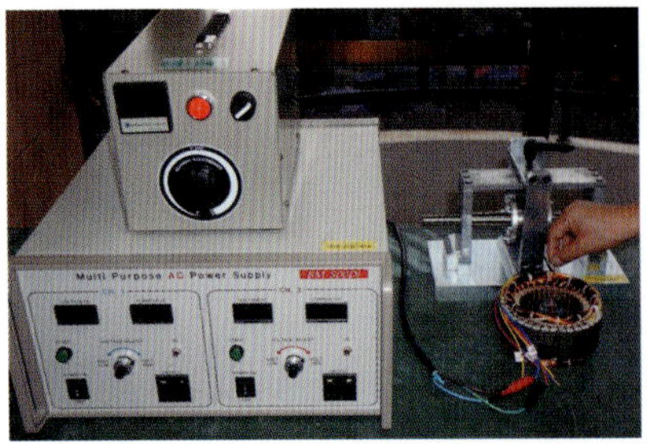

그림 20-8 자극의 극성시험 검사방법

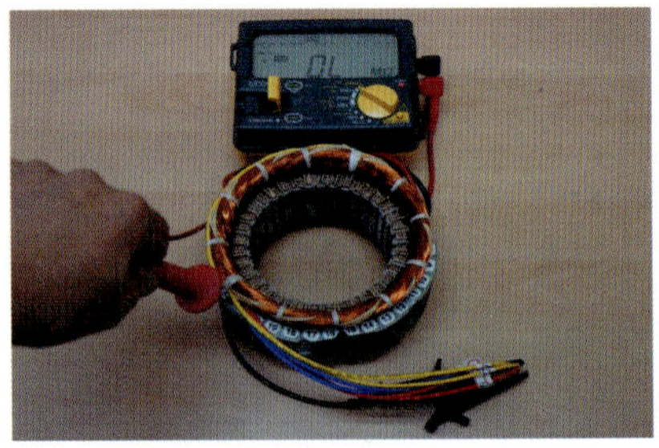

그림 20-9 절연저항 측정방법

④ 위의 측정 방법이 이상이 없는 경우 전기기계 실험장치에 설치한다.
⑤ 전기기계 테스트용 지그를 분해한다.
⑥ 회전자를 고정자 철심의 중앙에 삽입하여 테스트용 지그에 조립한다.
⑦ 고정자 철심이 움직이지 않도록 고정시킨다.
⑧ 회전자가 잘 회전하는지 확인한다.
⑨ 전원을 ON하고 전압공급기의 전원을 서서히 증가시키면서 회전자가 회전하는지 확인한다.
⑩ 운전 도중에 과열과 소손되는 곳이 있는지 확인한다.
⑪ 유도전동기가 이상 없이 동작하면 담당교수 확인하에 평가를 받도록 한다.

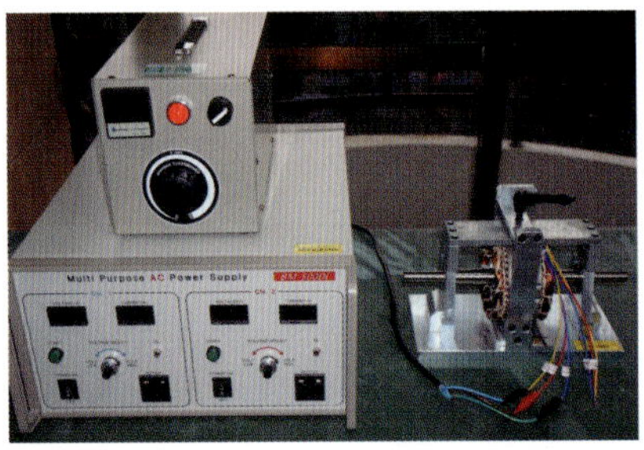

그림 20-10 전기기계 실험장치 설치방법 및 실험

6. 실습 완성 사진

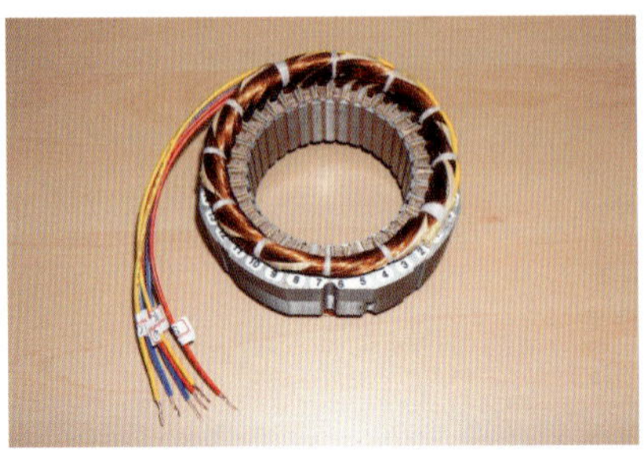

실습 21 36슬롯 3상 4극 2층권 유도전동기 고정자 철심

목 표

1) 3상 4극 유도전동기의 코일 배치도 및 결선도를 해석할 수 있다.
2) 코일 배치도 및 결선도에 따라 전동기를 제작할 수 있다.

실습 재료

재료명	규격	수량	재료명	규격	수량
고정자철심	36슬롯	1	절연튜브	Φ1mm, Φ3mm, Φ4mm	0.5M
Coil	Φ0.5mm	1.6Kg	호밍사	면실 Φ2mm	2M
화이바지	0.8t×200×250mm	1장	실납	Φ1.0mm SN(60%)	0.3M
절연지	0.25t×200×1000mm	1장	리드선	1.25㎟, 적, 흑색	2M
절연지	0.12t×200×1000mm	1장			

작업순서

실습 18 작업 순서 참조.

실 습

1. 권선 배치

<table>
<tr><td>상층 코일</td><td>29</td><td>30</td><td>31</td><td>32</td><td>33</td><td>34</td><td>35</td><td>36</td><td>1</td><td>2</td><td>3</td><td>4</td><td>5</td><td>6</td><td>7</td><td>8</td><td>9</td><td>10</td><td>11</td><td>12</td><td>13</td><td>14</td><td>15</td><td>16</td><td>17</td><td>18</td><td>19</td><td>20</td><td>21</td><td>22</td><td>23</td><td>24</td><td>25</td><td>26</td><td>27</td><td>28</td></tr>
<tr><td>하층 코일</td><td>1</td><td>2</td><td>3</td><td>4</td><td>5</td><td>6</td><td>7</td><td>8</td><td>9</td><td>10</td><td>11</td><td>12</td><td>13</td><td>14</td><td>15</td><td>16</td><td>17</td><td>18</td><td>19</td><td>20</td><td>21</td><td>22</td><td>23</td><td>24</td><td>25</td><td>26</td><td>27</td><td>28</td><td>29</td><td>30</td><td>31</td><td>32</td><td>33</td><td>34</td><td>35</td><td>36</td></tr>
<tr><td>극당 상수</td><td colspan="3">A_1</td><td colspan="3">B_1</td><td colspan="3">C_1</td><td colspan="3">A_2</td><td colspan="3">B_2</td><td colspan="3">C_2</td><td colspan="3">A_3</td><td colspan="3">B_3</td><td colspan="3">C_3</td><td colspan="3">A_4</td><td colspan="3">B_4</td><td colspan="3">C_4</td></tr>
<tr><td>극수 번호</td><td colspan="9">1</td><td colspan="9">2</td><td colspan="9">3</td><td colspan="9">4</td></tr>
</table>

그림 21-1 권선 배치도

표 21.1 데이터표

상수	3상	슬롯수	36개	선경	Φ0.5mm
코일 턴수	97회	군당 코일수	3개	군수	12개
코일수	36개	극수	4극	코일 피치	#1 ~ #9

2. 권선 결선

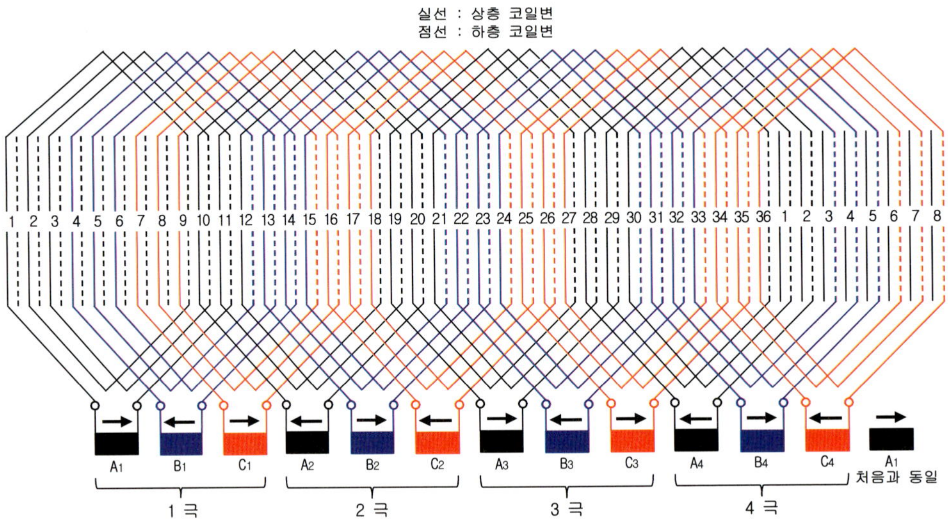

그림 21-2 권선 배치도

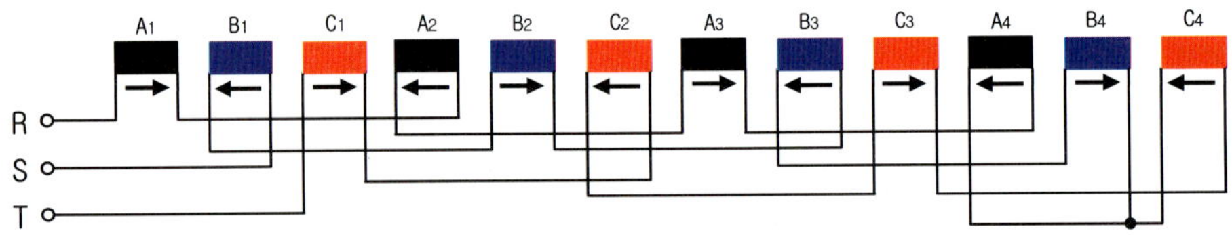

그림 21-3 권선 결선도

3. 권선 삽입 방법

3상 권선 작업시 A상 권선 군 $A_1 \rightarrow A_4$(12개 권선 군) 순으로 끊지 말고 연속해서 권선작업을 한다. 또한, B상과 C상도 동일한 순으로 연속해서 권선작업을 한다.

각 슬롯에 대한 권선 군(群)은 그림 21-6 (a)의 각 상의 권선체 권선도를 참고하여 (b)와 같이 입 · 출력 단자 및 슬롯번호를 라벨지에 적어서 부착한다.

그림 21-6 (a)는 권선 군이 들어갈 슬롯번호와 권선 군을 슬롯에 삽입 순서를 표현한 것이다.

삽입순서는 [1] 번의 A_1+ → [2] 번의 B_1- → [3] 번의 C_1+ → [4] 번의 A_2- → [5] 번의 B_2+ → [6] 번의 C_2- → [7] 번의 A_3+ → [8] 번의 B_3- → [9] 번의 C_3+ → [10] 번의 A_4- → [11] 번의 B_4+ → [12] 번의 C_4- 번호 순서대로 슬롯에 권선을 삽입한다.(점선은 극수별 상간 권선 군 시작과 끝을 표시함)

4. 주의 사항

실습 18 주의 사항 참조.

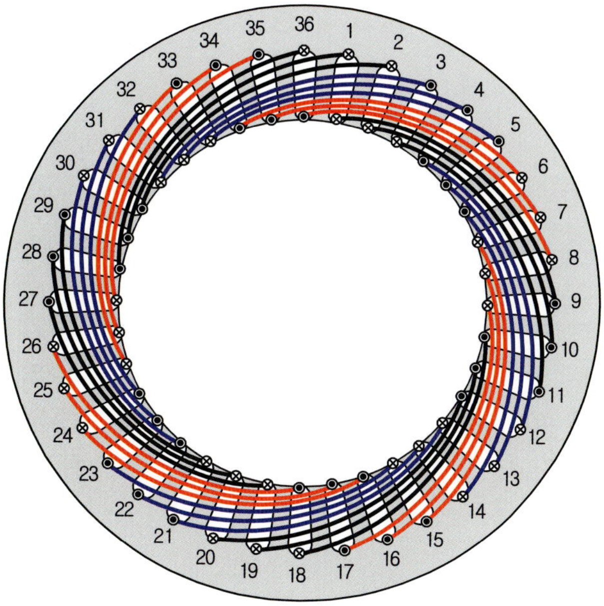

⊗ 전류방향 들어감 ⊙ 전류방향 나옴

그림 21-4 고정자 철심 권선 배치도

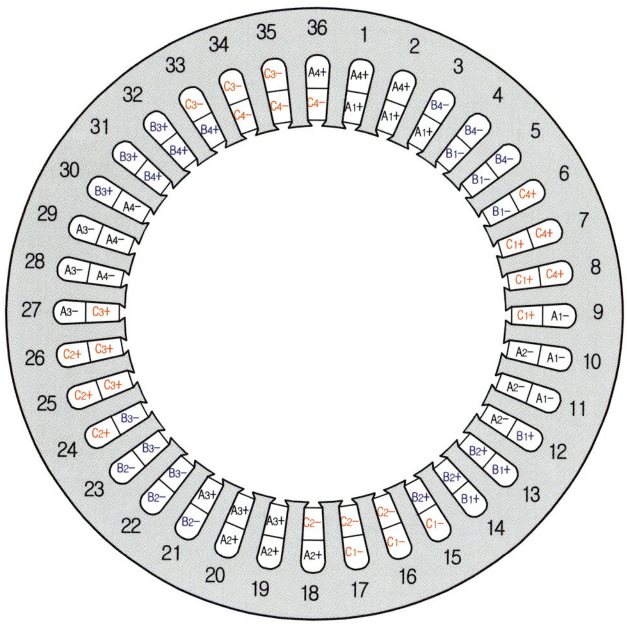

그림 21-5 각 슬롯에 대한 권선체 권선도

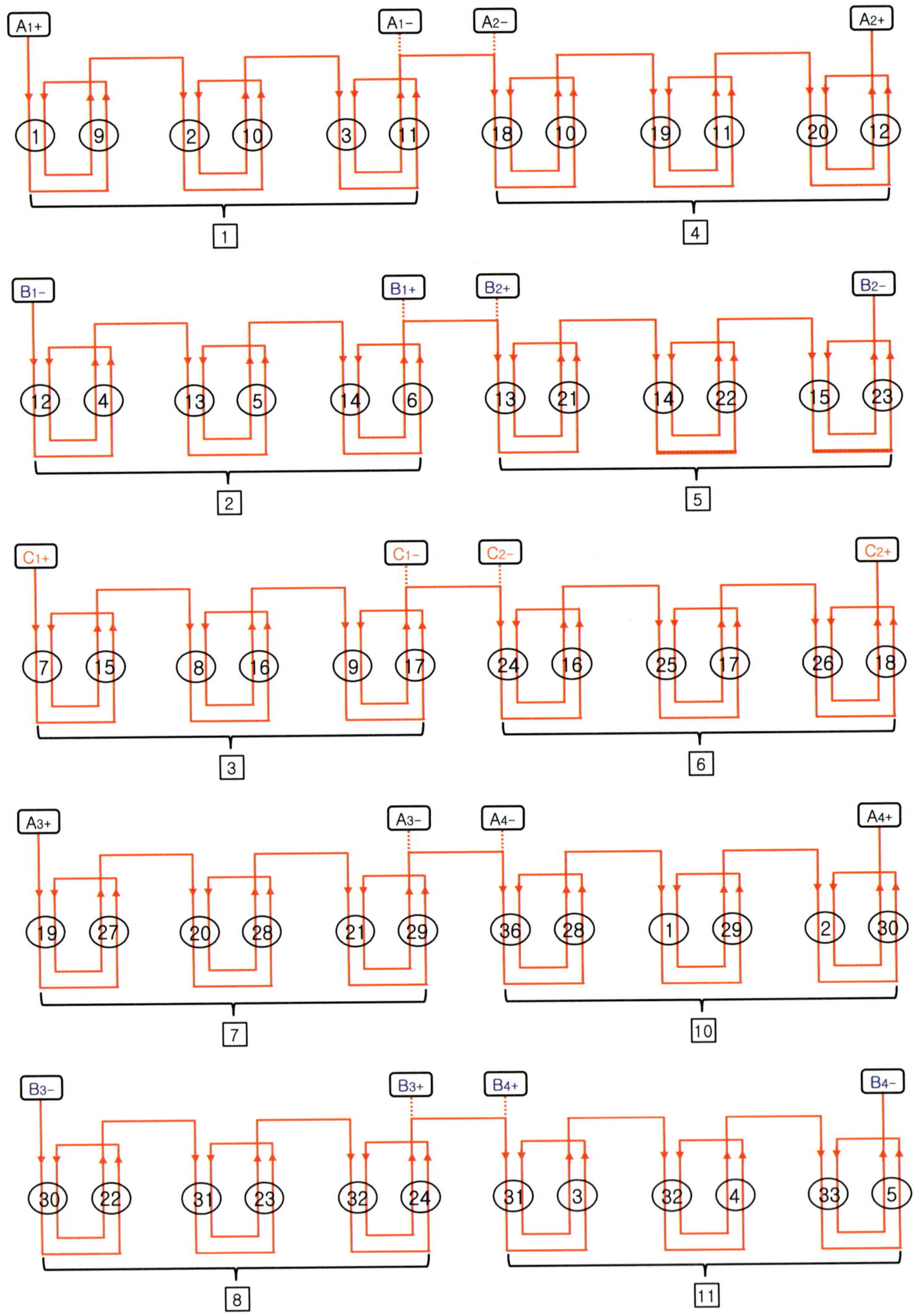
A1+
A1−
A2−
A2+
1 9 2 10 3 11 18 10 19 11 20 12
1
4
B1−
B1+
B2+
B2−
12 4 13 5 14 6 13 21 14 22 15 23
2
5
C1+
C1−
C2−
C2+
7 15 8 16 9 17 24 16 25 17 26 18
3
6
A3+
A3−
A4−
A4+
19 27 20 28 21 29 36 28 1 29 2 30
7
10
B3−
B3+
B4+
B4−
30 22 31 23 32 24 31 3 32 4 33 5
8
11

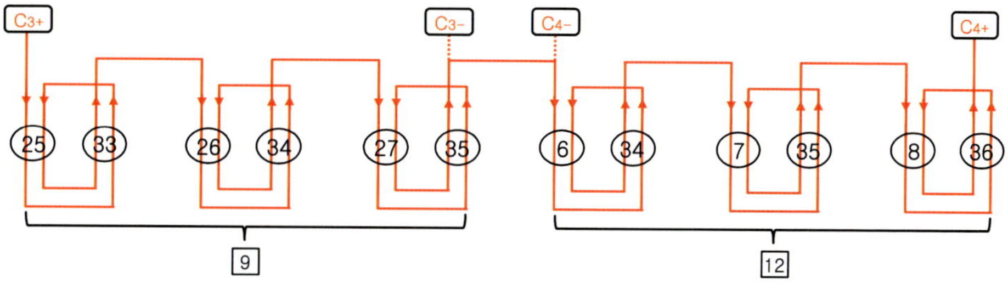

(a) A, B, C 권선체 권선도

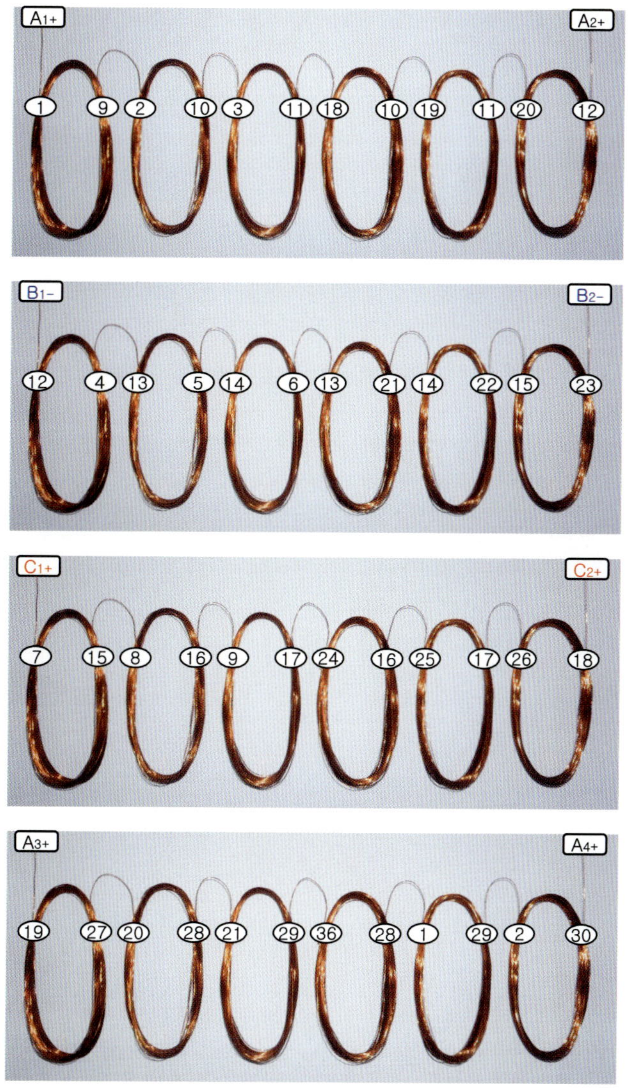

3상 유도전동기

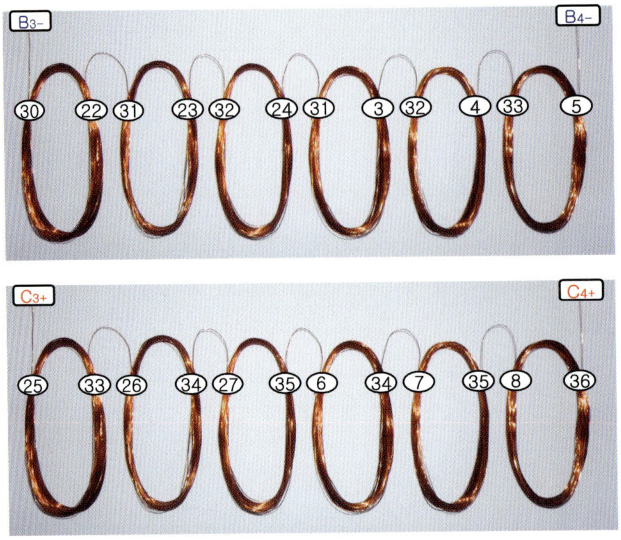

(b) A, B, C 권선체 라벨 부착 예

그림 21-6 각 상별 권선체 권선도 및 라벨 부착 예

5. 동작시험

① 회로시험기 및 직류 전원공급기에 의한 코일의 단선 및 접속 불량이 있는지 점검한다.
코일의 단선 및 접촉 불량 검사방법은 그림 21-7과 같이 실시한다.

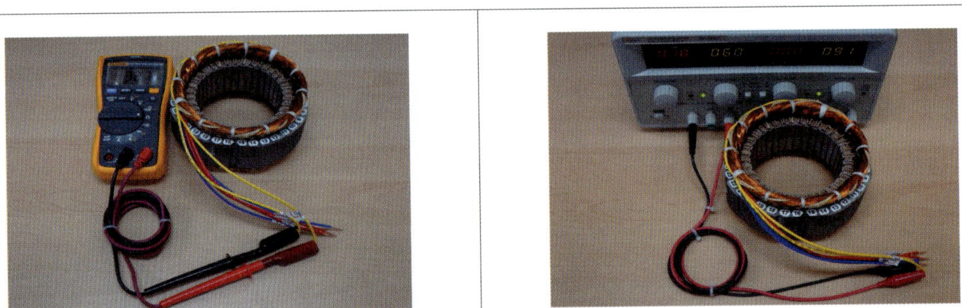

(a) 회로시험기에 의한 방법

(b) 전원공급기에 의한 방법

그림 21-7 코일의 단선 및 접촉 불량 검사방법

② 각 자극의 극성을 점검한다.
자극의 극성검사는 그림 21-8과 같이 실시한다.

③ 절연저항계로 절연상태를 점검한다.
절연저항 측정은 그림 21-9와 같이 실시한다.

④ 위의 측정 방법이 이상이 없는 경우 전기기계 실험장치에 설치한다.

⑤ 전기기계 테스트용 지그를 분해한다.

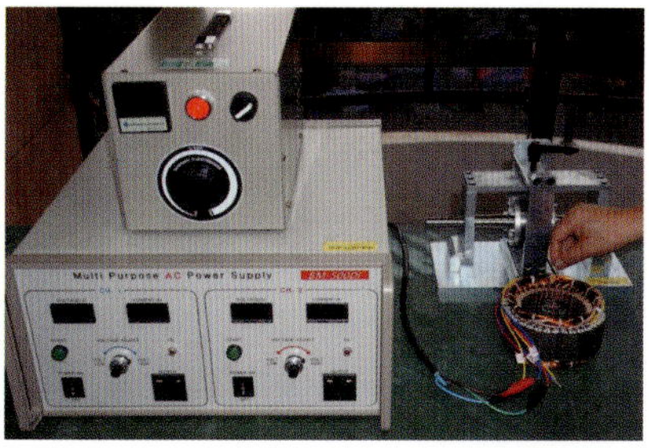

그림 21-8 자극의 극성시험 검사방법

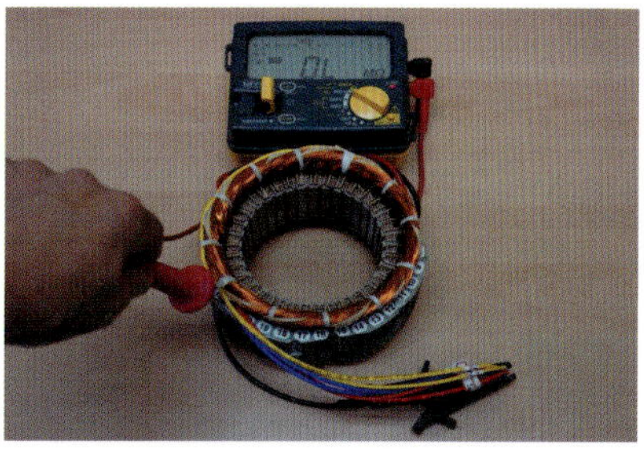

그림 21-9 절연저항 측정방법

⑥ 회전자를 고정자 철심의 중앙에 삽입하여 테스트용 지그에 조립한다.

⑦ 고정자 철심이 움직이지 않도록 고정시킨다.

⑧ 회전자가 잘 회전하는지 확인한다.

⑨ 전원을 ON하고 전압공급기의 전원을 서서히 증가시키면서 회전자가 회전하는지 확인한다.

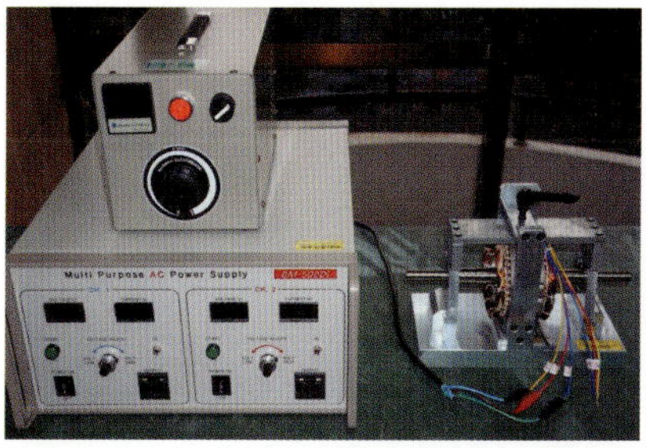

그림 21-10 전기기계 실험장치 설치방법 및 실험

⑩ 운전 도중에 과열과 소손되는 곳이 있는지 확인한다.

⑪ 유도전동기가 이상 없이 동작하면 담당교수 확인하에 평가를 받도록 한다.

6. 실습 완성 사진

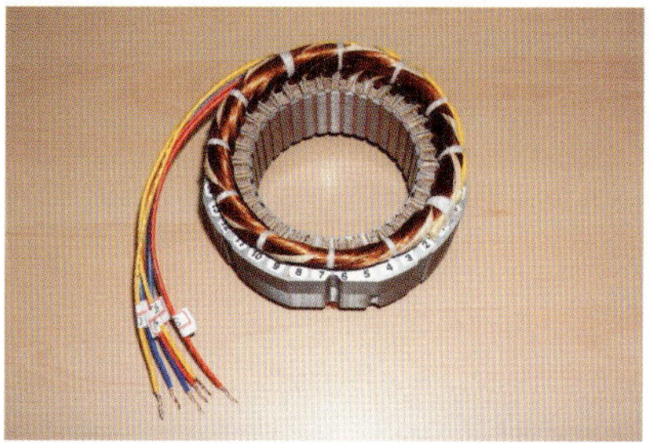

실습 22 전동기 분해 조립

목 표

1) 전동기 분해 조립을 할 수 있다.
2) 재권선을 위한 데이터를 낼 수 있다.
3) 분해 조립 및 기록을 할 수 있다.

실습 재료

공구명	규격	수량	재료명	규격	수량
고무망치	중	1	절연저항계	아날로그 또는 디지털	1
니퍼	150mm	1	스패너 셋트	중	1
롱로우즈 플라이어	150mm	1	브러쉬	철 브러쉬, 중	1
회로시험기	아날로그 또는 디지털	1	콤프레샤	소용량	1
풀리 셋트	중	1	드라이버	+, −, 150mm	각각1
마이크로미터	디지탈형	1			

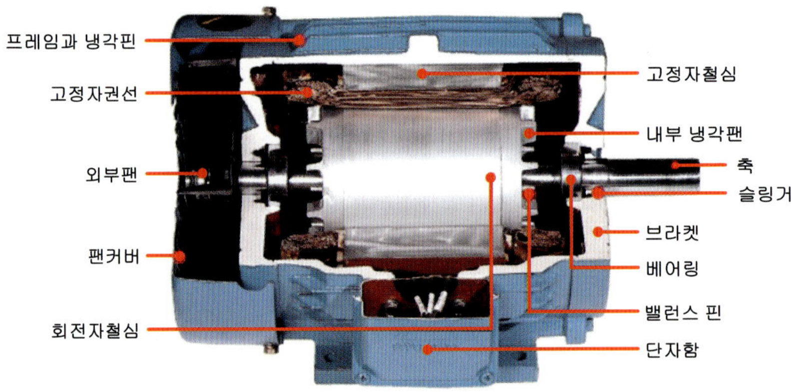

그림 22-1 유도전동기 구조

관계지식

(1) 전동기 분해 조립과 데이터 작성

전동기를 실용적으로 오래 사용하기 위해서는 점검 및 유지보수가 필요하며, 전동기 각 부분의 명칭과 목적은 다음과 같다.

① 고정자와 회전자 철심은 규소강판이 사용되며, 두께는 0.35~0.5[mm]를 사용한다.

② 원심력 스위치는 단상 유도전동기에 필요하며, 속도가 동기속도의 75[%]정도에 달하면 자동적으로 기동회로를 차단한다.

③ 베어링에는 메탈 베어링과 볼 베어링이 많이 사용되고, 소형 전동기에는 볼 베어링, 대형의 것에는 메탈 베어링이 쓰이며, 베어링 치수에 따른 번호는 그림 22-2 (a)와 같다.

번호	치수			
	d	D	B	C
624	4	13	5	0.5
625	5	16	5	0.5
626	6	19	6	0.5
627	7	22	7	0.5
628	8	24	8	0.5
629	9	26	8	1

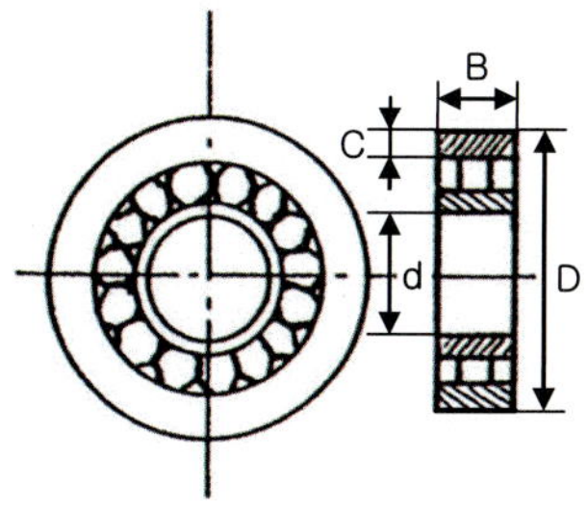

(a) 볼 베어링 치수

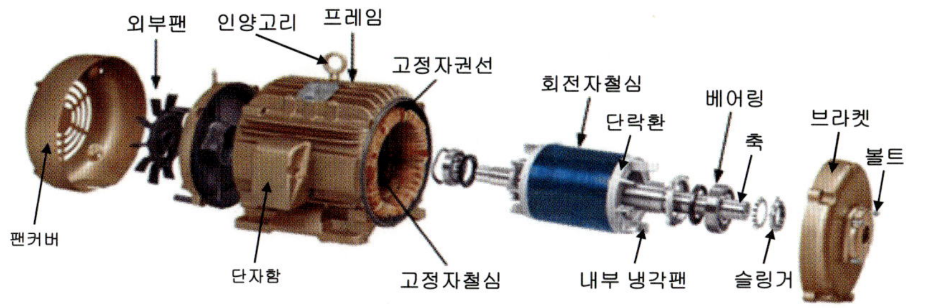

(b) 전동기 부품

그림 22-2 유도전동기 베어링 치수와 부품

④ 화전자의 단락환으로 처리하든가 또는 알루미늄으로 다이케스팅하며 회전하는 부분이다.

⑤ 브라켓은 고정자 프레임 양쪽에 붙이며, 고정자 코일 단을 보호하고 베어링을 지지한다,

⑥ 기타 프래임(외함), 단자함, 팬 등이 있다.

작업순서

1. 전동기 분해를 위해 준비를 한다.

① 분해 작업을 위한 공구를 준비한다.

② 그림 22-3과 같이 분해할 전동기의 프레임과 브라켓 사이를 합인(올바르게 결합되도록 이음매의 한 표식)한다.

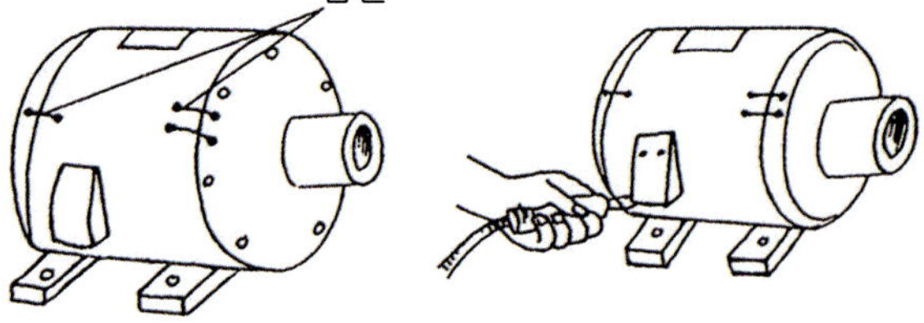

그림 22-3 유도전동기 마킹과 단자처리

③ 단자함을 열고 배선을 떼어 낸다.

④ 내부 권선을 수리하지 않을 경우는 손상되지 않도록 한다.

2. 풀리 키를 뽑아낸다.

① 그림 22-4와 같이 풀리의 고정 나사를 푼다.

그림 22-4 풀리 분리 작업

② 쐐기가 끼워져 있는 경우에는 적당한 공구를 사용하여 뽑아낸다.

③ 완전하게 분해된 다음에는 손으로 풀리를 조금씩 좌우로 흔들면서 잡아당긴다.

④ 이물질이 고착된 경우에는 먼저 이물질을 제거한 후에 분해한다.

3. 엔드 브라켓을 분리한다.

① 풀리 반대쪽의 엔드 브라켓 볼트를 스패너로 풀어낸다.

② 대각선 방향의 볼트를 조금씩 번갈아 푼다.

③ 그림 22-5와 같이 다른 방향의 볼트 · 너트도 위와 같은 작업을 한다.

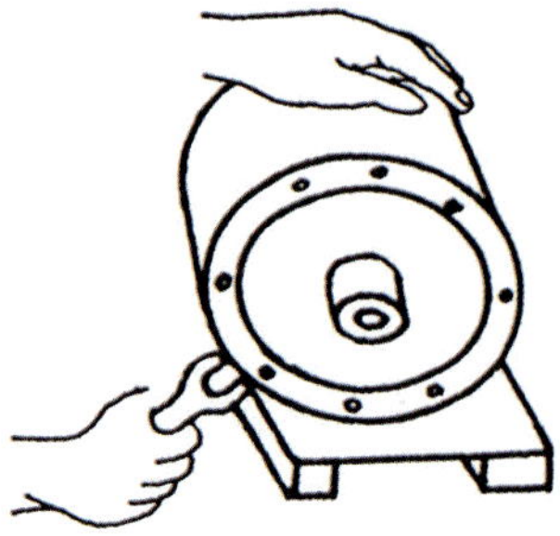

그림 22-5 베이스 분리 작업

4. 풀리있는 쪽 엔드 브래킷을 분해한다.

① 스패너로 고정 볼트를 푼다.

② 대각선 방향의 볼트도 같이 풀어 준다.

③ 고무망치로 4방향을 쳐서 발린다.

④ 손으로 수평이 되도록 하여 서서히 뽑아낸다.

⑤ 그림 22-6과 같이 팬이 있으면 떼어낸다.

그림 22-6 방풍판(후드, 팬커버) 분리

5. 부하측 브라켓 분리한다.

① 무리한 힘을 주지말고 조금씩 돌려 가면서 밀어낸다.

② 브라켓과 회전자가 같이 붙어 있는 상태로 같이 뽑아낸다.

③ 코일이 상하지 않도록 완전하게 수평을 이루도록 한다.

④ 그림 22-7과 같이 회전자와 붙어 있는 브라켓을 분리한다.

⑤ 무리한 힘을 주지 않도록 하고, 소형의 경우 분리하지 않는다.

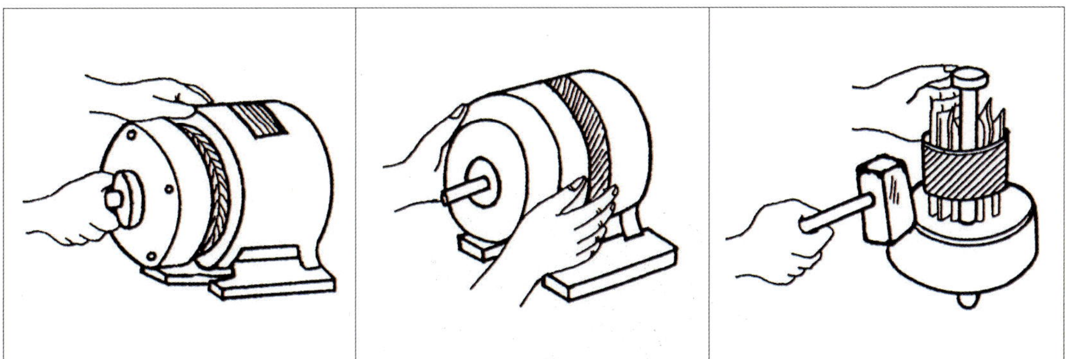

(a) 브라켓 분리 | (b) 브라켓 수평유지 | (c) 회전자와 브라켓 분리

그림 22-7 브라켓 처리

6. 회전자와 고정자를 청결히 한다.

① 회전자를 닦을 때 베어링에 먼지가 침입하지 않도록 한다.

② 기름과 혼합되어 굳은 먼지는 솔벤트나 휘발유로 닦아낸다.

③ 건조시킨 후 콤프레샤로 먼지를 불어낸다.

④ 그림 22-8과 같이 고정자도 청결히 하며 통풍로와 사구 사이를 깨끗이 한다.

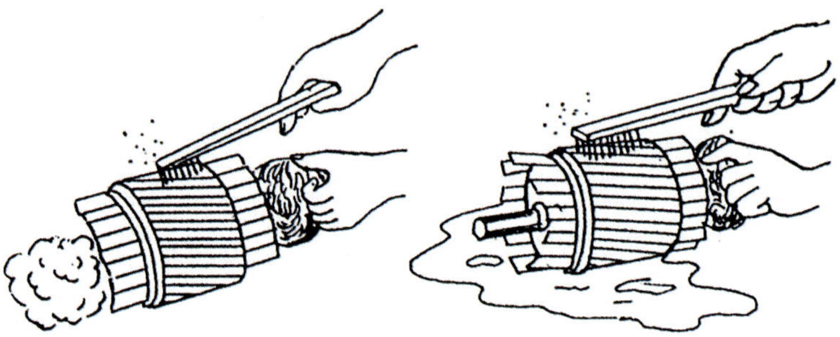

그림 22-8 회전자 청결

⑤ 청결히 한 것을 건조기에 넣고 80~90[℃] 범위에서 건조시킨다.

7. 데이터 작성하기

① 수리할 명판을 기록한다.

② 분해한 전동기의 코일 굵기, 권수 등의 사양서를 상세히 기록한다.

③ 마이크로미터로 코일 굵기를 확인한다.

④ 고정자로부터 소손된 코일을 격리한다.

⑤ 코일의 함침층이 두꺼울 때는 화력을 약하게 하여 절연물을 완전히 태운다.

⑥ 그림 22-9와 같이 고정자 슬롯 쐐기는 쇄톱날을 사용하여 날 각이 앞으로 오도록 하여 쳐서 뽑아 낸다.

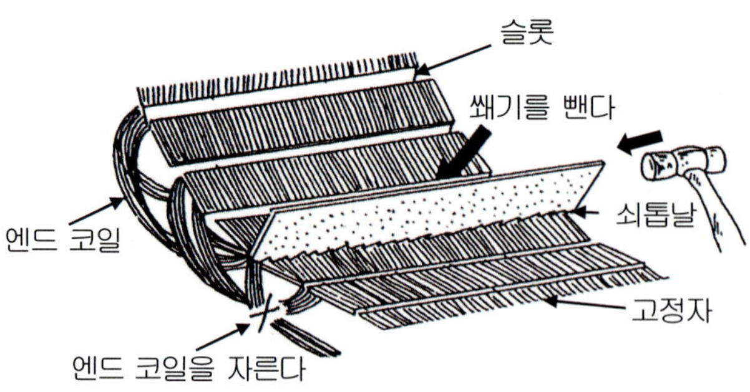

그림 22-9 슬롯 쐐기 제거

⑦ 절연지의 종류와 두께도 조사하고, 코일 무게도 달아 기록한다.

8. 전동기를 조립한다.

① 청소한 것이나 재권선한 전동기를 조립 준비한다.

② 베어링에 그리스를 발라준다.

③ 부하단의 브라켓을 끼울 때, 회전자가 평행되도록 하여 끼운다.

④ 합인한 표시가 정확히 맞도록 한다.

⑤ 고정용 볼트, 너트를 살짝 조여 놓고, 틈 새를 맞추면서 조금씩 전체 볼트를 조인다.

⑥ 따라서 분해의 역순으로 조립한다.

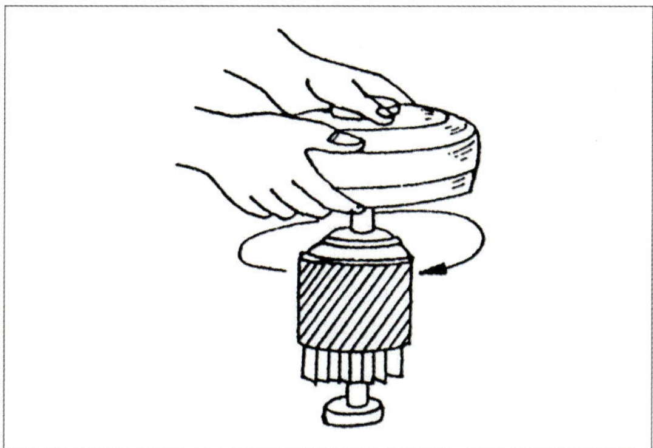

(a) 브라켓 끼움

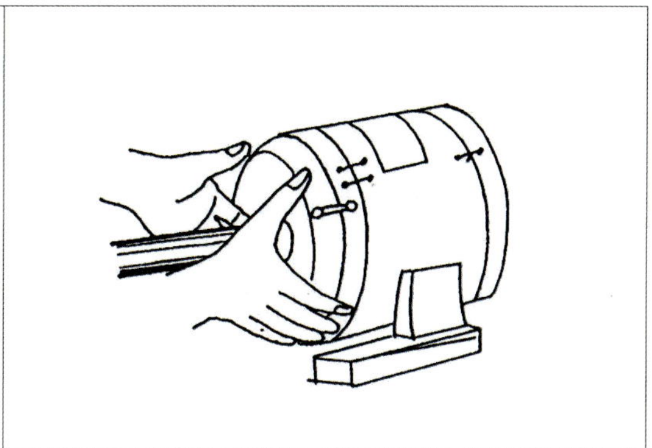

(b) 회전자 끼움

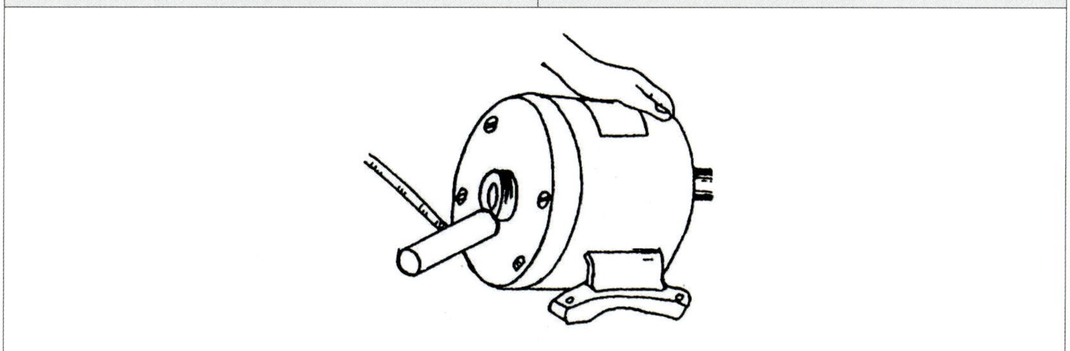

(c) 브라켓 고정

그림 22-10 전동기 조립과정

⑦ 최종 단계에서 회전자의 상태를 파악한다.

⑧ 단자함을 붙이고 메거로 절연상태를 확인한다.

9. 분해 조립한 전동기를 운전한다.

10. 시험한다.

실 습 23 전동기 데이터 작성

목 표

1) 전동기 분해 조립을 할 수 있다.
2) 재권선을 위한 데이터를 낼 수 있다.
3) 분해 조립 및 기록을 할 수 있다.

실습 재료

공구명	규격	수량	재료명	규격	수량
고무망치	중	1	절연저항계	아날로그 또는 디지털	1
니퍼	150mm	1	스패너 셋트	중	1
롱로우즈 플라이어	150mm	1	브러쉬	철 브러쉬, 중	1
회로시험기	아날로그 또는 디지털	1	콤프레샤	소용량	1
풀리 셋트	중	1	드라이버	+, –, 150mm	각각1
마이크로미터	디지탈형	1			

(a) 전동기 분해 모습(기동 · 운전권선)

단 상 유 도 전 동 기					
정격입력[W]		코일군[군]		운전권선수[개]	
정격전압[V]		코일 무게[g]		기동코일 굵기[㎜]	
전부하전류[A]		극수[P]		운전코일 굵기[㎜]	
기동전류[A]		회전수[rpm]		결선법	
슬롯수[개]		주파수[Hz]			
코일피치[번]		기동권선수[개]			

(b) 데이터 기록표 작성

슬롯번호	1	2	3	4	5	6	7	8	9	10	11	12	13	14	15	16	17	18	19	20	21	22	23	24
운전권선																								
기동권선																								

(c) 권선 배치도 작성

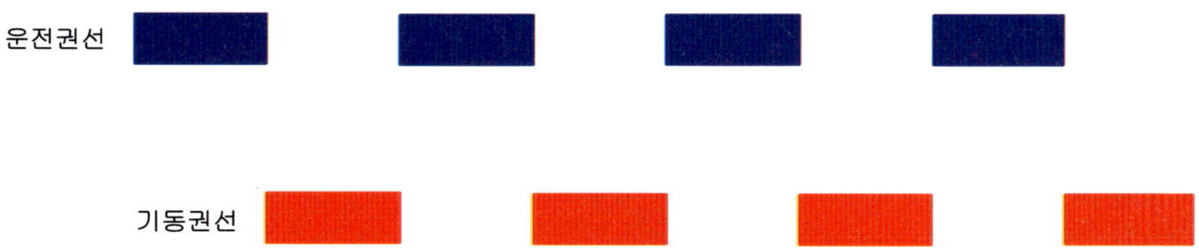

(d) 권선 결선도 작성

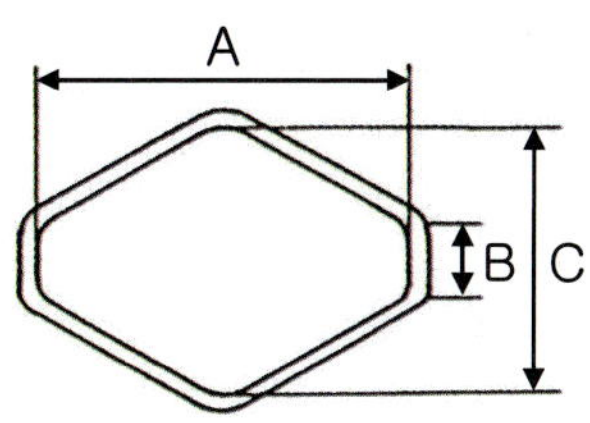

(e) 코일 군 크기 작성

그림 23-1 전동기 데이터 작성 방법

작업순서

1. 전동기 분해 후 (a), (b), (c), (d), (e)의 순으로 표와 도면을 작성한다.
2. 일반적인 사항은 전동기 명판을 참고한다.
3. 전동기 분해 조립 순서를 기록한다.
4. 전동기의 베어링 번호, 회전방향 등의 기타 사항도 빠짐없이 기록한다.
5. 2인 한 조로 공동 작업을 한다.

제 4 장 변압기

변압기란 발전소에서 발생된 전력을 공장이나 일반 수용가에서 필요로 하는 전압을 높이거나 낮추는 정지기기(고정기)이다. 교류 전력은 역률이 일정하면 전압과 전류의 곱에 비례하며, 송전선로에 사용할 경우 대전력을 송전하려면 전압을 높이고 전류를 적게하여 송전선의 전압강하를 적하는 것이 경제적이다. 일반 수용가에서 사용하는 경우 소비 기구의 안전을 위해 낮은 전압으로 낮추는 목적으로 사용된다.

1. 변압기의 원리 및 구조

(1) 변압기의 원리

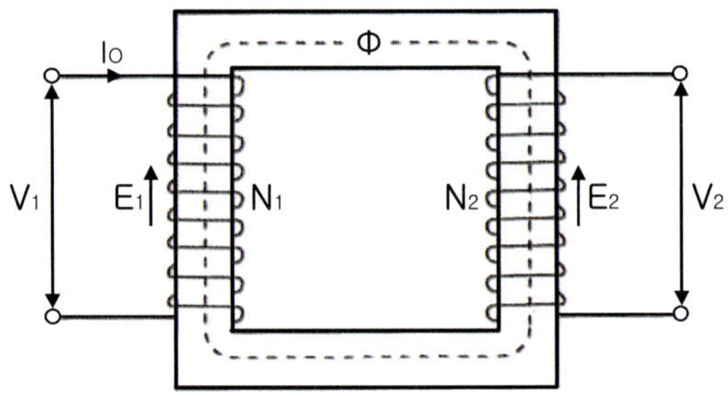

그림 4-1 **변압기 원리**

그림 4-1과 같이 철심 양쪽에 코일을 감고, 1차측에 교류전압 V_1을 공급하면 무부하 전류 I_O가 흐르면서 자속이 발생하여 철심 속을 지나 2차 코일과 쇄교하면서 2차측에 전압 E_2를 유기한다. 즉, 서로 독립된 코일에 자속이 쇄교하면서 전압을 유도하게 되는 것이다. 이런 현상을 전자유도(Electro-magnetic induction)라 한다. 이 때 나타난 2차 전압 E_2는 2차측 코일의 감은 회수에 의해 결정된다. 1차 코일의 권수를 N_1, 2차코일의 권수를 N_2라 하면 다음과 같은 식이 성립된다.

$$\frac{V_1}{V_2} = \frac{E_1}{E_2} = \frac{N_1}{N_2} = a, \quad E_2 = \frac{N_2}{N_1}E_1 = \frac{E_1}{a} \qquad (4-1)$$

여기에서 a를 권수비(turn ratio)라 하며, 이 식에서 알 수 있는 바와 같이 권수비를 적당히 해 줌으로써 2차 전압을 마음대로 조정할 수 있다. 이 때 1차측을 전원측 또는 고압측이라 하고, 2차측을 부하측 또는 저압측이라 한다. 변압기는 우리 생활에서 가장 많이 쓰이는 기기로써 소형에서부터 수만 kVA의 큰 것까지 여러 종류가 있지만 어떤 것이든 구성요소는 자속 통로를 만들어 주는 철심과 전류회로를 구성하는 코일(권선)로 이루어져 있다.

(2) 변압기의 구조

1) 변압기의 분류

변압기는 자기회로인 철심과 전기회로인 권선이 쇄교하여 이루어지는 것으로 배치에 따라 내철형과 외철형으로 분류된다.

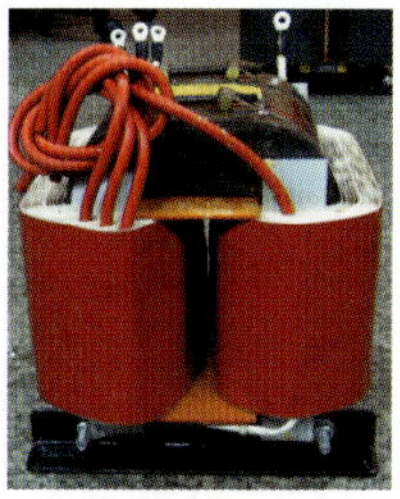

(a) 내철형

(b) 외철형

그림 4-2 변압기의 분류

① 내철형

내철형은 그림 4-2 (a)와 같이 철심이 내측에 있으며 권선이 두 개로 감겨진 것이다.

② 외철형

그림 4-2 (b)와 같이 권선이 내측에 있으며 철심에 의해 둘러 쌓여진 것이다.

2) 변압기의 재료

① 철심

변압기에 사용되는 철심은 자속을 잘 통해주기 위해 투자율이 커야하고, 와전류를 줄이기 위해서는 전기저항이 커야하며, 히스테리시스손을 작게하기 위해서는 히스테리시스 계수를 작게 해야 하는데 이런 조건을 만족하는 철심의 재료로서는 규소 함유량은 4~4.5[%] 이며, 두께는 0.35[mm]가 표준이고, 주파수는 60[Hz], 자속밀도 1[Wb/㎡]일 때 철손은 2.0[W/kg] 정도이다. 또한, 맴돌이 전류손을 적게 하기 위하여 철판의 표면에 절연 바니시, 물유리, 혼합물 등을 도포하거나 한쪽 면에 얇은 피막 종이를 붙이거나 특수한 처리법으로 표면에 절연성의 무기피막을 만든다. 맴돌이 전류에 의한 철손을 줄이기 위해 성층하여 사용한다.

② 도체(코일)

전압을 가하는 측의 코일을 1차 코일로 단자를 U, V로 표시하고, 변압된 전압을 2차 코일이라 하며 u, v로 표시한다. 코일의 모양은 전류가 작을 때 둥근 동선을 쓰고, 전류가 큰 경우에는 평각동선(부스바)을 사용한다.

도체는 전압에 따라 면사, 종이 테이프, 유리 섬유 등으로 피복 한 것을 사용한다. 소용량의 변압기에는 2중 면권선 외에 포르마르선이 점적률이 높아 사용되고, H종 절연건식 변압기 등에서는 유리권선이나 석면권선을 사용한다.

③ 절연

변압기 절연은 철심과 권선 사이의 절연, 권선 상호간의 절연, 권선의 층간절연 등으로 나누며, 보통 절연유 속에서 사용되므로 절연물은 내유성이 커야한다. 절연물로는 면사, 면포, 종이, 프레스보드 등의 섬유 재료를 사용하고, 권선이 완료되면 충분히 건조시킨 후 절연 바니쉬에 함침 시킨 뒤 다시 건조 시킨다. 이러한 과정을 2~3회 반복하면 바니쉬 층이 생겨서 방습성이 증가하고 전기적인 강도가 증대된다.

절연의 종류에 대하여 살펴보면 전기기기의 권선 및 도전체 부분에 사용되는 절연물은 그 내열 특성에 따라 표 4.1과 같이 구분된다.

표 4.1 절연 재료의 내열성에 의한 분류

종류	최고사용온도(℃)	절 연 재 료
Y종	90	목면 · 견 · 종이 등의 재료로 구성되고, 바니쉬류에 함침되지 않고 또는 유중에 함침되지 않는 것. 요소수지, 목재
A종	105	목면 · 견 · 종이 등의 재료로 구성되고, 바니쉬류에 함침되거나 유중에 함침된 것. 폴리비닐, 폴리아미드, 포르말, 프레스보드
E종	120	플라스틱 대부분
B종	130	운모 · 석면 · 유리섬유 등의 재료를 아스팔트의 접착재료와 같이 구성시킨 것.
F종	155	운모 · 석면 · 유리섬유 등의 재료를 알킬수지 · 에폭시수지 등의 내열성이 우수한 접착 재료와 같이 구성한 것.
H종	180	운모 · 석면 · 유리섬유 등의 재료를 규소수지 등 특히, 내 열성이 우수한 접착 재료와 같이 구성한 것.
C종	180이상	운모 · 석면 · 유리섬유 등의 단독으로 사용한 것, 또는 시멘트등의 무기 접착제와 조합시킨 재료.

2. 단상 변압기의 권선 및 조립

(1) 소형 변압기의 설계 순서

① 변압기의 용량 결정

변압기를 설계하려면 그림 4-3과 같이 1차 전압과 2차 전압 및 2차 전류, 2차 효율을 결정 후 1차 전력과 전류를 계산하여 변압기 용량을 구한다.

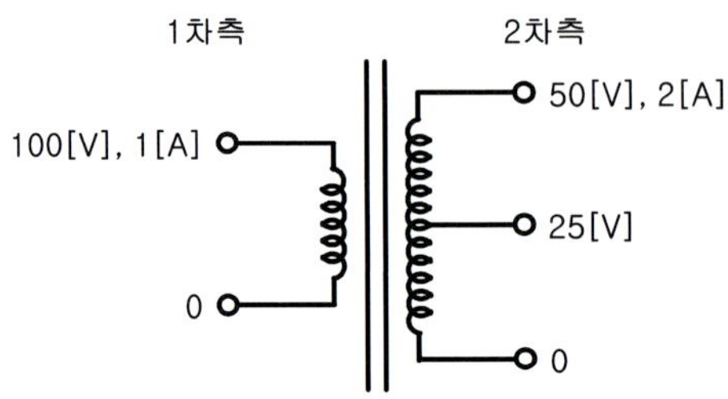

그림 4-3 단상 변압기 코일 권선도

(예) 1차 전압 : 100[V], 2차 전압 : 25[V], 50[V]
2차 전류 : 2[A], 2차 효율 : 90[%]인 경우

$$2\text{차 전력}(P_2) = 2\text{차 전압}(V_2) \times 2\text{차 전류}(I_2) = 50 \times 2 = 100[W]$$

$$1\text{차 전력}(P_1) = \frac{2\text{차 전력}}{\text{효율}} = \frac{100}{0.9} = 111[W]$$

② 철심의 단면적 A[㎠] 계산

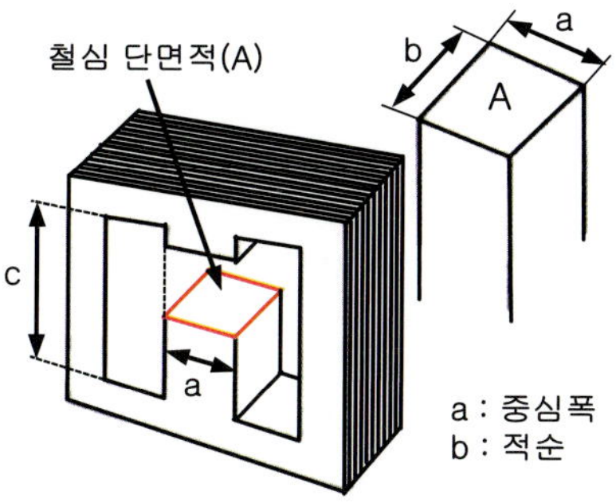

그림 4-4 철심의 단면적 적순

그림 4-4와 같이 자속이 통과해야 할 철심의 단면적 A는 다음과 같다.

$$A = \sqrt{\frac{P_1[W]}{0.55}} = \sqrt{\frac{111}{0.55}} = 14.206[\text{㎠}]$$

③ 철심의 적순 b 및 철심의 장수 계산[㎜]

철심의 나비 a가 3.2[㎝]이고 점적률이 90[%], 철심의 1장의 두께가 0.35[㎜]이면 철심의 적순 b는

$$b = \frac{A[\text{㎠}]}{\text{점적률} \times \text{a [㎝]}} = \frac{14.21}{0.9 \times 3.2} = 4.93[\text{㎝}] = 49.3[\text{㎜}]$$

$$\text{철심 장수} = \frac{B[\text{㎜}]}{\text{철심 1장의 두께}[\text{㎜}]} = \frac{49.3}{0.35} = 140\text{장}$$

④ 1[V]당 코일 권수 계산

주파수 f [Hz]와 자속밀도 B_m[Wb]를 알면 다음과 같이 계산된다.
자속밀도는 표 4.2에서 1[Wb]로 잡고 계산하면

$$1[\text{V}]\text{당 권수} \quad N = \frac{1}{4.44 \times f \times B_m \times A \times 10^{-4}}$$

$$= \frac{1}{4.44 \times 60 \times 1 \times 14.21 \times 10^{-4}} = 2.64 ≒ 2.6\text{회}$$

표 4.2 변압기 용량별 자속밀도

용량[kVA]	1~10	10~100	100~1000
자속밀도 B_m[Wb/㎡]	1.0~1.3	1.2~1.4	1.3~1.5

⑤ 1차 및 2차 코일의 권수 계산

1차 권수 = 1차 전압 × 1[V]당 권수 = 100 × 2.6 = 260회

2차 권수 = 2차 전압 × 1[V]당 권수 = 25 × 2.6 = 65회

50 × 2.6 = 130회

⑥ 코일 굵기 계산

1차 코일의 역률 0.9, 2차 코일 역률을 1이라 하면 다음과 같이 구한다.

$$1차\ 코일\ 굵기 = \sqrt{\frac{\frac{1차\ 정격전류}{역률}}{2}} = \sqrt{\frac{\frac{1}{0.9}}{2}} = 0.745 \fallingdotseq 0.75[mm]$$

$$2차\ 코일\ 굵기 = \sqrt{\frac{2차\ 정격전류}{2}} = \sqrt{\frac{2}{2}} = 1[mm]$$

코일의 전류밀도는 표 4.3을 참고로 한다.

표 4.3 변압기의 용량별 전류밀도

용량[kVA]	소용량	중용량	대용량
	1~10	10~100	100~1000
전류밀도 δ[A/㎟]	2~3	2.5~3.5	3~4

(2) 외철형 변압기의 권선 제작 및 조립

내철형 변압기는 철심에 바로 코일을 감을 수 있으나 외철형은 대부분 보빈을 사용하므로 보빈에 들어갈 목형을 제작한 다음 보빈에 목형을 넣어 코일을 감는다. 보빈에 E형과 I형의 철심을 번갈아 끼워 조립한다. 외철형 변압기의 제작 및 조립 방법은 다음과 같다.

① 변압기 보빈에 들어갈 목형 제작

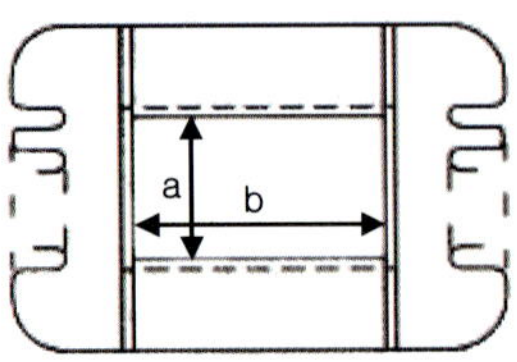

(a) 변압기 보빈

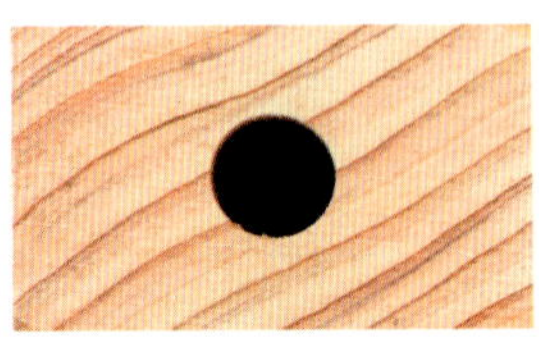

(b) 목형 제작

그림 4-5 변압기 보빈 및 목형

그림 4-5 (a) 변압기 용량에 맞는 보빈과 보빈에 들어갈 철심 단면적 A에 해당하는 목형을 (b)와 같이 만든다. 목형 제작 시 주의해야 할 점은 보빈 내경 치수보다 0.5~1[mm]정도 작게 결정해야 한다.

② 보빈의 절연지 나비 결정

크래프트지 0.15[mm]를 사용하여 보빈 틀에 맞도록 그림 4-6 c 치수에 맞게 잘라 만든다.

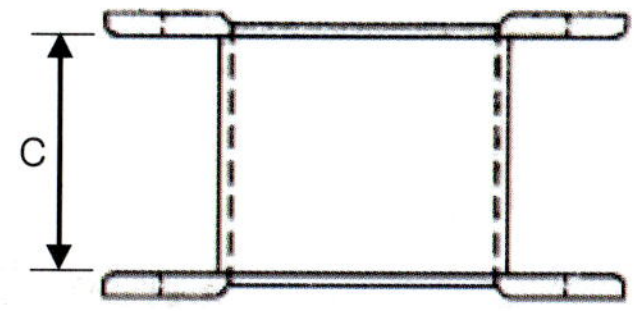

그림 4-6 절연지 제도 및 제작

③ 보빈에 크래프트지 고정

그림 4-7 (a)와 같이 보빈 위에 크라프트지 두께 0.15[mm]로 2회 정도 감고, 절연지를 절단 후 (b) 처럼 테이프로 고정시킨다.

(a)

(b)

그림 4-7 크래프트지를 고정시키는 방법

④ 1차 권선

그림 4-8 권선 시작선을 절연하는 방법

❶ 목형을 권선기에 고정한 다음 변압기 보빈을 목형에 넣는다.

❷ 1차권선 시작선 약 100[mm]정도 보빈의 단에서 나오게 하고 권선 시작 부분을 절연지 나비

로 길이 10[mm]정도로 2~3회 접어서 그림 4-8과 같이 권선 시작선을 절연한 후 크래프트지 0.15[mm] 또는 테이프로 고정하고 1차 코일을 감는다.

❸ 1차 권선이 끝나면 코일 끝선을 고정시키기 위해 테이프를 이중으로 겹쳐 고정한 다음 끝선을 인출한다. 1차측에 탭이 있는 경우, 위와 같이 하여 탭을 같은 방향으로 낸 후 동일한 방법으로 권선작업을 한 다음 테이프로 고정하고 끝선을 인출한다.

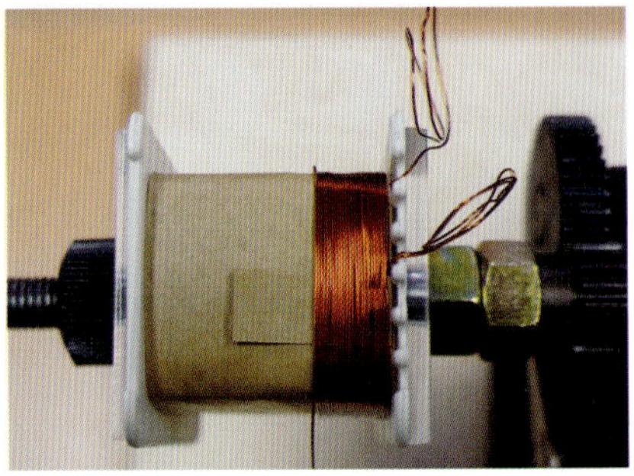

그림 4-9 1차 권선 끝선을 고정시키는 방법과 중간 탭 만드는 방법

❹ 1차 권선이 끝나면 층간 절연지를 2~3회 정도 감은 후 테이프로 고정시킨다.

그림 4-10 1차 권선 끝나고 층간 절연지 사용 방법

⑤ 2차 권선

	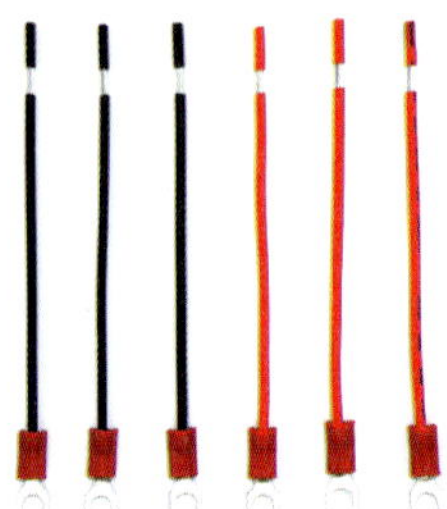
(a) 소용량 단자대용	(b) 리드선 단자대용

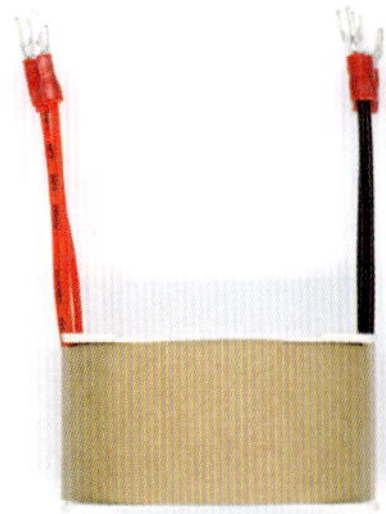

(c) 입 · 출력 리드선 연결

(d) 리드선용 완성 사진

그림 4-11 **변압기 입 · 출력 연결 방법**

2차 권선을 1차 권선과 같은 방법으로 권선하고, 권선작업이 끝나면 마무리 작업을 하고 층간 절연지를 2~3회 정도 감은 후 테이프로 고정시킨다. 그림 4-11은 변압기용 단자 연결 방법을 나타낸 것이다.

⑥ 목형 제거 후 철심 조립

완성된 보빈을 목형에서 분리한 다음 그림 4-12와 같이 E형 철심을 보빈 양쪽에서 한 장씩 번갈아 끼우고 I형 철심을 다시 사이사이에 끼워 맞춘 후, 그림 4-13 (a)와 같이 변압기 철심 가이드를 조립하고 철심 구멍에 볼트를 끼우고 조인 사진이며, (b)는 변압기 단자대를 고정시킨 완성된 변압기 사진이다.

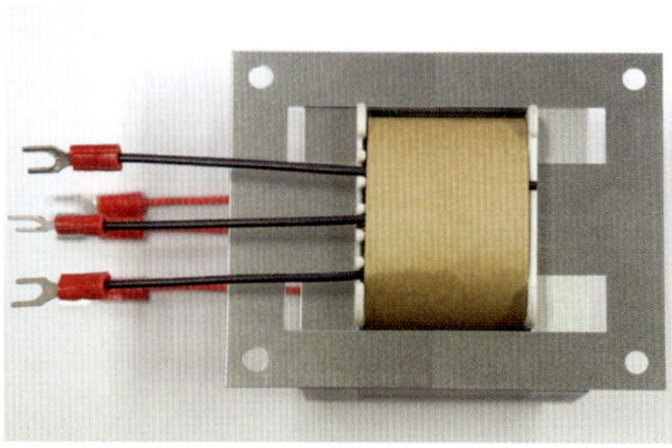

그림 4-12 **철심을 조립하는 방법**

(a) 변압기 철심 가이드 조립상태

(b) 변압기 단자대 조립상태

그림 4-13 **변압기 가이드 및 단자대 완료된 상태**

⑦ **절연저항 및 여자전류 측정**

절연저항계를 사용하여 1차와 2차 권선간 및 철심과 각 권선 간의 절연저항을 측정하고, 2차를 개방한 후 1차측에 전류계를 연결하고 정격전압을 가하여 여자전류가 정격 1차 전류의 1/10[A]이하가 되면 설계와 권선 및 조립이 잘 된 것이다.

⑧ **건조 및 바니쉬 함침 작업**

완성된 변압기는 건조로에 넣어 85~95[℃] 정도로 계속 30시간 정도 건조시키고, 니스 함침을 30분~1시간 정도 실시한 다음 건조로에 넣어 수시간 건조시켜 깨끗이 한 후 다시 20시간 정도 건조시킨다.

(3) 단권 변압기의 권선 및 조립

내철형과 외철형 변압기는 1차 전압과 2차 전압의 차이가 2배 이상 차이가 나는 경우가 대부분이며, 이와 같은 것은 1차 코일과 2차 코일을 각각 접속함이 없이 일일이 감아주는 편이 좋다. 그러나 2차 전압을 1차 전압보다 10~30[%] 정도 높이거나 낮추고 싶을 때, 예를 들면 100[V]를 130[V]로 올린다든가 70[V]로 내리고 싶을 때는 단권 변압기로 하는 편이 재료도 적게 들고 수월해 진다. 즉, 코일을 1차 2차 따로 감지 아니하고 하나만을 감아 1차 코일과 2차 코일을 같이 사용하여 여러 개 탭을 전환해 가며 원하는 전압을 조정한다.

변압기의 권선 제작

① 변압기 보빈에 들어갈 목형 제작

제작 방법은 외철형과 같은 방법으로 제작한다.

② 보빈의 절연지 나비 결정

외철형과 같은 방법으로 제작한다.

③ 보빈에 크래프트지 고정

외철형과 같은 방법으로 제작한다.

④ 철심 재료와 코일의 굵기 계산

단권 변압기는 승압전압(100[V]에서 130[V]까지 내면 100−130=30[V]) 즉, 30[V]에 부하에 흐르고 싶은 전류용량, 만약 5[A]의 경우 30[V]에 5[A]를 곱한 값 150[VA]에 해당하는 철심 재료와 동선을 사용하면 변압기 용량 130[V]×5[A]=650[VA]에 해당하는 철심 재료와 코일의 굵기가 된다.

⑤ 권선작업 및 결선

외철형과 같으나 그림 4-11과 같이 외부 단자를 한쪽으로만 내야 하므로 특히 주의해야 한다. 100[V]에 해당하는 회수에 탭을 내어 전원에 연결하고 그보다 작은 회수에서 탭을 내면 낮은 전압이 출력되며, 보다 많은 회수에서 탭을 내면 그 회수에 비례하는 높은 전압이 출력하게 된다.

⑥ 목형 제거 후 철심 조립

완성된 보빈을 목형에서 분리한 다음 외철형과 같은 방법으로 조립한다.

⑦ 절연저항 및 여자전류 측정

외철형과 같은 방법으로 실시한다.

⑧ 건조 및 바니쉬 함침 작업

외철형과 같은 방법으로 실시한다.

실습 24 단상 변압기 권선 및 조립(120[W])

목 표

1) 단상 변압기의 구조 및 용도를 알 수 있다.
2) 단상 변압기를 올바르게 권선하여 필요한 전압을 발생시킬 수 있다.

실습 재료

재료명	규격	수량	재료명	규격	수량
티코어	EI – 105	1set	절연지	0.15×300×600[mm]	1장
보빈	EI – 105×50	1	리드선	0.8SQ*1C	1M
코일	Φ0.75[㎜]	400g	절연튜브	Φ1mm	0.2M
코일	Φ0.5[㎜]	400g	절연튜브	Φ2mm	0.2M
목형틀	35×49×51	1	사포	#150	1장
비닐 테이프	투명, 폭 10mm	약간	실납	Φ1.0mm SN(60%)	0.3M
단자대	20A, 4P	1	단자대	20A, 3P	1

관계지식

1. 소형 변압기의 설계(용량 P=120[W] 경우)

1차 전압 : 100[V]또는 200[V]

2차 전압 : 200[V], 2차 전류 : 0.6[A]

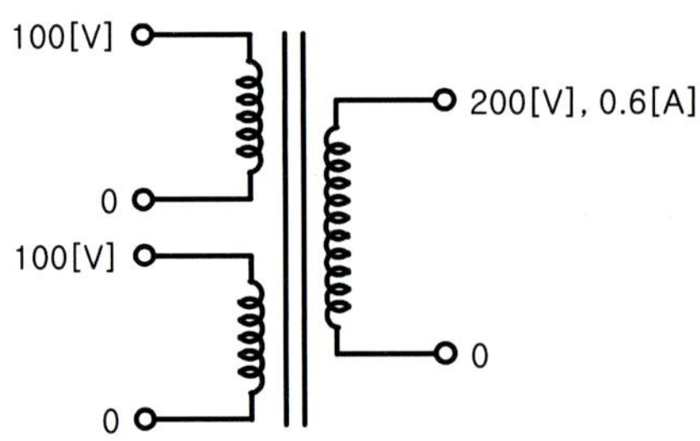

그림 24-1 단상 변압기 도면

① 철심의 단면적 $A = 1.4\sqrt{P} = 1.4\sqrt{120} = 15.3[㎠] ≒ 47[㎠]$

$= a \times b ≒ 1600[㎟]$

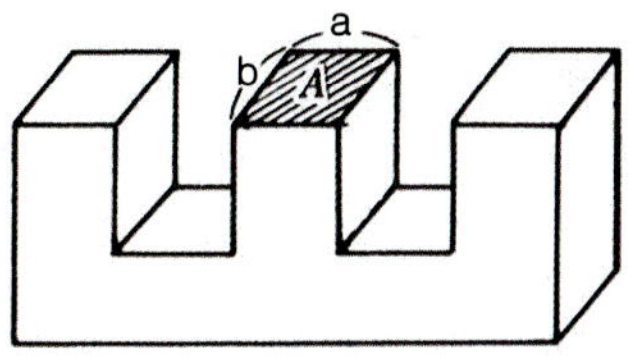

그림 24-2 철심의 단면적

a = 35 이므로

b = 1600 ÷ 35 ≒ 46[mm]

철심의 소요 장수 = 46 ÷ 0.35 = 131[장]

② 1[V]당 권선수

$$N = \frac{49}{A} = \frac{49}{16} = 3.06 \text{ 회}$$

∴ 1차 권수 100[V] × 3 = 300 회

2차 권수 200[V] × 3 = 600 회

③ 1차 코일의 전류

200[V]인 경우 $I_1 = \dfrac{P}{E_2} = \dfrac{120}{200} = 0.6[\mathrm{A}]$

100[V]인 경우 $I_1 = \dfrac{P}{E_2} = \dfrac{120}{100} = 1.2[\mathrm{A}]$

④ 코일의 굵기

1 차코일 $D_1 = 0.7\sqrt{I_1} = 0.7\sqrt{1.2} = 0.76$ [mm] ≒ 0.75 [mm]

2 차코일 $D_2 = 0.7\sqrt{I_2} = 0.7\sqrt{0.6} = 0.54$ [mm] ≒ 0.5 [mm]

변압기

작업순서

1. 작업 준비를 한다.

단상 변압기 제작 및 조립에 필요한 공구를 준비한다.

2. 도면을 확인한다.

단상 변압기의 설계도에 따라 권수와 코일 굵기를 계산한다.

3. 재료를 검사한다.

① 사용할 재료를 점검한다.

② 코일의 굵기가 설계상의 규격과 같은지 확인한다.

③ EI코어 철심의 수량이 같은지 확인한다.

④ 절연지 등을 점검한다.

4. 목형틀을 제작한다.

① 목형틀의 크기를 결정할 때에는 단면 치수보다 약간 적게 만든다.

② 목형틀의 외형은 사포로 잘 문질러서 다듬는다.

③ 권선기 축에 목형틀을 삽입하기 위해 목형틀 중심 부분에 권선기 축의 굵기로 구멍을 뚫는다.

5. 절연지를 보빈에 감는다.

절연지를 보빈에 1~2회 감고, 비닐 테이프로 고정시킨다.

6. 보빈에 코일을 감는다.

① 1차측 첫 번째 시작선을 직각으로 구부려서 인출한 다음 코일을 비닐 테이프로 고정시키고 1차 권선을 감는다. 1차 권선을 다 감은 다음 끝선을 직각으로 구부려서 인출하고, 절연지를 2회 정도 감고 비닐 테이프로 고정시킨다.

② 1차측 두 번째 시작선을 직각으로 구부려서 인출한 다음 ①항과 동일한 방법으로 작업을 한다.

③ 2차측도 1차측과 동일한 방법으로 작업을 한다.

7. 보빈을 목형틀에서 뽑는다.

8. 단자를 만든다.

① **변압기용 단자를 사용하는 경우**, 1차측과 2차측 권선작업이 끝났으면 절연지를 2회 정도 감고, 그 위에 변압기용 단자를 연결하여 인출한 다음 절연지를 2~3회 감고 마무리 작업을 한다.

② **입 · 출력 단자대를 사용하는 경우**, 1차측과 2차측 권선작업이 끝났으면 절연지를 2회 정도 감고, 그 위에 각각 인입 · 인출한 코일과 리드선을 납땜하고 절연튜브로 절연한 다음 절연지를 2~3회 감고 마무리 작업을 한다. 이 때, 리드선은 약 100[mm]정도로 한다.

9. 보빈에 철심을 적층한다.

① E형 철심을 번갈아 가며 적층한다.

② E형 철심이 모두 적층한 다음 빈틈에 I형 철심을 완전히 끼운다.

③ 철심이 완전히 적층되었으면 고무망치로 두드려서 공극이 없도록 잘 다듬는다.

④ 변압기용 가이드를 조립하고 철심 구멍에 볼트를 끼워 나사로 조인다.

⑤ 입 · 출력 단자대를 사용하는 경우, 변압기 위쪽에 단자대를 고정한 다음, 리드선에 터미널을 사용하여 단자대에 고정시킨다.

10. 단락 및 절연 시험을 한다.

① 회로 시험기를 사용하여 권선저항을 측정한다.

② 절연저항계를 사용하여 코일과 철심간의 절연저항을 측정한다.

11. 입력과 출력전압을 측정한다.

12. 정리 정돈한다.

실 습

1. 도면

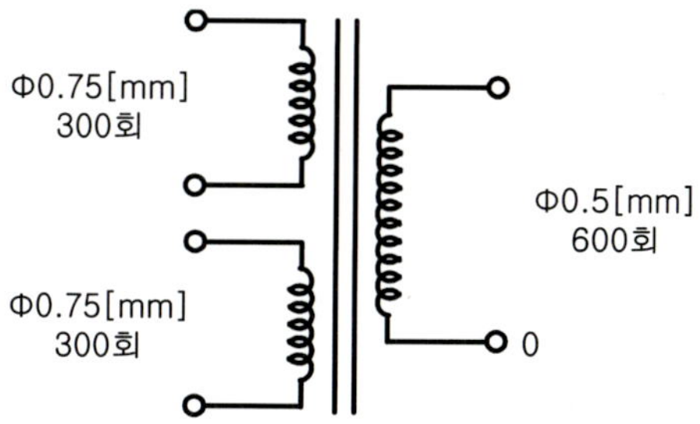

그림 24-3 변압기 코일 권선도

2. EI 코어 규격

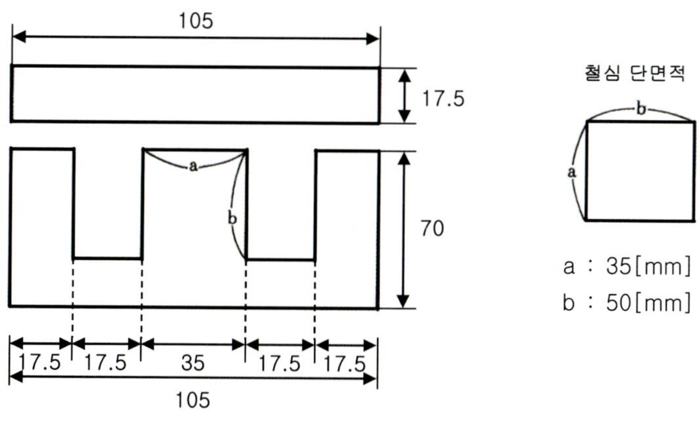

그림 24-4 변압기 EI코어 규격(EI-105)

변압기

3. 보빈

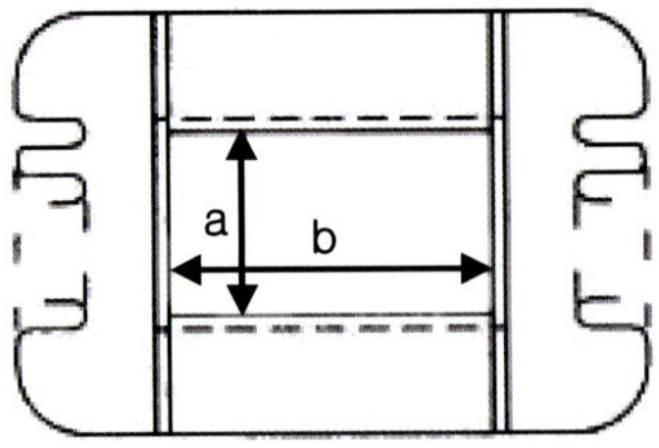

그림 24-5 변압기 보빈 규격(EI-105×50)

4. 주의 사항

① 권선 작업시 코일 피복이 벗겨지지 않도록 한다.

② 변압기의 권선 방향은 계속해서 같은 방향이 되도록 한다.

③ 0.15[mm] 절연지를 사용하여 코일 상호간을 층간절연을 한다.

④ 권선 작업시 회수를 정확히 한다.

⑤ 성층시 절연이 파괴가 되지 않도록 한다.

⑥ 1차 권선과 2차 권선의 절연을 확실히 한다.

⑦ 권선 시작과 끝이 한 코일로 계속 한다.

⑧ 접속점에 모두 납땜을 하고 굵기에 따라 절연튜브를 사용한다.

⑨ EI코어 철심이 휘어지거나 꺽이는 일이 없도록 한다.

5. 동작시험

① 전원을 ON하고 슬라이닥스를 서서히 증가시키면서 출력전압을 확인한다.

② 실험 중 변압기에 과열이 되는지 확인한다.

③ 변압기가 이상 없이 동작하면 담당교수 확인하에 평가를 받도록 한다.

실습 25 단상 변압기 권선 및 조립 1(47[W])

목 표

1) 단상 변압기의 구조 및 용도를 알 수 있다.
2) 단상 변압기를 올바르게 권선하여 필요한 전압을 발생시킬 수 있다.

실습 재료

재료명	규격	수량	재료명	규격	수량
티코어	EI – 76.2	1set	절연지	0.15×300×600[mm]	1장
보빈	EI – 76.2×42	1	리드선	0.8SQ*1C	1M
코일	Φ0.35[㎜]	400g	절연튜브	Φ1mm	0.2M
코일	Φ1.25[㎜]	400g	절연튜브	Φ2mm	0.2M
목형틀	25×42×36	1	사포	#150	1장
비닐 테이프	투명, 폭 10mm	약간	실납	Φ1.0mm SN(60%)	0.3M
단자대	20A, 3P	2			

작업순서

실습 24 작업 순서 참조.

실 습

1. 도면

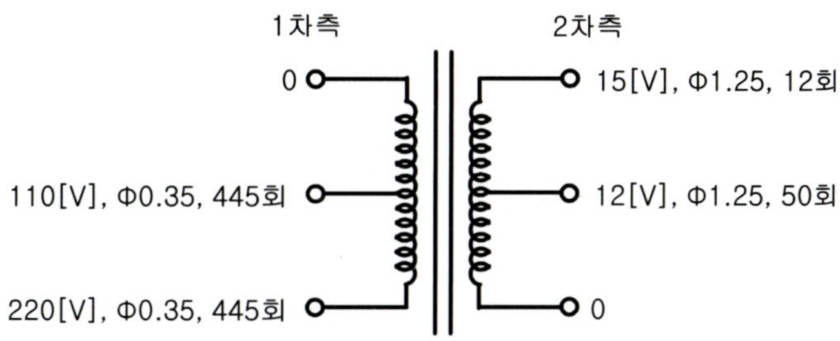

그림 25-1 변압기 코일 권선도

2. EI 코어

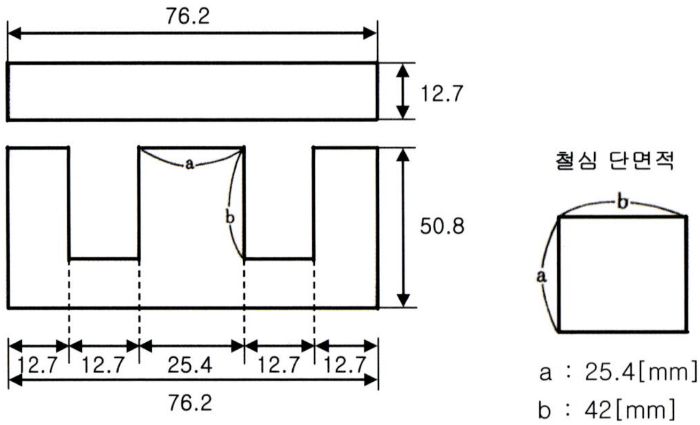

그림 25-2 변압기 EI코어 규격(EI-76.2)

3. 보빈

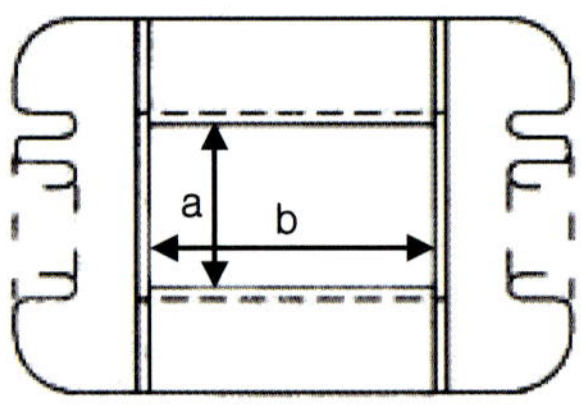

그림 25-3 변압기 보빈 규격(EI-76.2×42)

4. 주의 사항

실습 24 주의 사항 참조.

5. 동작시험

① 전원을 ON하고 슬라이닥스를 서서히 증가시키면서 출력전압을 확인한다.

② 실험 중 변압기에 과열이 되는지 확인한다.

③ 변압기가 이상 없이 동작하면 담당교수 확인하에 평가를 받도록 한다.

6. 실습 완성 사진

실습 26 단상 변압기 권선 및 조립 2(47[W])

목 표

1) 단상 변압기의 구조 및 용도를 알 수 있다.
2) 단상 변압기를 올바르게 권선하여 필요한 전압을 발생시킬 수 있다.

실습 재료

재료명	규격	수량	재료명	규격	수량
티코어	EI – 76.2	1set	절연지	0.15×300×600[mm]	1장
보빈	EI – 76.2×42	1	리드선	0.8SQ*1C	1M
코일	Φ0.35[㎜]	400g	절연튜브	Φ1mm	0.2M
코일	Φ1.25[㎜]	400g	절연튜브	Φ2mm	0.2M
목형틀	25×42×36	1	사포	#150	1장
비닐 테이프	투명, 폭 10mm	약간	실납	Φ1.0mm SN(60%)	0.3M
단자대	20A, 5P	2			

작업순서

실습 24 작업 순서 참조.

실 습

1. 도면

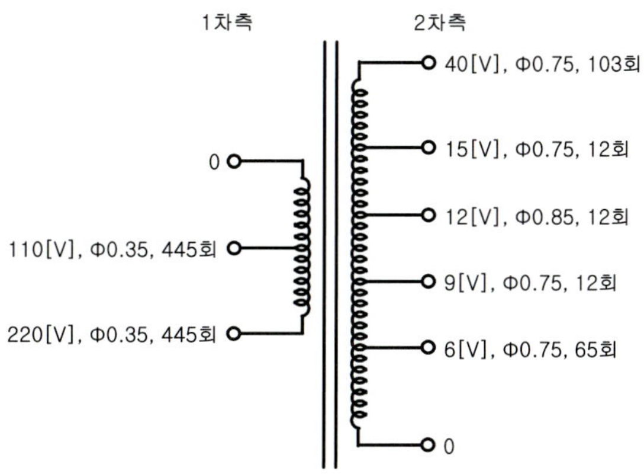

그림 26-1 변압기 코일 권선도

변압기

2. EI 코어 규격

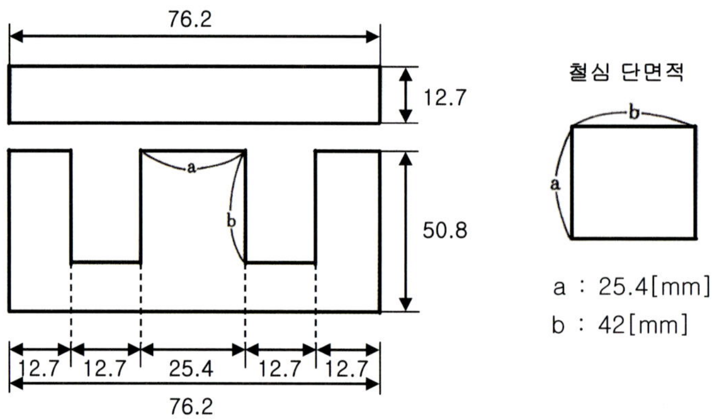

그림 26-2 변압기 EI코어 규격(EI−76.2)

3. 보빈

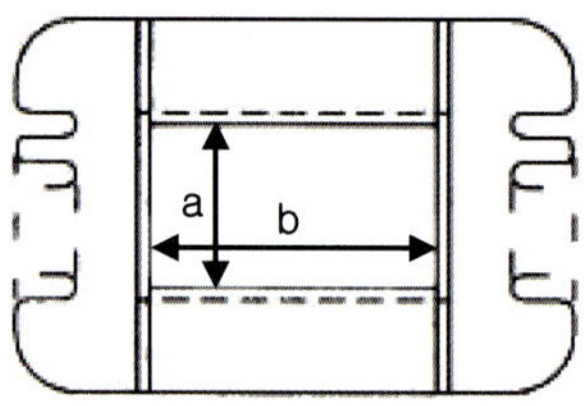

그림 26-3 변압기 보빈 규격(EI−76.2×42)

4. 주의 사항

실습 24 주의 사항 참조.

5. 동작시험

① 전원을 ON하고 슬라이닥스를 서서히 증가시키면서 출력전압을 확인한다.

② 실험 중 변압기에 과열이 되는지 확인한다.

③ 변압기가 이상 없이 동작하면 담당교수 확인하에 평가를 받도록 한다.

6. 실습 완성 사진

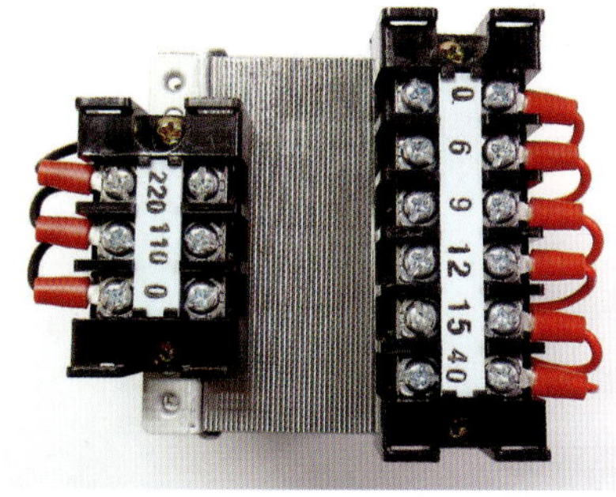

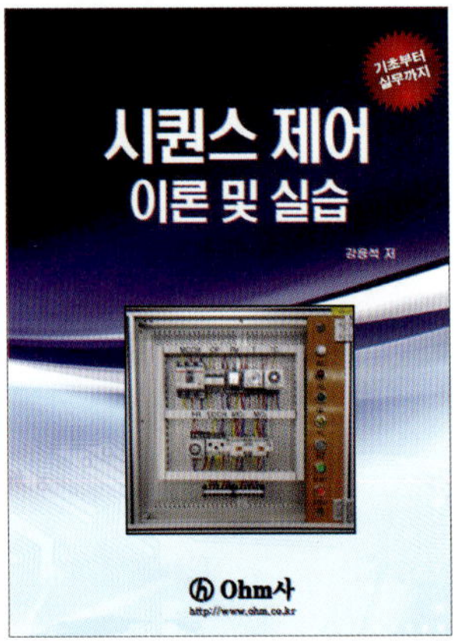

시퀀스제어에 필요한 전반적인 기본 이론과 배선기초, 케이블공사와 전자계전기를 사용한 유접점 시퀀스제어 회로에 사용하고 있는 개폐접점 소자에 대해서는 동작원리를 쉽고 명확하게 알 수 있도록 내부 구조와 기계적인 동작 설명을 자세히 설명하였다. 시퀀스회로에 대한 기초, 시퀀스 그리는 방법부터 따라하기 형태의 실습에서 단계별로 소자의 동작원리를 쉽게 이해할 수 있도록 시퀀스회로를 컬러화 하였으며, 제어회로 점검 방법과 응용 및 설계까지 가능하도록 구성하였다.

전기기기는 모든 산업에 필요한 동력을 공급하고 우리생활에 꼭 필요한 역할을 수행하며 밀접하게 자리잡고 있다. 그 만큼 없어서는 안 될 중요한 부분이며, 대표적인 에너지 변환기로서 현대 산업사회의 중추적인 역할을 하고 있다.

본 책에서는 NCS를 적용한 전기기기제작에 필요한 전반적인 기본 이론과 제작방법을 자세히 설명하였으며, 실습에 있어서는 비전공자나 처음 접하는 엔지니어들을 위해 실습에 앞서 관련이론, 작업순서, 실습 순으로 수록되어 있다.

시퀀스제어는 자동제어의 한 분야로서 산업시설 자동화는 물론 작업의 생산능률 극대화, 생산속도 증가, 안정성, 생산설비의 수명 연장을 위해 시퀀스제어의 중요성은 날로 증대되고, 자동화 분야에서 중요한 역할을 담당하고 있다.

본 책에서는 NCS를 적용한 동력설비공사 시퀀스제어에 필요한 전반적인 기본 이론과 기계적인 동작 설명을 자세히 설명하였다. 실습에 있어서는 비전공자나 처음 접하는 엔지니어들을 위해 시퀀스제어 회로에 대한 기초부터 산업현장에서 많이 사용하고 있는 내용의 실습과 최근에는 원격제어가 많이 사용되므로 단계별로 수록하였으며, 제어회로 점검 방법과 응용 및 설계까지 가능하도록 구성하였다.

저자 소개

강 응 석

- 호서대학교 전기공학과, 공학석사
- 호서대학교 전기공학과, 공학박사
- 청계기전 기술연구소, 전임연구원
- 한국기술교육대학교 전기전자통신공학부, 전기전공

NCS 기반

전기기기제작실습

1판 1쇄	2017년 3월 1일
초판발행	2017년 3월 1일
저 자	**강응석** 저
발 행 인	**곽종학**
발 행 처	도서출판 Ohm사
주 소	140-150 서울 용산구 갈월동 17. 세기B/D
전 화	02-776-4868~9
팩 스	02-779-6757
등록번호	1975년 9월 12일 제3-3호

http://www.ohm.co.kr E-mail : ohm@ohm.co.kr

978-89-7101-826-2 정가 23,000원